车用开关磁阻启动/发电控制策略及技术

昝小舒　著

中国矿业大学出版社
·徐州·

图书在版编目(CIP)数据

车用开关磁阻启动/发电控制策略及技术 / 昝小舒著
.—徐州：中国矿业大学出版社，2020.11
ISBN 978-7-5646-1380-8

Ⅰ.①车… Ⅱ.①昝… Ⅲ.①开关磁阻电动机—研究
Ⅳ.①TM352

中国版本图书馆 CIP 数据核字(2020)第 215952 号

书　　名　车用开关磁阻启动/发电控制策略及技术
著　　者　昝小舒
责任编辑　张　岩
出版发行　中国矿业大学出版社有限责任公司
（江苏省徐州市解放南路　邮编 221008）
营销热线　(0516)83884103　83885105
出版服务　(0516)83995789　83884920
网　　址　http://www.cumtp.com　**E-mail**:cumtpvip@cumtp.com
印　　刷　苏州市古得堡数码印刷有限公司
开　　本　787 mm×1092 mm　1/16　**印张** 12.5　**字数** 249 千字
版次印次　2020 年 11 月第 1 版　2020 年 11 月第 1 次印刷
定　　价　48.00 元

前　言

开关磁阻电机具有结构简单、坚固、成本低、速度范围宽、调速性能优良、低速高转矩、容错性能好等诸多特点，它结合了交流传动系统和直流传动系统的优点，已成为目前电气传动领域研究的热点之一。开关磁阻电机由于其自身的特点，可以在各种复杂环境和高速应用场合下运行。

随着能源危机和大力提倡新能源，电动汽车和混合动力汽车的发展越来越好，而车载开关磁阻电机的应用近年来也得到了众多研究者的关注。本书主要从电动汽车和启动/发电汽车的实际应用出发，从车用开关磁阻电机的仿真模型、新型拓扑结构、启动性能、发电性能、助力性能等方面进行介绍。

仿真模型方面。开关磁阻电机由于其相电流的脉冲性与铁芯磁通密度的局部高饱性等特点，是一个严重非线性的系统，无法得到精确的数学模型。本书基于开关磁阻电机的有限元电磁特性数据，利用小波神经网络对开关磁阻电机进行了非线性仿真建模，为系统性能的优化和控制策略的测试奠定了基础。

新型拓扑结构方面。分析了不对称半桥变换器的运行模式和优点，并在此基础上，设计了电动车用开关磁阻电机双母线驱动拓扑，该拓扑可以通过控制前端供电设备和开关管，实现多种工作模式的切换，包括发电机供电模式、电池供电模式、双电源供电模式、制动回馈模式和静止充电模式。同时分析了各种工作模式下，开关磁阻电机励磁、环流以及续流状态时的相电流和相电压情况。与不对称半桥变换器相比，双母线变换器有更多的工作模式，更高的励磁和续流电压，更宽的调速范围和更高的输出功率。

启动性能方面。首先对车辆的发动机启动特性、启动容量、启动时间、启动方式、启动死区进行了对比分析。对不同转速下，电压 PWM(Pulse Width Modulation)控制的主开关器件的开通角和关断角进行了基于启动转矩最大和启动转矩脉动最小两种情况下的角度优化，得出了最优角度。然后在分析启动初始电压 PWM 占空比对启动性能影响的基础上，设计了基于模糊控制的自适应初始电压 PWM 占空比估测方法，实现了系统的软启动。最后采用滑模 PI

(Proportional Integral)控制算法分别对转矩最大启动和转矩脉动最小启动进行了启动控制策略设计,并利用开关磁阻启动/发电一体化仿真模型和样机平台,对上面所设计的启动方案进行仿真和实验验证。

发电性能方面。根据汽车发电机发电性能的标准,首先,对开关磁阻发电原理和磁链方式进行了分析,并根据应用环境设计了可切换励磁模式功率变换器主电路。然后,对开关磁阻发电时的主开关器件开通角和关断角进行了发电输出功率最大和发电效率最优的角度优化,分别得出了两者的优化角度,并综合考虑两种方案得出最优开通角和关断角。然后分别采用内模 PI 控制策略和单神经元 PI 控制策略对开关磁阻发电电压闭环控制进行了设计。最后,采用一体化仿真模型和实验平台,对设计的两种发电控制策略和单纯 PI 控制策略在发电建压、用电负载扰动、转速变化扰动、绕组电阻变化等多种情况下进行了仿真和实验验证。

助力性能方面。根据车辆助力控制系统负载转矩多变、给定转速多变的特点,将自抗扰控制方法引入开关磁阻助力控制系统中。首先介绍了自抗扰控制方法的基本原理,利用该方法设计了基于自抗扰控制的开关磁阻助力转速闭环控制系统。然后采用一体化仿真模型和实验平台,对设计的开关磁阻助力控制系统进行了启动、转速抗干扰、模型参数变化和转速跟随性能的仿真和实验验证。实验结果显示了自抗扰控制器的优良性能。

全书共 6 章,第 1 章介绍了开关磁阻电机的概况;第 2 章介绍了开关磁阻电机的基本原理及仿真模型研究;第 3 章介绍了启动/发电系统变换器拓扑研究;第 4 章介绍了启动/发电系统启动性能研究;第 5 章介绍了启动/发电系统发电性能研究;第 6 章介绍了启动/发电系统助力性能研究。

感谢陈昊教授、于东升教授为本书的科研项目提供的帮助和指导,池飞飞、崔明亮、吴宁、龚毅、张文远、姜智恺等对本书撰写工作做出的贡献。

由于作者水平有限,加上时间仓促,缺点、错误之处在所难免,热忱欢迎广大读者批评指正。

著者

2020 年 3 月

目　录

1 概　述

1.1 研究背景

1.1.1 混合动力汽车发展

“绿色能源”与“洁净能源”是21世纪提出的全球新的能源目标。汽车作为能源使用和废气排放的一个主要的组成部分，对世界环境影响重大。随着经济水平和生活条件的提高，我国对机动车辆的需求越来越大，国内机动车辆的产量也与日俱增。汽车工业的发展在推动经济发展和方便社会生活的同时，产生的污染也越来越大。据专家统计，汽车尾气排放已经成为城市污染的主要因素[1-3]。近年来，我国对汽车的环保要求越来越严格，制定的汽车排放标准也越来越高。2016年发布了《轻型汽车污染物排放限值及测量方法(中国第六阶段)》(GB 18352.6—2016)。2018发布了《重型柴油车污染物排放限值及测量方法(中国第六阶段)》(GB 17691—2018)。因此，传统以柴油机、汽油机为主的汽车动力领域将面临巨大的改革和挑战，低排放和零排放的汽车急需得到开发和实际应用。

新型电动汽车使用电能作为动力，环保无污染，是未来汽车理想的发展方向，也是近年来许多汽车公司、研究所研究的热点。各类电动汽车中，纯电动汽车、燃料电池汽车和混合动力汽车是被研究得较多的三大类，各有优缺点[4-6]。纯电动汽车直接使用电能来驱动电动机带动汽车运行，实现了零排放，理论上最具发展潜力。但目前铅酸电池、镍镉电池、锂电池都存在着电池密度低、使用寿命短、体积和质量大、维护成本高、充电时间长、动力不足的缺点，使得纯电动汽车续航里程短、配套充电设施投资大，目前难以得到大面积的推广和应用。燃料电池汽车使用燃料电池，将化学能转化为电能驱动汽车运行，如氢氧燃料电池等。虽然效率比内燃机提高了两倍多，但是其安全隐患大，成本仍需要进一步降低。在电池领域得到革命性的突破以前，介于电动汽车和燃油汽车之间的混合动力汽车是既能够保持汽车的动力性又能够节能减排的一种主要的汽车动力结构发展形式[7]。混合动力汽车通过合理的调配发动机和电动机之间的能量流向，能够将能量回馈利用，大大提高了燃油效率。混合动力汽车对现有汽车的主要结构改动不大，对电池容量要求不高，是目前最易实现量产和推广的一种环保汽车类型[8,9]。

20世纪六七十年代，国外就开始了对混合动力汽车的研究，但是受电机、电池、汽车结构等多方面的影响，并没有太大的进展。直到20世纪90年代，混合动力汽车随着电机控制的发展才得到了突破，多个研究机构和汽车厂商相继推出了多种类型的混合动力样车，并有一部分得到了量产。在日本，丰田汽车公司是最早进行混合动力汽车研究的汽车公司之一，推出了著名的Prius汽车。该车采用汽油发动机和电动机混联结构，燃油效率得到很大提高。而二氧化碳排放相当于普通汽车的一半，一氧化碳排放只有普通汽车的十分之一。由于优良的性能，该款车得到了欧美国家的一致认可和提倡。日本于2008年发布《创建低碳社会的行动计划》，于2010年发布《下一代汽车战略(2010)》，于2014年发布《汽车产业战略(2014)》，大力支持混合动力汽车发展。在欧洲，德国大众汽车公司于20世纪90年代推出第三代混合动力汽车奥迪Duo，德国宝马公司在20世纪末推出318ISAD轻型混合动力车，法国的雷诺和雪铁龙公司也开展了混合动力汽车的开发。欧盟陆续颁发《欧盟未来能源：可再生能源》《发展可再生能源指令》等政策来提高氢能等再生能源的使用以及降低燃油汽车尾气排放造成的环境污染，为混合动力汽车技术的发展奠定了重要的基础。欧盟促进开发电动技术、氢电池技术、电力电子技术，建设配套基础设施，制定电动汽车工业标准。混合动力汽车随着大部分汽车公司的青睐得到了很大的发展。

在我国，国家拨款13亿元用于支持电动车共性技术平台的建设。武汉理工大学、浙江大学、上海交通大学、南京航空航天大学、江苏大学等多家学校和研究所对混合动力汽车进行了理论和样机的研究[10-14]。国产汽车企业也投入了大量资金进行了混合动力汽车的研制，取得了一定的成果。长安汽车推出了长安杰勋Hev混合动力车型，这是中国首款自主品牌混合动力轿车。该车采用电动机和汽油发动机混合联动模式，能在车辆制动时利用电动机回收动能变成电能，存储在镍氢电池中，启动或加速时再释放出来，提高了系统动力性能。该车油耗将比传统车型低20%以上，尾气排放满足国iv标准。奇瑞公司最近推出的混合动力汽车奇瑞A5 BSG，具备怠速停机功能，实现了汽车在红灯前和堵车时发动机暂停工作，当车辆重新起步时，系统通过电动机系统快速地启动发动机，解决了发动机在怠速工作时的油耗、排放与噪声问题。2009年，我国颁布《汽车产业调整和振兴规划》，提出实施新能源汽车战略，还进一步提出了电动汽车产销形成规模的重大战略目标，为混合动力汽车描绘了发展蓝图；2011年，我国发布《“十二五”产业技术创新规划》，将新能源汽车及其相关核心技术列入重点开发项目之中;2017 年,我国发布《关于免征新能源汽车车辆购置税的公告》,购置新能源车辆免征车辆购置税。

1.1.2 混合动力汽车结构

混合动力汽车电动机和发动机的连接方式有多种,主要分为串联型和并联型两种。并联型混合动力汽车结构如图 1-1 所示,其具有两套独立的驱动系统,发动机和电动机可以分别驱动车辆运行。发动机和电动机的独立性使得其控制方法灵活,但是同时增加了车载控制系统在调度上面的难度,需要集中能源管理系统来控制系统的能量分配。同时由于两套系统分别独立,使得并联型混合动力汽车改装调试复杂、成本增加、维护难度大、可靠性降低。

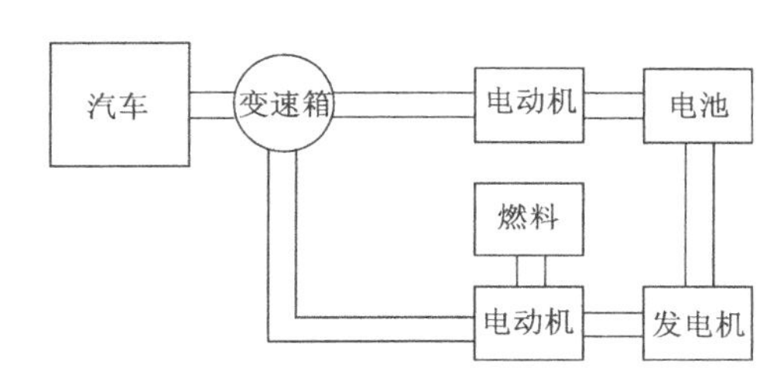

图 1-1　并联型混合动力汽车结构

串联型混合动力汽车结构如图 1-2 所示,其只有一根驱动轴,发动机、电动机和发电机都串联在驱动轴上面。该种方式结构相对于并联型结构简单,对原有车辆的改动较小,容易实现,不少现阶段的混合动力汽车都是采用此种形式。

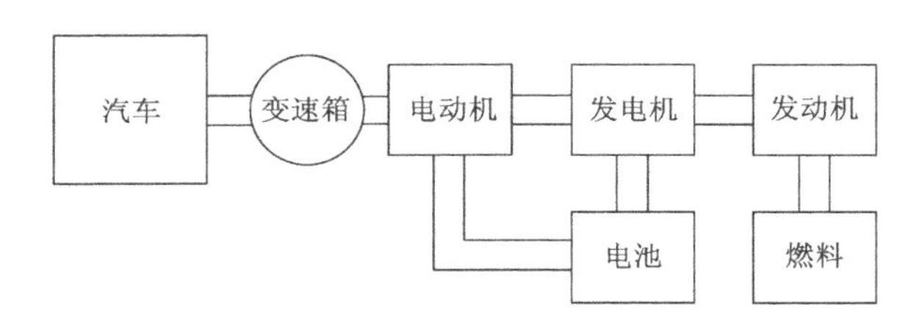

图 1-2　串联型混合动力汽车结构

集成启动/发电 (Integrated Starter and Generator,ISG)系统是混合动力汽车的一种特殊的形式,其结构如图 1-3 所示。该系统采用一台启动/发电机代替传统的两台相互独立的启动机和发电机,兼有启动电机、助力电机和发电机的功能[15-17]。通常情况下,由 ISG 系统带动发动机运行到点火速度以上,然后发动机点火运行;正常运行时,发动机带动 ISG 系统发电运行,给车辆用电设备供电和给电池充电;在车辆运行速度较慢或者频繁启动停止的时候,ISG 系统电动运行，单独带动车辆低速运行；当车辆需要较大的动力时，ISG 系统可以电动运行给车辆增加动力。汽车在低速或者发动机怠速运行时，燃油不完全燃烧产生的尾气污染比较严重。如果取消发动机怠速运行，可以节油达 10%左右。利用 ISG 系统低速时带动车辆运行而关闭发动机可以达到减排节油的目的。在上坡或者重载的情况下，ISG 系统可以提供额外的动力，提高车辆的动力性能。ISG 系统的发电效率一般能达到 80%以上，比传统的爪极式转子交流发电机 50%的效率提高很多。因此，综合各方面的因素，ISG 系统提高了车辆的燃料利用率，减少了排放，是一种有效的混合动力汽车形式。

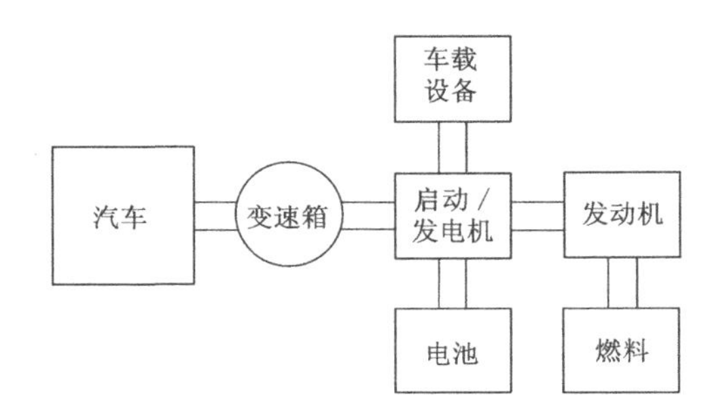

图 1-3　集成启动/发电系统结构图

1.2　启动/发电系统的电机选择

ISG 系统的核心是启动/发电机。20 世纪五六十年代，国外研究者已经开始尝试将多种电动机应用到汽车上，但受条件所限实现起来十分困难。随着电力电子技术、现代控制理论、微机控制器的发展，各种电机包括直流电机、永磁电机、感应电机、同步电机、开关磁阻电机等性能都得到了较大提高，可以实现电动、发电双功能运行，成为 ISG 系统的核心启动/发电机。下面对几种主要的 ISG 系统可选择电机的研究情况进行介绍和比较。

1.2.1　直流无刷电机启动/发电系统

直流电机性能优良，得到了广泛的应用。有刷直流电机容易实现电动发电双功能，启动和发电性能好，容易控制。最早的 ISG 系统就是采用有刷直流电机，启动的时候采用串联形式，增强启动转矩和启动电流；发电的时候采用并励方式，提高发电能力。但由于电刷和换向器寿命短、维护成本高，有刷直流启动/发电系统的应用得到了较大限制。1978 年，Mannesmann 公司推出 MAC 经典无刷直流电机及其驱动器，标志着无刷直流电机真正进入了使用阶段。无刷直流电机利用电子换向器取代了传统的电刷换向器，具有传统直流电机的优良特性，同时它的启动转矩大、调速范围宽、能量密度大、效率高、损耗小。但是由于永磁材料的存在，无刷直流电机磁体容易弱化去磁、环境温度不能过高，而且磁体成本普遍较高，限制了其在启动/发电方面的应用。南京航空航天大学和江苏大学对无刷直流电机启动/发电系统进行了多方面的研究[18-20]。

1.2.2 异步电机启动/发电系统

异步电机是目前在电动领域应用最为广泛的一种电机。异步电机制造工艺比较成熟、成本也较低。异步电机的结构简单坚固，可靠性高，维修方便，比较适用于高速高温启动/发电系统的恶劣环境。传统异步发电机需要由外电路提供无功励磁，当原动机转速变化或负载改变时，难以维持输出电压的稳定，应用并不广泛。近年来由异步电机与大功率电子开关组成的发电系统，采用先进的控制策略，性能较传统异步发电机得到很大改善。在国外，从 1985 年开始，在 NASA（National Aeronautics and Space Administration，美国国家航空航天局）的资助下，威斯康星大学就开始了航空用异步电机的启动/发电双功能系统的研究，成功地研制出了样机。在我国，对异步电机发电技术的研究也正在蓬勃开展。南京航空航天大学在高压直流异步电机的启动/发电系统的研究中，提出了瞬时转矩控制策略，提高了发电系统的动态性能。异步电机的启动/发电系统是比较有潜力的启动/发电系统[21-24]。

1.2.3 双凸极电机启动/发电系统

双凸极电机是 1992 年美国著名电机专家利波等人首先提出来的一种新型的机电一体化的可控交流调速系统。双凸极电机具有效率高、力矩电流比大、控制比较灵活等特点。1997 年，南京航空航天大学严仰光教授等将其改造为电磁式电机，并研究其电动、发电运行状况，构建了启动/发电系统。它的电机定转子结构外形与开关磁阻电机相似，是双凸极结构，具有开关磁阻电机结构简单的优点。它和一般开关磁阻电机不同之处在于定子上多加了一个励磁绕组，在电机中建立励磁磁场，并可在发电运行时通过改变励磁电流达到调压的目的。许多专家认为双凸极电机事实上就是开关磁阻电机的一种改进型，但是由于增加了一套励磁绕组，增加了系统制造和控制的复杂程度，加大了成本和不可靠性[25-27]。

1.2.4 永磁同步电机启动/发电系统

永磁同步电机是 20 世纪 70 年代随着电力电子器件进步而逐步发展起来的一种电机。永磁同步电机既具有直流电机性能优良的调速功能又具有交流电机的无刷、可靠等特点。永磁同步电机功率密度大，体积和质量要比同功率的异步电机减少三分之一到一半。永磁同步电机转速范围宽、启动转矩大、过载能力强，十分适合启动/发电系统。20世纪末，博世公司采用永磁同步电机设计了汽车ISG系统，其工作效率在80%以上，萨克斯公司也选用永磁同步电机，启动/发电机发电效率高达80%～90%。国内于20世纪80年代就开始了对混合动力汽车用永磁同步启动/发电系统的研究[28-29]。中科院与东风汽车联合研制的混合动力汽车就是采用永磁同步电机，国产红旗轿车的混合动力系统也是采用永磁同步电机。永磁同步电机虽然性能优良，但仍存在一些缺点。永磁体造价较高，提高了电机的成本，同时永磁体在高振动、高速、高温的车载启动/发电系统中，容易失磁，性能受到影响。

1.2.5 开关磁阻电动机启动/发电系统

开关磁阻电动机(Switched Reluctance Motor，SRM)是20世纪80年代伴随着现代电力电子技术、计算机技术和控制技术的进步而迅猛发展起来的一种新型调速电动机。它有着直流电机的优良调速性能，具备异步电机简单、可靠的特点。SRM为双凸极结构，由转子无绕组和永磁体由硅钢片重叠而成，只有定子上有集中绕组。这种简单的结构使得SRM制造方便、坚固耐用，十分适合高转速、高温的恶劣环境。SRM可靠参数多，调节方便，通过简单地控制开通角和关断角的位置，就可以实现SRM的电动或者发电运行，这一优点在ISG应用中比其他电机有着更好的竞争力。开关磁阻启动/发电(Switched Reluctance Starter Generator，SRSG)系统不需要其他附件就可以实现启动/发电运行，频繁启动停止性能好。和其他电机相比，SRM由于功率密度高、转速范围宽、发电效率高、可靠性高、成本低的特点在ISG系统的核心电机中具有较强的竞争能力[30-32]。国内外对SRM组成的ISG系统进行了多方面的研究，具体将在下一小节介绍。

1.2.6 几种电机的比较

为了比较上面几种电机在ISG系统中的适用程度，分别对上面五种电机在造价、发电效率、容错性能、噪声与转矩波动、高温高速环境容忍程度、启动转矩和速度范围方面进行了比较，比较结果见表1-1。可以看出，双凸极电机、永磁同步电机和开关磁阻电机在各方面的比较中性能比较优良，其中开关磁阻电机在启动/发电系统中的潜力较大。

表1-1 启动/发电系统电机比较

电机类型	直流电机	异步电机	双凸极电机	永磁同步电机	开关磁阻电机
造价		√			√
发电效率		√	√	√	√
容错性能			√		√

表 1-1(续)

电机类型	直流电机	异步电机	双凸极电机	永磁同步电机	开关磁阻电机
噪声与转矩波动		√		√	
高温高速环境容忍程度		√	√		√
启动转矩			√	√	√
速度范围	√	√	√	√	√

1.3 启动/发电系统国内外研究现状

1.3.1 国外研究现状

在 20 世纪 80 年代,美国、德国等发达国家就开始了对启动/发电系统的研究[33-35]。为了提高飞机的性能,在美国军方的支持下,GE 公司和 Sundstrand 公司完成了启动/发电系统在航空领域的论证、样机开发,研制出了 30 kW 和 250 kW两种规格的实验样机。其中 GE 公司的 250 kW 的启动/发电系统转速达到 22 000 r/min,电机功率密度达到 3.89 kW/kg,效率高达 91.4%。由于涉及军事秘密,启动/发电系统的相关文献并不是很多。近年来,国外开始了对启动/发电系统在汽车上应用的研究[36-38],取得了一定的研究成果。

1.3.2 国内研究现状

在国内,研究人员从 20 世纪 80 年代开始了对 SRM 的研究。多所科研单位和高等院校对 SRM 进行了研究,如南京航空航天大学、西北工业大学、华中科技大学、北京纺织机械研究所等。虽然起步比国外晚,但通过研究者的努力,目前 SRM 已经具有很大的市场潜力:功率从 10 W 到 5 MW,电机从多相到单相,从旋转电机到直线电机。开关磁阻电机驱动系统已经应用到航空、运输、煤矿、纺织、机械等行业中。

20 世纪 90 年代末期,南京航空航天大学和西北工业大学就开始了对启动/发电系统在高压直流航空启动/发电系统中的应用研究,这标志着我国启动/发电系统研究的开始。国家将西北工业大学的“开关磁阻高压直流与恒频交流混合启动/发电系统”列入了“九五”科研项目。从那时开始,国内多家企业和院校对启动/发电系统进行了理论分析、样机实验、优化控制等多方面的研究。西北工业大学对启动/发电系统的样机结构设计、功率变换器的拓扑选择、控制方法、高速启动/发电性能等方面进行了系统研究,并研制出 4 kW 的样机系统[39-42]。南京航空航天大学在理论基础研究的同时,研制出了 3 kW 和 6 kW 的样机系统[43-44]。江苏大学 SRM 科研组对车辆用启动/发电系统进行了多方面的研究,以某款柴油机为样机，设计出了 1 kW 的样机系统，并完成了 DSP(Digital Signal Processing)和 CPLD(Dynamically Programmable Logic Device)的硬件控制系统的设计，自行设计和研制了结构新颖的 12/10 开关磁阻电机，并对该款电机在车载启动/发电系统中的应用进行了分析[45-49]。

从国内对启动/发电系统的研究情况来看，当前研究存在一些不足：对启动/发电系统的样机本体设计、新型结构的设计较多，而对启动/发电系统一体化仿真模型的研究很少。启动/发电系统是一个严重非线性的控制系统，通过普通的建模方法难以得到精度较高的模型。启动/发电系统一体化仿真模型可以实现系统的角度优化、功率优化、控制策略的实验，尤其对样机平台无法实现的一些危险性和探索性的研究具有重要参考价值，建立一个准确性程度高、容易修改、速度快的仿真模型意义重大。国内对启动/发电系统研究多处于实现基本的启动/发电功能阶段，对于启动、发电不同阶段的性能优化还不够。由于本身的非线性，普通的控制策略无论在启动、发电或者助力控制下，都不能得到较好的控制效果。将先进的非线性智能控制方法引入系统的各个控制中是十分必要的。

2　基本原理及仿真模型研究

2.1　开关磁阻电机的结构与运行原理

开关磁阻电机与感应式步进电机相同，也是双凸极变磁阻电机，其定转子凸极都是由高磁导率的硅钢片叠加而成，转子上既没有绕组也没有永磁体，定子极上绕有集中绕组，相距 π/q 空间角度的 $2q$ 个磁极绕组串联构成一相绕组，图 2-1为四相 8-6 开关磁阻电机原理图。

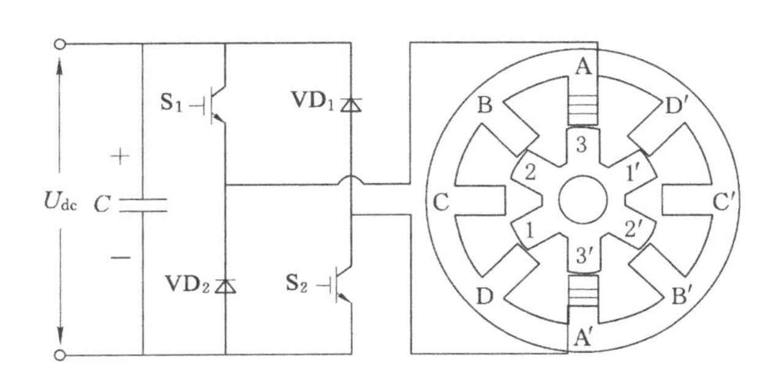

图 2-1　四相 8-6 开关磁阻电机原理图

开关磁阻电机的工作原理遵循磁阻最小原则，即磁通总要沿着磁阻最小的路径闭合，而具有一定形状的铁芯在移动到最小磁阻位置时，必使其主轴线与磁场的轴线重合[50-51]。如图 2-1 所示为四相 8-6 开关磁阻电机的原理图，图中的 U_{dc}为电源电压，S_1 和 S_2 为主开关器件，VD_1 和 VD_2 为续流二极管。图中，相距 π 个空间角度的 2 个定子绕组正向串联构成一相绕组，相绕组通电后在铁芯内形成两极型的磁场。传统的电动机电磁转矩由主磁路和电枢磁场相互作用产生，开关磁阻电机与其不同，因为开关磁阻电机转子既没有绕组也没有永磁体，它的转矩由磁路选择最小磁阻结构的趋势产生。图 2-1 中，A 相定子凸极轴线 A—A′与转子凸极轴线 3-3′重合，此时 A 相磁路磁阻最小，而 A 相电感为最大，这时如果继续给 A 相励磁，转子会因为只受到了径向磁力而没有切向拉力，无法转动;若此时 D 相励磁,则因为磁力线被“扭曲”而产生切向磁拉力使得转子旋转到转子凸极轴线 1—1′与 D 相定子凸极轴线 D—D′重合的位置,此时 D 相的磁路磁阻最小并且 D 相电感最大。由此可以看出,当电机转子处于图 2-1 所示位置时,依次给 D—C—B—A 相通电,转子就会以逆时针方向转动;反之,依次给 B—C—D—A 相通电,电机则会顺时针转动。因此,开关磁阻电机的旋转方向与相电流方向无关,仅由相绕组励磁顺序决定[52-53]。

2.2 开关磁阻电机的数学模型

开关磁阻电机与其他电磁式机电装置一样,可以看作是一对电端口和一对机械端口的二端口装置,且电端口和机械端口之间存在耦合磁场[54]。其微分方程由电路方程、机械方程和机电联系方程三部分组成。

2.2.1 开关磁阻电机电路方程

由电路基本定律可得各相电气主回路的电压平衡方程,第 k 相绕组的电压平衡方程式为

$$U_k = R_k i_k - e_k = R_k i_k + \frac{\mathrm{d}\Psi_k}{\mathrm{d}t} \tag{2-1}$$

式中 U_k——第 k 相绕组电压;

R_k——第 k 相绕组内阻;

i_k——第 k 相绕组电流;

e_k——第 k 相绕组反电动势;

Ψ_k——第 k 相绕组磁链。

其中第 k 相绕组的磁链 Ψ_k 可以由电流和电感的乘积表示

$$\Psi_k(\theta, i_k) = L_k(\theta, i_k) i_k \tag{2-2}$$

式中的电感 $L_k(\theta, i_k)$ 是转子位置角 θ 和相电流 i_k 的函数。

相电感之所以与相电流有关是因为开关磁阻电机的磁路饱和是非线性的缘故,而相电感随转子位置角变化正是开关磁阻电机的特点,将式(2-2)代入式(2-1)可以得到下式

$$\begin{aligned} U_k = {} & R_k i_k + \frac{\partial \Psi_k}{\partial i_k}\frac{\mathrm{d}i_k}{\mathrm{d}t} + \frac{\partial \Psi_k}{\partial \theta}\frac{\mathrm{d}\theta}{\mathrm{d}t} R_k i_k + \\ & \left(L_k + i_k \frac{\partial L_k}{\partial i_k}\right)\frac{\mathrm{d}i_k}{\mathrm{d}t} + i_k \frac{\partial L_k}{\partial \theta}\frac{\mathrm{d}\theta}{\mathrm{d}t} \end{aligned} \tag{2-3}$$

式(2-3)表示,相绕组外加电压与其电路中三部分电压相平衡,等式右边的第一项为第 k 相绕组回路中的电阻压降,第二项表示由电流变化引起磁链变化

的感应电动势，即变压器电动势，第三项是由转子位置改变引起绕组中磁链变化的感应电动势，即运动电动势，其与机电能量转换直接相关。

2.2.2　开关磁阻电机机械方程

按照力学定律，可以写出开关磁阻电机在电磁转矩 T_e 和负载转矩 T_L 作用下的转子机械运动方程

$$T_e = J\frac{d^2\theta}{dt} + D\frac{d\omega}{dt} + T_L \tag{2-4}$$

式中　T_e——三相绕组的转矩之和；

J——转动惯量；

D——黏滞系数；

ω——电机的角速度；

T_L——负载转矩。

2.2.3　开关磁阻电机机电联系方程

开关磁阻电机一相绕组在一个工作周期中的机电能量转换过程可以通过磁链-电流坐标平面的轨迹表示出来，其轨迹如图 2-2 所示，根据虚位移原理，在任一运行点处的瞬时电磁转矩为

$$T = \frac{\partial W'}{\partial \theta}\Big|_{i=\mathrm{const}} = -\frac{\partial W}{\partial \theta}\Big|_{\Psi=\mathrm{const}} \tag{2-5}$$

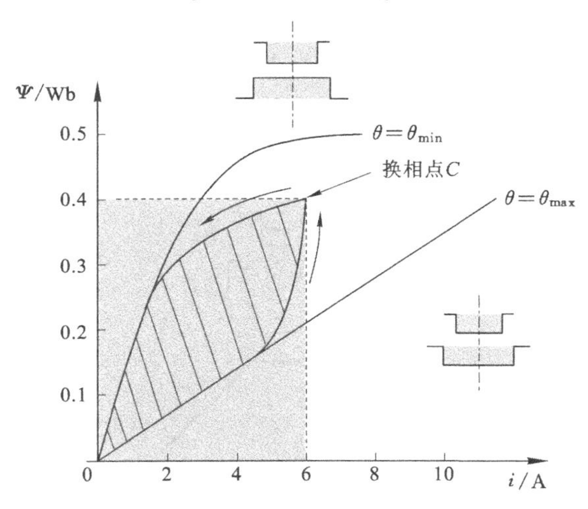

图 2-2　SRM 相绕组磁链-电流关系曲线

在任意一点处绕组的储能 W 可以表示为

$$W = \int_0^{\Psi} i(\Psi,\theta)\,d\Psi \tag{2-6}$$

在任意一点处绕组的磁共能 W' 可以表示为

$$W' = \int_0^i \Psi(i,\theta)\mathrm{d}i \tag{2-7}$$

图 2-2 表示，在磁路饱和的状态下运行的开关磁阻电机是一种非线性的机电装置，表示储能 W 和磁共能 W' 的积分难以解析计算，并且储能 W 和磁共能 W' 不可能相等。因电机和负载都有一定的转动惯量，决定电机出力及动态平衡的是平均转矩，对式(2-5)在一个工作周期内积分并取平均值，可以得到开关磁阻电机的平均电磁转矩为

$$T = \frac{mN_r}{2\pi}\int_0^{2\pi/N_r} Tx(\theta,i(\theta))\mathrm{d}\theta = \frac{mN_r}{2\pi}\int_0^{2\pi/N_r}\int_0^{i(\theta)} \frac{\partial l(\theta,\xi)}{\partial\theta}\xi\mathrm{d}\xi\mathrm{d}\theta \tag{2-8}$$

式中　m——开关磁阻电机的相数；

N_r——转子凸极数。

式(2-1)至式(2-8)构成了开关磁阻电机的数学模型，尽管该模型完整准确地描述了开关磁阻电机中的电磁关系及力学关系，但是因为 $l(\theta,\xi)$ 以及 $i(\theta)$ 难以解析，故难以实际应用，因此在实际实验仿真中会忽略一些次要因素，利用理想化的线性模型进行分析。

2.3　开关磁阻电机线性模型

在开关磁阻电机的理想线性模型中，不计磁路饱和的影响，同时假设相绕组的电感与电流大小没有关系，并且不考虑磁场边缘扩散效应，这种情况下相绕组电感随转子位置角呈周期性变换，如图 2-3 所示。

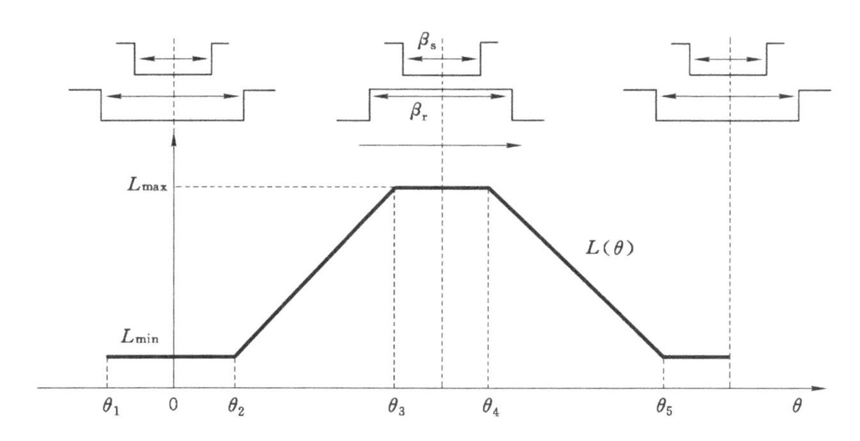

图 2-3　相电感曲线图

由图 2-3 相电感曲线图，可以推出开关磁阻电机线性模型，其相电感的分段表达式为

$$L(\theta)=\begin{cases}L_{\min} & \theta_1\leqslant\theta<\theta_2\\ K(\theta-\theta_2)+L_{\min} & \theta_2\leqslant\theta<\theta_3\\ L_{\max} & \theta_3\leqslant\theta<\theta_4\\ L_{\max}-K(\theta-\theta_4) & \theta_4\leqslant\theta<\theta_5\end{cases}\tag{2-9}$$

式中　$K=(L_{\max}-L_{\min})/(\theta_3-\theta_2)=(L_{\max}-L_{\min})/\beta_s$。

当开关磁阻电机由恒定的直流电源 U_s 供电时，可以得到一相电路方程

$$\pm U_s=\frac{\mathrm{d}\Psi}{\mathrm{d}t}+iR\tag{2-10}$$

式中　$+U_s$——主开关器件导通时，相绕组两端的直流电源电压值；

　　$-U_s$——主开关器件关断时，绕组处于续流阶段时绕组端电压值。

绕组电阻压降 iR 与 $\mathrm{d}\Psi/\mathrm{d}t$ 相比很小，因此可以忽略不计，此时式(2-10)可以简化为

$$\pm U_s=\frac{\mathrm{d}\Psi}{\mathrm{d}t}=\frac{\mathrm{d}\Psi}{\mathrm{d}\theta}\cdot\frac{\mathrm{d}\theta}{\mathrm{d}t}=\frac{\mathrm{d}\Psi}{\mathrm{d}\theta}\omega_r\tag{2-11}$$

整理得

$$\mathrm{d}\Psi=\pm\frac{U_s}{\omega_r}\mathrm{d}\theta\tag{2-12}$$

式(2-12)表示，在某一个转子角速度 ω_r 下，通电相绕组的磁链将以恒定比率 U_s/ω_r 随转子位移角增加而增加，在主开关器件关断瞬间，即 $\theta=\theta_{off}$ 时，磁链获得最大值；在主开关器件关断后，磁链以恒定比率 U_s/ω_r 下降。由此可以得到，当相绕组在一个工作周期内，磁链的分段解析式为

$$\Psi(\theta)=\begin{cases}\dfrac{U_s}{\omega_r}(\theta-\theta_{on}) & \theta_{on}\leqslant\theta<\theta_{off}\\ 0 & 0\leqslant\theta<\theta_{on},2\theta_{off}-\theta_{on}\leqslant\theta\leqslant\dfrac{2\pi}{N_r}\\ \dfrac{U_r}{\omega_r}(2\theta_{off}-\theta_{on}-\theta) & \theta_{off}\leqslant\theta<2\theta_{off}-\theta_{on}\end{cases}\tag{2-13}$$

由式(2-13)可以画出磁链随转子位置角的变化曲线，如图 2-4 所示。

将式 $\Psi(\theta)=L(\theta)i(\theta)$ 代入式(2-11)，可以得到

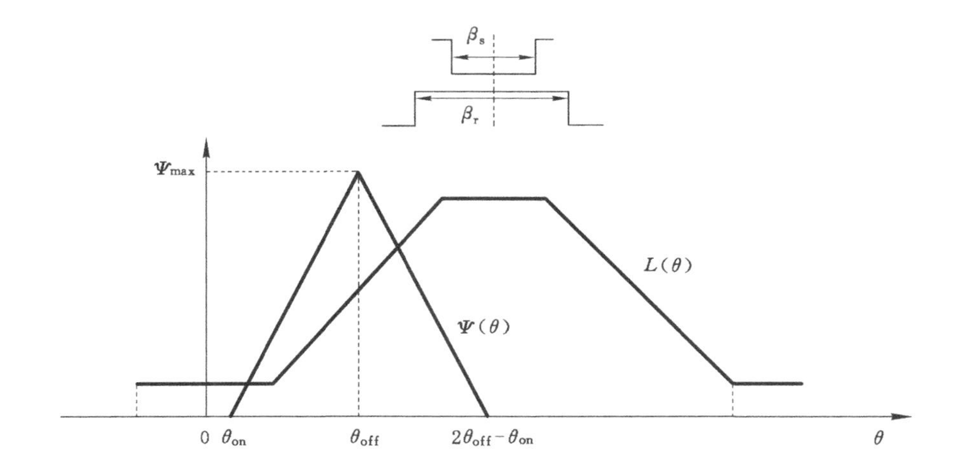

图 2-4　基于线性模型的相绕组磁链曲线

$$\pm U_s = \frac{d\Psi}{dt} = L\frac{di}{dt} + i\frac{dL}{dt} = L\frac{di}{dt} + i\frac{di}{d\theta}\omega_r \tag{2-14}$$

整理式(2-14)可以得到

$$\pm U_s = L\frac{di}{d\theta} + i\frac{dL}{d\theta} \tag{2-15}$$

在绕组通电周期，式(2-14)中的电源电压 U_s 为正向电压，等式两边同时乘相电流 i，可以得到功率平衡表达式

$$U_s i = \frac{d}{dt}\left(\frac{1}{2}Li^2\right) + i^2\frac{dL}{d\theta}\omega_r \tag{2-16}$$

由式(2-16)可以看出，当开关磁阻电机某一相绕组通电时，如果不计磁阻的损耗，输出的电功率一部分用于增加绕组的磁场储能($Li^2/2$)，另一部分则转换成机械功率输出($i^2\omega_r dL/d\theta$)，后者是相电流和定子电路的旋转电动势($i\omega_r dL/d\theta$)之积。由旋转电动势的大小、正负和电感相对转子位置的变化率等特点，可以分析出在电感变化不同区域内绕组电流流动引起的几种不同能量流动情况。

当开关磁阻电机在电动模式运行时，在 $\theta_1 \sim \theta_2$ 内开通主开关器件，在 $\theta_2 \sim \theta_3$ 内关断主开关器件，此时在一个电感变化周期内的相电流波形如图 2-5 所示。由式(2-9)和式(2-13)可以得到相绕组电流 $i(\theta)$ 的分段表达式

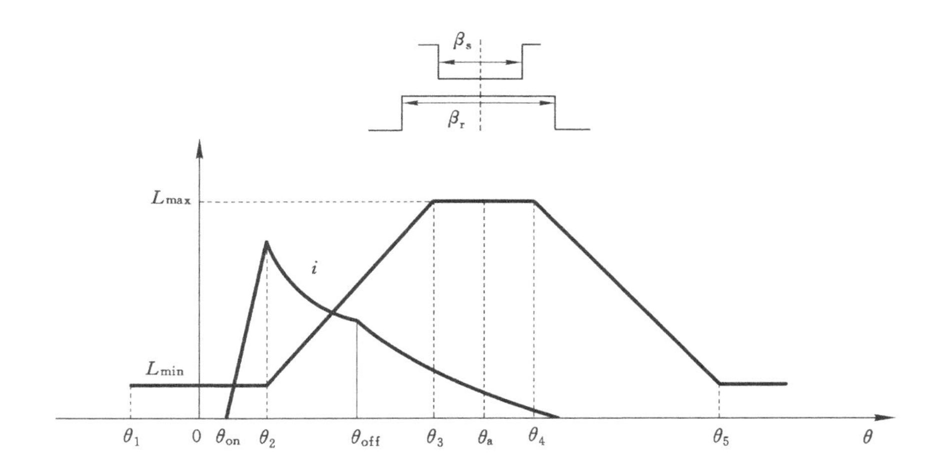

图 2-5　基于线性模型的相电流曲线

$$
i(\theta)=\begin{cases}
\dfrac{U_s(\theta-\theta_{on})}{L_{min}\omega_r} & \theta_1 \leqslant \theta < \theta_2 \\[2ex]
\dfrac{U_s(\theta-\theta_{on})}{\omega_r[L_{min}+K(\theta-\theta_2)]} & \theta_2 \leqslant \theta < \theta_{off} \\[2ex]
\dfrac{U_s(2\theta_{off}-\theta_{on}-\theta)}{\omega_r[L_{min}+K(\theta-\theta_2)]} & \theta_{off} \leqslant \theta < \theta_3 \\[2ex]
\dfrac{U_s(2\theta_{off}-\theta_{on}-\theta)}{\omega_r L_{max}} & \theta_3 \leqslant \theta < \theta_4 \\[2ex]
\dfrac{U_s(2\theta_{off}-\theta_{on}-\theta)}{\omega_r[L_{max}+K(\theta-\theta_4)]} & \theta_4 \leqslant \theta < 2\theta_{off}-\theta_{on} < \theta_5
\end{cases} \tag{2-17}
$$

以上是基于线性模型下角度位置控制的相电流分析，通过分析可以得到，改变开通角和关断角可以实现相电流上升过程中的峰值和整个电流的有效值的控制。在电机运行速度较低时，采用电流斩波控制的方式，由于不计磁路饱和，相电感不受相电流影响，对于一定的转子位置角，磁链是一条直线，如图 2-6 所示。

由式(2-2)可知，磁链可以表示为电感和电流的乘积，所以磁链的解析式可以表示为

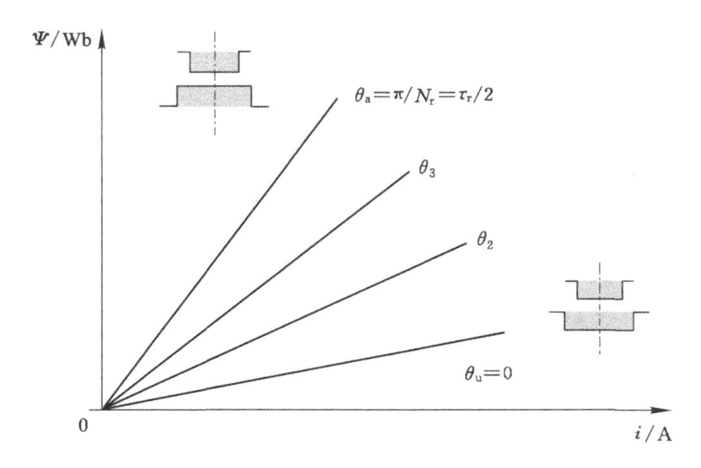

图 2-6 基于线性模型的磁链曲线

$$\Psi(i,\theta)=\begin{cases}L_{\min}i & \theta_1\leqslant\theta<\theta_2\\ L_{\min}+K(\theta-\theta_2)i & \theta_2\leqslant\theta<\theta_3\\ L_{\max}i & \theta_3\leqslant\theta<\theta_4\\ L_{\max}+K(\theta-\theta_4)i & \theta_4\leqslant\theta<\theta_5\end{cases}\tag{2-18}$$

由式(2-7)和式(2-18)可以得到磁共能 W' 的表达式为

$$W'(i,\theta)=\begin{cases}\dfrac{1}{2}L_{\min}i^2 & \theta_1\leqslant\theta<\theta_2\\ \dfrac{1}{2}[L_{\min}+K(\theta-\theta_2)]i^2 & \theta_2\leqslant\theta<\theta_3\\ \dfrac{1}{2}L_{\max}i^2 & \theta_3\leqslant\theta<\theta_4\\ \dfrac{1}{2}[L_{\max}+K(\theta-\theta_4)]i^2 & \theta_4\leqslant\theta<\theta_5\end{cases}\tag{2-19}$$

将式(2-19)代入式(2-5),可以得到相电磁转矩 $T(i,\theta)$ 的表达式为

$$T(i,\theta)=\begin{cases}0 & \theta_1\leqslant\theta<\theta_2\\ \dfrac{1}{2}Ki^2 & \theta_2\leqslant\theta<\theta_3\\ 0 & \theta_3\leqslant\theta<\theta_4\\ -\dfrac{1}{2}Ki^2 & \theta_4\leqslant\theta<\theta_5\end{cases}\tag{2-20}$$

由式(2-20)可知，在不考虑磁路饱和的条件下，电磁转矩与电流的平方成正比，由此可知，电流对电磁转矩的大小有着决定性的影响。并且在电感上升区，绕组中的电流产生正向的电磁转矩；在电感下降区，绕组中的电流产生负向的电磁转矩。因此，开关磁阻电机电动运行在电感上升区，开关磁阻电机制动运行在电感下降区。

2.4 开关磁阻电机的控制策略

根据开关磁阻电机控制变量的不同，可以分为三种控制方式，即角度位置控制(APC)、电流斩波控制(CCC)和电压斩波控制(CVC)[55]。目前，开关磁阻电机常用的控制策略有PID(Packet Identifier)控制、模糊控制等，根据系统和应用场景的不同选择不同的控制方法和控制策略对开关磁阻电机进行控制[56]。

2.4.1 角度位置控制

角度位置控制是通过改变开通角和关断角从而控制每一相绕组通、断电的状态，进而实现调节相电流波形的宽度和有效值的大小，最终实现控制转速的目的。由于开通角和关断角都可以改变，因此角度位置控制方式可以分为三种：固定关断角调节开通角、固定开通角调节关断角以及开通角和关断角同时调节[57]。图2-7所示为角度位置控制相电流波形。

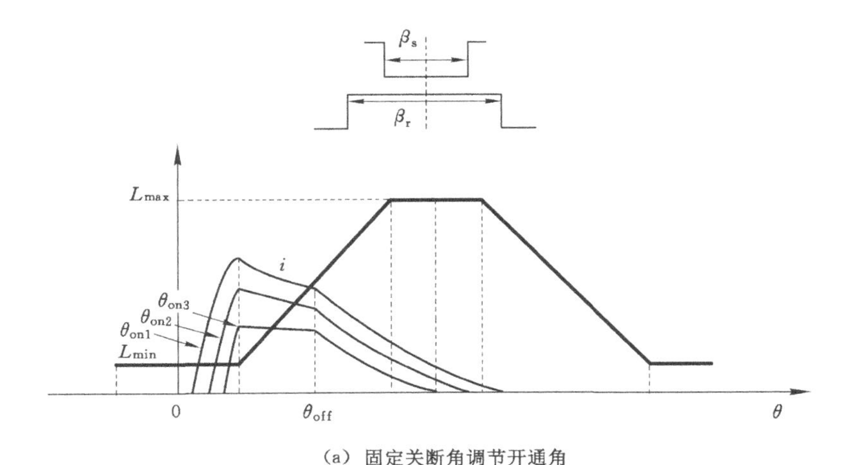

(a) 固定关断角调节开通角

图2-7 角度位置控制相电流波形

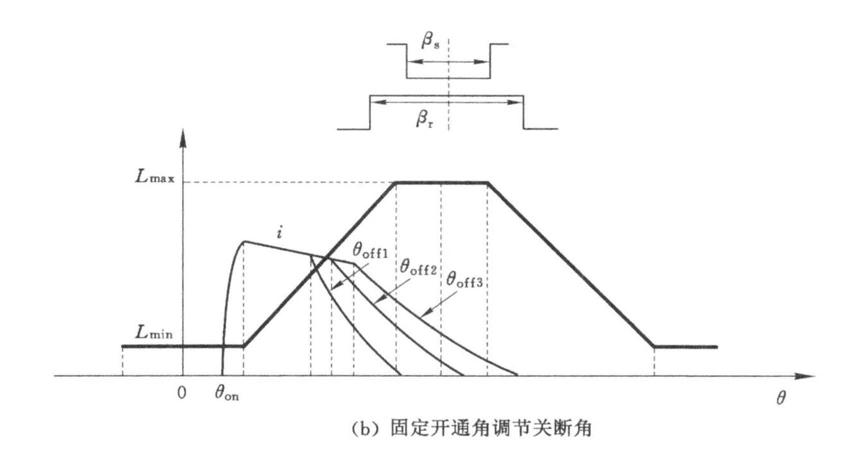

(b) 固定开通角调节关断角

图 2-7　角度位置控制相电流波形(续 1)

由图 2-7 可以看出，当关断角固定不变，通过调节开通角可以控制相电流的宽度、相电流的峰值和有效值的大小，并且可以调整电流波形和电感波形的相对位置，从而达到控制电机转速和转矩的目的。当开通角固定不变时，通过调节关断角可以控制相电流的宽度及其与电感曲线的相对位置，进而可以调节电流的有效值。

根据开关磁阻电机的转矩特性可以知道，当电流波形位于电感的上升区时，产生的平均电磁转矩是正向的，电机运行在电动状态；当电流波形主要位于电感的下降区域时，产生的平均电磁转矩是负向的，电机工作在制动状态。通过对开通角和关断角的控制，可以使电流的波形处在绕组电感波形的不同位置，因此，可以通过控制开通角、关断角的方式来使电机运行在不同的状态。图 2-8 是制动时角度位置控制相电流波形，在制动运行模式下，在电机的相绕组导通区间内，绕组积累能量，在关断角之后的整个续流区间，开关器件都关断，续流电流通过二极管回馈给前端储能元件。

角度位置控制方式适用于电机高速运行情况，当电机在高速运行时，电机各相绕组的反电动势较大，即使导通区间不对电流进行限制，也不会导致电流迅速上升，超过电机的正常工作电流。通过对开通关断角的优化控制，可以调整励磁电流峰值，从而调整电机转速和功率。

2.4.2　电流斩波控制

电机低速运行特别是在启动时，旋转电动势的压降很小，相电流上升很快，为避免过大的电流脉动对功率开关器件及电机造成损坏，需要对电流峰值进行

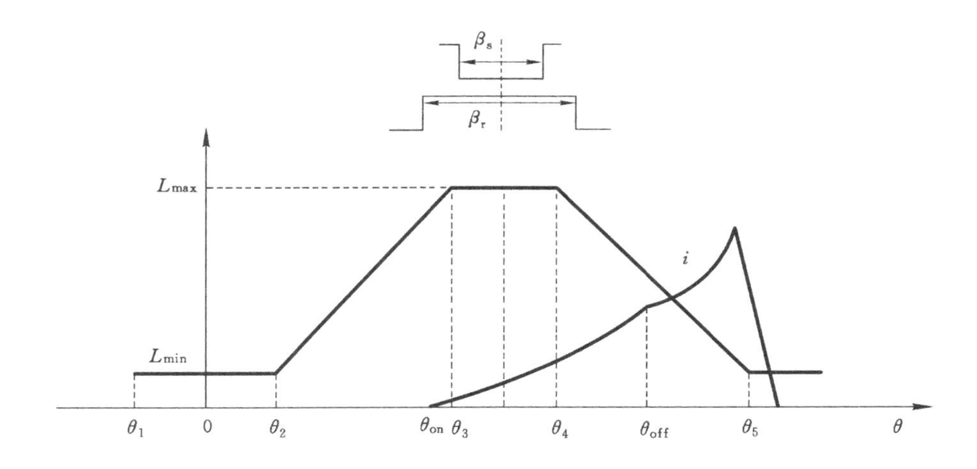

图 2-8 制动时角度位置控制相电流波形

限定，可以采用电流斩波控制方式对相电流进行控制，从而可以得到恒转矩的机械特性[58]。

电流斩波控制下的相电流波形如图 2-9 所示，其控制方法是让相电流 i 与电流斩波限 i_{ref} 进行比较，当转子位置角处于电流导通区间，即 $\theta_{on}<\theta<\theta_{off}$ 时，若 $i<i_{ref}$，则主开关器件开通，相电流逐渐上升达到斩波限；若 $i>i_{ref}$，则主开关器件关断，电流下降；如此反复，相电流将维持在斩波限附近伴随较小的波动。

与角度位置控制方式相比，电流斩波控制可以直接对电流实施控制，通过适当调整斩波限，可以获得较为精准的控制效果。因此，电流斩波控制具有简单直接、可控性好的特点，是比较常用的控制方式。但是，电流斩波控制方式下的斩波频率不固定，随着电流误差的变化而变化，不利于电磁噪声的消除。

2.4.3 电压斩波控制

电压斩波控制是保持开通角和关断角固定不变的前提下，使功率开关器件工作在脉冲宽度调制方式下。脉冲周期 T 固定，通过调节 PWM 波的占空比，来调整施加在绕组两端的电压平均值，进而改变绕组电流的大小，最终实现对转速的调节控制[59]。通过增大调制脉冲的频率，电机各相电流的波形会比较平滑、转矩输出增大、噪声较小，但是对功率开关器件的工作频率的要求会增大。图 2-10 为电压斩波控制下的相电流波形。

按照续流时的开关管状态不同，可将电压斩波控制分为斩单管和斩双管控

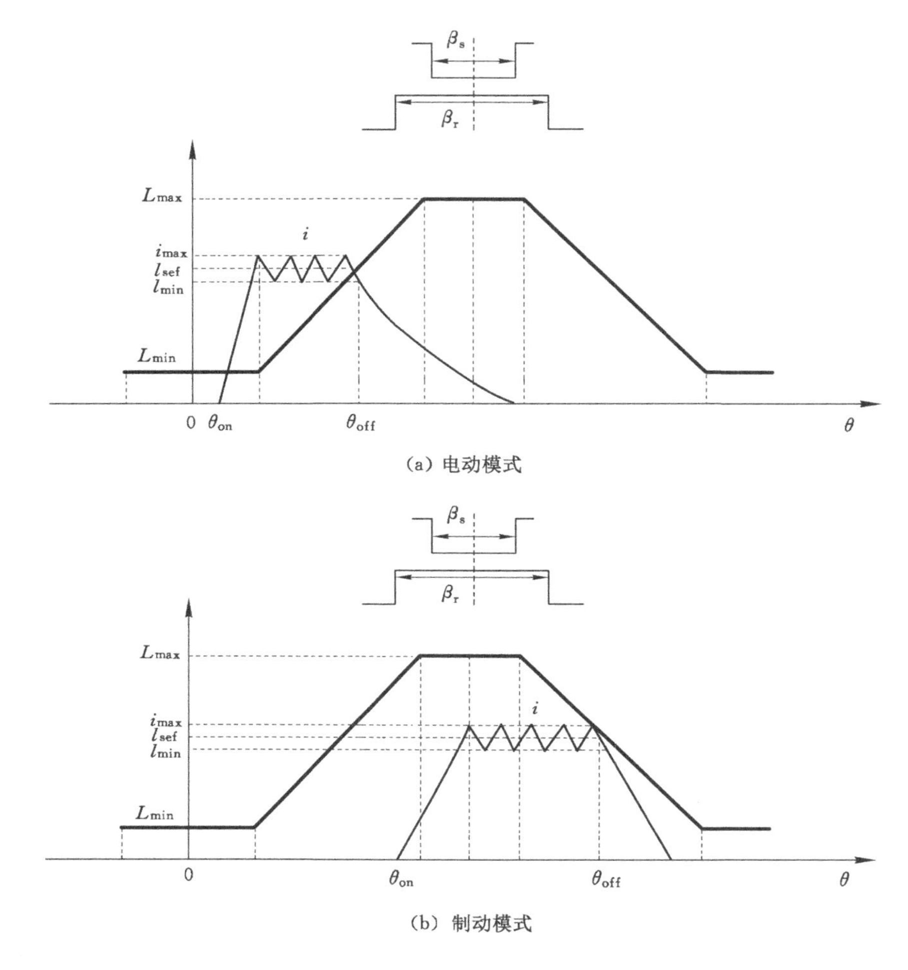

图 2-9 电流斩波控制下的相电流波形

制方式。在斩单管控制方式下,连接在相绕组中的上、下桥壁的两个开关管中有一个处于斩波状态,另一个处于一直导通状态。而在斩双管控制方式下,相绕组的上、下桥臂的两个开关管同时导通或者同时关断,对电压进行斩波控制。考虑到系统效率问题等因素,实际设计时采用斩单管的方式进行控制。电压斩波控制方式的特点为通过 PWM 方式调节绕组电压平均值,间接调节和限制绕组的电流,既可在电机高速运行时进行调速控制,也可在电机低速时进行调速控制,但是其低速运行控制时的转矩脉动较大。

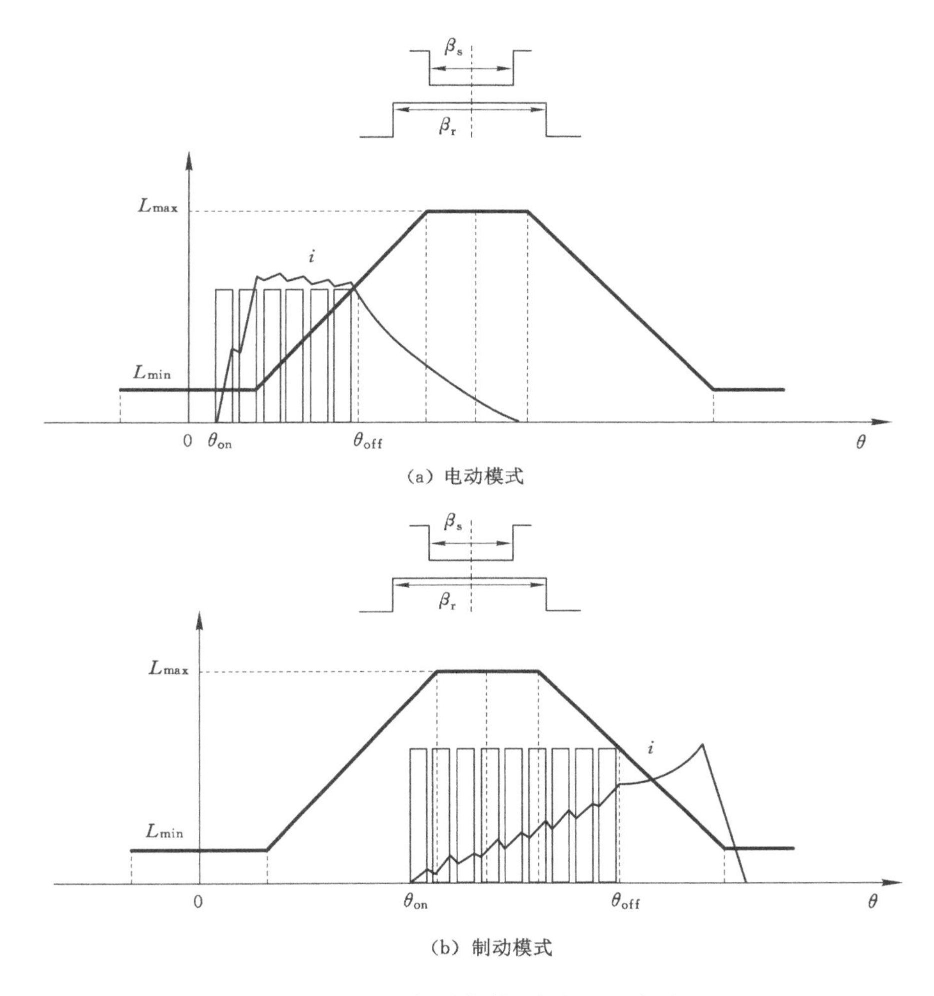

图 2-10 电压斩波控制下的相电流波形

2.4.4 开关磁阻电机控制系统

根据以上介绍的各种开关磁阻电机控制方法，可以设计出开关磁阻电机控制系统。其中，电流斩波控制方式仅适用于电机的低速运行模式，角度位置控制方式仅适用于电机的高速运行模式，电压斩波控制方式适用于较大转速调速范围，因此，图 2-11 设计出了基于电压斩波控制策略下的调速控制系统。开关磁阻电机的位置和实际瞬时转速由编码器获取计算得到，电机的瞬时转速 n 与参考转速 n' 计算得到转速误差，经过 PI 控制器计算输出占空比信号，并将该信号与电机位置信号融合，在各相导通区域内将占空比信号输出给功率变换器，根据电机位置的改变不断切换导通相，从而实现对电机转速的调整和控制。

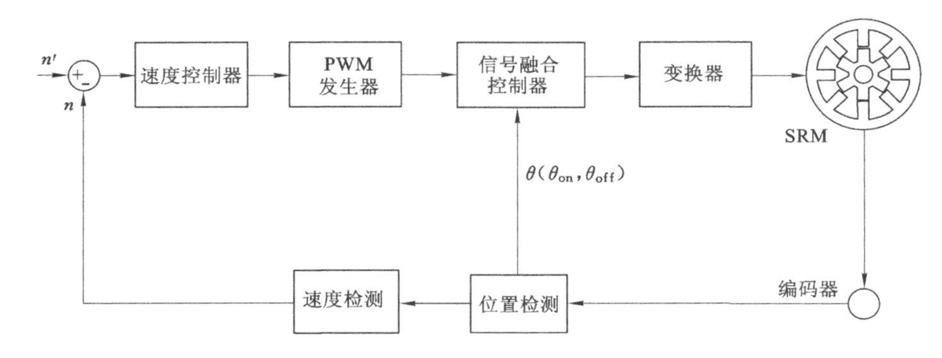

图 2-11　开关磁阻电机调速系统流程

2.5　SRM 非线性建模方法

精确的数学模型可以为电机结构的优化设计、动静态性能分析、高性能控制策略的应用、容错控制等方面提供参考和测试信息。而由于定子和转子的双凸极结构、铁芯磁路的高度饱和、电源的脉冲供电方式等原因，SRM 的磁链、电流、电压等各个物理量都随转子位置的变化而变化，是一个具有严重非线性电磁特性和强耦合的控制系统，利用数学方程建立 SRM 精确的仿真模型十分困难。如何获得 SRM 精确的非线性模型一直是研究的难点和热点。

SRM 的磁链数据可以通过实验测量或者有限元分析的方法得到[60-61]。如何准确而简单地将测得的或者计算出来的磁化特性曲线转化成 SRM 的数学模型，是 SRM 建模最重要和需要解决的问题。从最开始的线性方法建模、准线性方法建模，到现在已经发展成多种方法的非线性方法建模。非线性方法建模现在主要有函数解析法、表格法、神经网络法等方法[62-64]。

本章根据普通神经网络建模存在的不足，利用小波神经网络方法进行了 SRM 磁链模型的建立，并以此为基础搭建了启动/发电系统的一体化仿真模型。该模型所有模块都采用 Matlab 软件平台下可视化仿真工具 Simulink 模块组成，模型可读性强、修改方便、仿真速度快。该模型可以为启动/发电系统的先进控制策略前期尝试、各种控制参数的优化以及实际样机难以实现的过流、过压、缺相故障等情况提供有利的仿真手段。为了验证启动/发电系统的有效性以及本书提出的启动/发电系统的多种控制策略、优化结果，本章还搭建了启动/发电系统一体化样机实验平台。该平台以双 STC 单片机为控制核心，设计了上位机控制与检测系统,实现了启动/发电系统的启动、发电、制动、助力等多种控制模式。最后,本章还对各种情况下的仿真结果和样机实验平台实验结果进行了对比验证。

2.5.1　SRM 数学模型

为了分析 SRM 的电磁特性,必须了解 SRM 的电磁关系。如果忽略 SRM 相绕组之间的互感、磁滞、涡流等影响,可以将 SRM 描述为一组微分方程组成的数学模型:

$$\begin{cases} U_i = iR + \mathrm{d}\Psi/\mathrm{d}t \\ \Psi_i = \Psi(i_1, i_2, \cdots, i_n, \theta) \\ T_n = \partial W_n{}'(i_1, i_2, \cdots, i_n, \theta) \quad i = 1, 2, \cdots, n \\ T_n = J\,\mathrm{d}\omega/\mathrm{d}t + D\omega + T_L \\ \omega = \mathrm{d}\theta/\mathrm{d}t \end{cases} \tag{2-21}$$

式中　n——电机的相数;

J——电机转动惯量;

D——黏性摩擦系数。

SRM 被设计成磁链饱和运行状态。因此,式(2-21)中的数学方程都是非线性方程,要想通过解析计算得到实际的电机各电气参数之间的关系十分困难。

图 2-12 所示是一个采用有限元方法得出的相绕组磁链随相电流和转子位置角度变化而变化的磁特性曲线。在定子极齿和转子极齿未重合的时候,电机的气隙磁阻比较大,因此磁路没有达到饱和状态,磁链随着相电流上升而基本表现为线性上升,如图 2-12(a)所示。随着转子位置距离最大电感位置越来越近,定子极齿和转子极齿相重叠的位置也越来越大。由于气隙磁阻减小,主磁通增大,一定负载电流下磁链随转子位置角增大而增大,如图 2-12(b)所示。而当铁芯饱和程度越来越大的时候,铁芯的磁导变小,磁链随着角度的增大反而减小。因此,磁链随着转子位置角度的变化呈马鞍状。

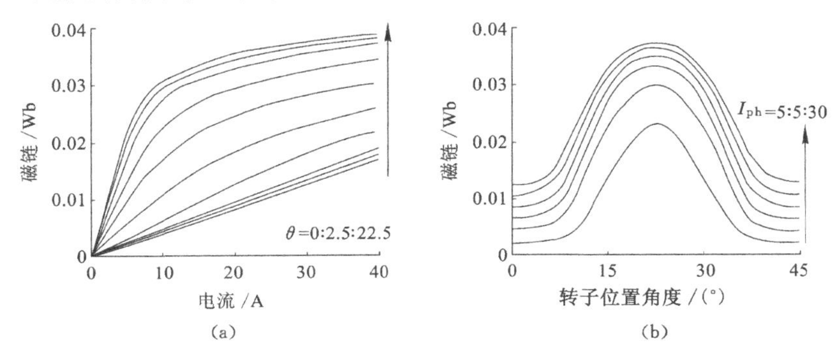

图 2-12　磁链随电流、转子位置角度变化的特性曲线

由图 2-12 可知，磁链数据随着电流和转子位置角度的变化时呈严重非线性的关系，无法用具体的数学关系表达它们之间的映射关系，必须采用非线性方法来进行建模。

2.5.2 SRM 建模

根据模型从简单到复杂，从粗糙到准确，SRM 主要有三种建模方式：线性模型、准线性模型和非线性模型。劳伦森于 1983 年第一个提出了 SRM 的线性磁链模型[65]，分析了 SRM 的基本电磁关系，为后来的研究奠定了基础。通过线性仿真模型，可以定性分析电机的电流、电压、磁链、转矩等之间的关系，可以知道 SRM 的基本电磁特性，但是由于忽略了电磁饱和、边缘效益等影响因素，分析结果与实际的电机的电磁关系仍有着较大的误差，无法进行较精确的定量分析。

准线性模型是在线性模型的基础上，部分考虑到磁路饱和，采用分段线性化曲线来模拟饱和部分的关系。米勒在 1986 年提出的准线性模型利用平均转矩的方法对 SRM 进行了分析[66]，该方法在线性模型的基础上提高了模型准确程度，并且分析计算不是十分复杂，但是准线性模型依然忽略了较多的负面影响，无法达到较精确数学模型的要求。

如果想要精确建立 SRM 的电磁关系，必须采用更加先进的非线性建模的方法。目前研究者已经提出了多种非线性电磁特性建模的方法，如解析函数法、插值法、神经网络法等。

插值法根据实验实测得到的或者有限元分析得到的磁化曲线，采用合适的插值方法对磁化曲线进行数据插值，然后采用数值微分方法来计算 SRM 的未知磁链特性。文献[67]提出了一种利用一次插值方法对位置角度进行计算的方法，并利用二次插值对磁链进行计算，得到电流关于磁链和转子位置角度的映射关系。文献[68]将样条插值法应用于磁链模型的建立，而文献[69]采用了三次样条插值法对磁化曲线进行插值，缩短了仿真的时间，并且提高数据映射的精确度。然而数据插值方法是基于平均两点之间的平均数值关系，需要较大量的实测或者有限元分析得到的实际电磁数据关系。如果实测数据不够多，就会严重影响精确程度。同时，由于采用数值微分计算，需要大量的计算过程，仿真速度较慢。

解析函数法通过分析磁化曲线的特点而采用合适的解析函数来拟合磁链特性关系。首先被采用的拟合函数多是指数函数，如文献[70]提出的指数函数拟合磁链与位置和电流关系，文献[71]对相应的指数函数进行了改进，使得饱和区域更加贴近实际。同样的一种函数拟合并不能完全满足整个特性曲线的要求，因此文献[72]提出了一种利用双线性插值和双立方样条插值相结合的方法来建立磁链特性曲线。解析函数法为了使得解析函数更加逼近实际电机模型，同样必须参考大量的电机磁链和转矩数据。

随着现代控制理论和人工智能理论的发展，人工神经网络建模方法得到了迅速发展。文献[73]将BP(Back Propagation)神经网络引入SRM磁链模型的建立之中，搭建了三层神经网络模型，两个输入量为磁链和转子位置角，单个输出量为电流。通过实测的样本数据训练得到了神经网络神经单元之间的神经元个数以及权值关系，通过测试，仿真结果和实验结果基本吻合。但是BP神经网络是全局性的逼近网络，收敛速度比较慢，而且容易陷入局部最小。如果训练样本数据不同，得出的结果也差异较大。因此，单纯的BP神经网络并不能很好地进行磁链数据的建模。小波函数具有良好的局部化功能，因此结合小波算法与神经网络的优点，可以更加有效快速地进行网络训练和SRM的建模。

2.6 基于小波神经网络建模方法

2.6.1 小波神经网络原理

人工神经网络在模型辨识、复杂系统控制等许多领域得到了实际的应用和推广。人工神经网络具有自学习、自适应、较高的容错性和较好的鲁棒性，可以通过有限的数据样本，训练出精度较高的非线性映射关系。人工神经网络非线性数据建模方法比传统的解析方法精度更高、预测能力更强。尤其在模型辨识的仿真应用中，通过人工神经网络训练得出的模型和解析方法建立的模型相比可以显著减少仿真计算量、提高仿真速度。但是传统的人工神经网络研究还有一些问题需要解决：神经网络设计具有较大的盲目性，难以获得较高精度的神经元个数和权值参数；需要较多的样本数据，网络训练收敛慢，容易陷入局部极小；面对数据量大、维数多、干扰多的系统，难以获得较精确的结果。因此，为了改进和提高人工神经网络的能力，它和许多先进控制方法相结合衍生出多种人工神经网络控制方法，如模糊神经网络方法、遗传神经网络方法、小波神经网络方法等。

小波变换是在傅立叶变换之后发展起来的一种新的数学分析方法，在信号分析领域得到了迅速发展。小波变换在时域和频域同时具有良好的局部化性能，有一个灵活可变的时间-频率窗，通过尺度伸缩和平移对信号进行多尺度分析，能有效提取信号的局部信息。小波变换的特点正好可以弥补神经网络的不足[74-75]。小波神经网络是基于小波变换而构成的神经网络模型，即用非线性小波基函数取代普通神经网络的神经元非线性激励函数(如Sigmoid函数)，输入层和隐含层之间的连接权值和隐含层阈值分别采用小波函数的伸缩系数和平移系数。小波神经网络把小波变换与神经网络有机地结合起来，充分继承了两者的优点，避免单纯神经网络结构设计上的盲目性，具有更强的学习能力和更高的精度，结构更简单，收敛速度更快。因此小波神经网络可以更有效地进行 SRM 磁链特性关系网络训练，有利于建模分析。

小波神经网络结构如图 2-13 所示，主要由输入层、隐含层和输出层三层组成，其输入层神经元个数为 p，隐含层神经元个数为 n，输出层神经元个数为 q。

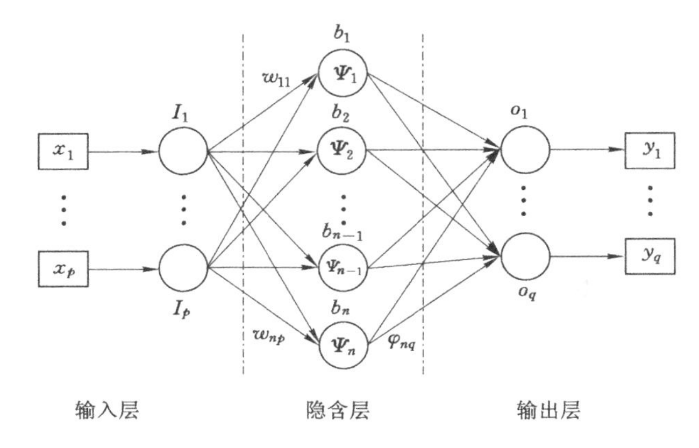

图 2-13　小波神经网络结构

其中：隐含层第 n 个输入可以表示为：

$$S_n = \sum_{i=1}^{p} w_{ni} x_i \tag{2-22}$$

式中，w_{ni} 为输入层第 i 个神经元到隐含层第 n 个神经元的连接权值。

隐含层第 j 个神经元的输出可以表示为：

$$h_j = \Psi_{a_j, t_j}(S_j) \tag{2-23}$$

式中，a_j 和 t_j 分别为小波函数的伸缩系数和平移系数。

隐含层节点神经元激励函数 $\Psi(x)$ 选取 Mexican Hat 小波函数：

$$\Psi(x) = (1 - x^2) e^{-x^2/2} \tag{2-24}$$

将式(2-24)代入则可得：

$$h_j = \Psi_{a_j, t_j}(S_j) = \frac{1}{a_j}\left(1 - \left(\frac{S_j - t_j}{a_j}\right)^2\right) e^{-\frac{(S_j - t_j)^2}{2a_j^2}} \tag{2-25}$$

最终输出层第 t 个神经元的输出可以表示为：

$$y_t = \sum_{i=1}^{n} \varphi_{iq} h_i \tag{2-26}$$

建立好小波神经网络的结构，就必须对网络进行训练，达到最优的结果。训练开始后，根据优化规则来增添和删除作用大和作用小的隐含层节点，保证这个隐含层的结构最简单而且作用最明显。训练结果通常用网络误差函数来表示，本书采用最小均方根函数作为网络误差函数：

$$P=\frac{1}{2}\sum_{i=1}^{n}\sum_{t=1}^{p}(S_{i,t}-y_{i,t})^{2} \tag{2-27}$$

式中 $S_{i,t}$——第 i 组的样本输出；

$y_{i,t}$——第 i 组对应的样本实际期望输出；

n——样本个数。

在 SRM 磁链关系训练中，采用二输入一输出的结构。输入为电流和转子位置角度，输出为磁链。当建立好小波神经网络的基本关系，并且得到样本的数据之后，就可以开始使用样本数据对小波神经网络的隐含层神经元的个数、神经元之间的连接权值的关系及伸缩系数和平移系数进行训练。

基于小波神经网络的训练步骤如图 2-14 所示：

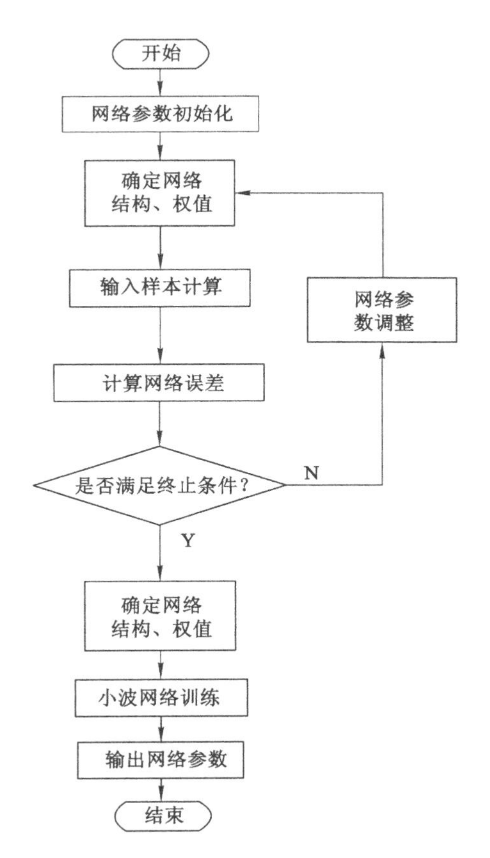

图 2-14 小波神经网络训练算法流程图

(1) 网络参数的初始化

初始化主要包括确定隐含层神经元的个数、隐含层与输出层的连接权值、隐含层与输入层之间的连接权值、隐含节点的小波函数的选取和参数的初始化、输出节点阈值的初始值等。

(2) 确定网络的结构和权值

根据步骤(1)的初始参数,确定网络的结构和权值。

(3) 输入样本计算

根据步骤(1) 和(2)初始化的网络,将实际需要训练的样本作为数据进行网络输入,并得到网络输出。

(4) 计算网络误差

根据式(2-27),对步骤(3)的网络输出和实际期望输出进行比较计算。如果 $P<\delta$(δ 为误差最小容许范围),可以认为训练的输出达到了期望值,就可以停止训练,否则进行步骤(5)。

(5) 调整网络参数

如果本次训练达到了训练结果要求,就进行步骤(6),没有满足期望要求,则根据梯度下降法来调整网络参数,并接着进行步骤(3)。其中,伸缩系数和平移系数调整如下:

$$a_j(n+1)=a_j-\eta\frac{\partial P(N)}{\partial a_j} \tag{2-28}$$

$$t_j(n+1)=t_j-\eta\frac{\partial P(N)}{\partial t_j} \tag{2-29}$$

权值调整如下:

$$w_{ij}(n+1)=w_{ij}-\eta\frac{\partial P(N)}{\partial w_i j} \tag{2-30}$$

式中,η 为搜索步长,在 0 和 1 之间,其值越大参数调整越快,越小参数调整越慢。

(6) 输出最终优化网络结构

当训练误差达到满意程度后,确定网络的隐含层的神经元个数、各连接之间的连接权值,输出最终优化网络结构,结束训练。

2.6.2 基于小波神经网络 SRM 磁链特性曲线训练结果

采用上面设计的小波神经网络对 SRM 磁链特性曲线进行建模。建模的对象是一台 12/8 结构的 SRM,额定功率 500 W,转速 500 r/min。首先通过有限元方法得出电机的磁链关系数据。然后分别采用小波神经网络和 BP 神经网络方法对磁链数据进行了训练。小波神经网络的磁链特性曲线训练结果如

图 2-15 所示,BP 神经网络的磁链特性曲线训练结果如图 2-16 所示。小波神经网络的训练次数、最终的结果见表 2-1,BP 神经网络的训练结果见表 2-2。图 2-17 给出了两者训练次数和训练误差的结果比较。综合比较两种神经网络的训练结果可以看出:训练达到同样的目标误差之内,小波神经网络的收敛性比普通的 BP 神经网络要好,训练速度更快,得出的优化隐含层的神经元个数较少;经过小波神经网络训练后网络输出磁链的测试曲线比经过 BP 神经网络训练输出的测试曲线更加逼近实际的磁链数据。因此,小波神经网络在建模过程中可以更好地拟合原始磁链数据,更加方便地进行仿真设计。最终的训练得出的小波神经网络模型输出的磁链特性曲线如图 2-18 所示。利用图 2-18 所建立的 SRM 小波神经网络磁链特性模型,可以对 SRM 系统进行转速、转矩、电流、电压等各方面的建模和仿真研究。

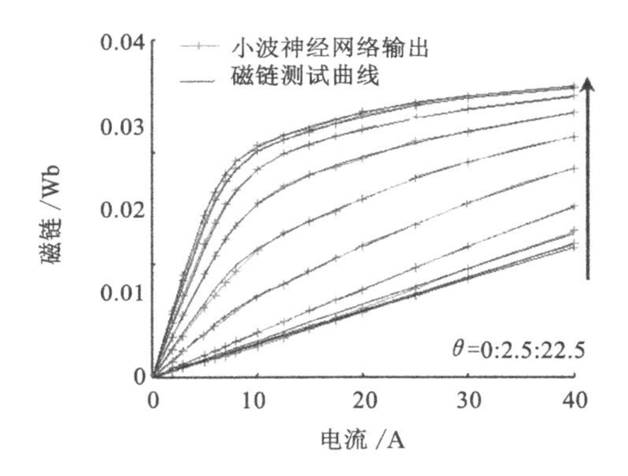

图 2-15 小波神经网络的磁链特性曲线训练结果

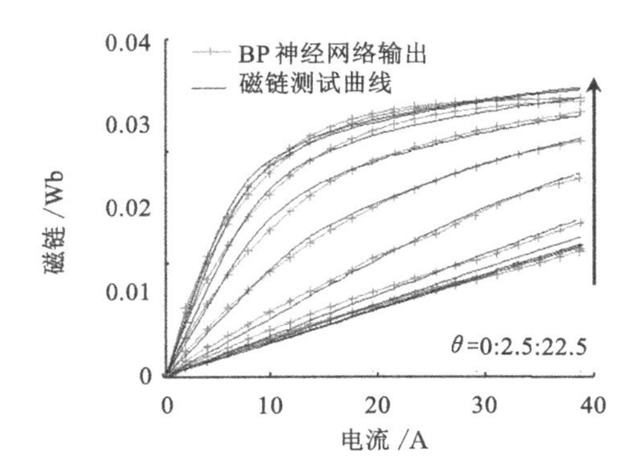

图 2-16 BP 神经网络的磁链特性曲线训练结果

表 2-1　小波神经网络训练结果

实验次数	1	2	3	4	5	6	7	8	9	10
得到的最优隐含层节点数	13	11	14	13	16	11	14	13	11	12
训练次数	123	112	131	108	124	152	134	125	116	133

表 2-2　BP 神经网络训练结果

实验次数	1	2	3	4	5	6	7	8	9	10
得到的最优隐含层节点数	15	17	14	18	15	14	18	17	19	18
训练次数	244	253	232	242	272	261	252	263	248	233

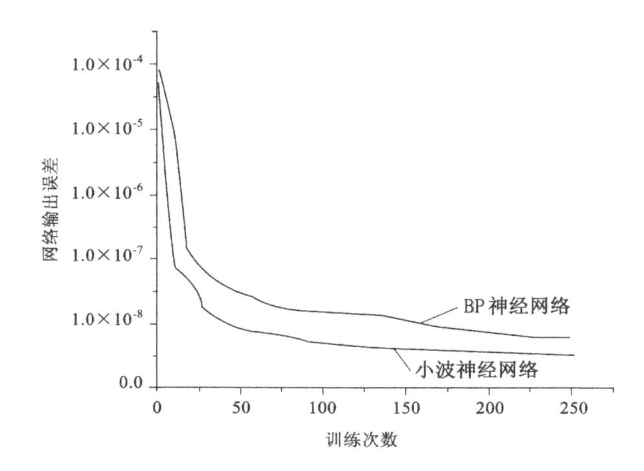

图 2-17　两种神经网络训练次数和误差的结果比较

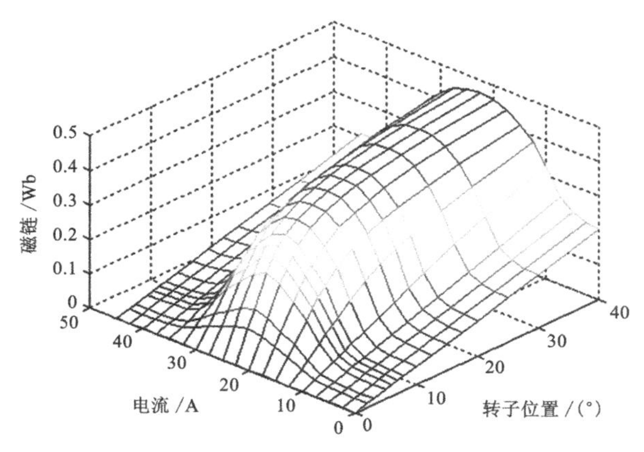

图 2-18　小波神经网络模型输出的磁链特性曲线

2.7 启动/发电系统仿真模型

目前,SRM 建模主要有单独的电动运行建模或者单独的发电运行建模,这两方面的线性、准线性和非线性建模都有不少的研究成果。而启动/发电系统一体化的建模方式研究的较少。启动/发电系统一体化建模并不是简单地将电动和发电模型整合起来,还包括了制动、助力、负载、电池、电动和发电转化等多方面的建模和理论研究,是一个一体化的仿真研究。文献[76]提出了利用 Ansoft/Simplorer 软件建立的一个三相开关磁阻启动/发电系统仿真模型,但是基于 Matlab 的启动/发电系统一体化仿真模型的相关研究非常少。为了更好地研究启动/发电系统的能量关系、控制策略效果、参数优化和实验中难以完成的缺相、短路等危险故障分析能性能,建立一个与实际启动/发电系统吻合的仿真模型是十分必要的。

大多数开关磁阻电动机调速系统(Switched Reluctance Motor Drives, SRD)或者开关磁阻发电机(Switched Reluctance Generator,SRG)系统的仿真建模都是利用 Matlab 中的 M 函数来编写各个功能模块。虽然 M 函数实现各种功能较为方便,但是其理想化程度比较高,忽略了许多实际的影响因素,导致最终的仿真结果和实际情况有较大的出入。而且,过多的 M 函数调用和运行,会消耗计算机大量的计算时间,导致系统仿真速度较慢。M 函数采用程序语言,其可读性和可修改性较差,不易于同类仿真系统的移植。

为了建立一个更加精确、更加直观、与实际情况更加相近的仿真系统,在上面一节所建立的 SRM 小波神经网络模型的基础上,利用 Matlab 软件中的 Sim Power System 工具箱中的电力电子模块建立了启动/发电系统仿真模型,如图 2-19 所示。该模型主要包括 SRM 相绕组模块、功率变换器模块、转子位置角度和电压 PWM 控制模块、机电联系模块、启动/发电转换控制模块、发电负载模块等组成。由于完全采用电力电子模块建立,这个仿真模型直观明了、调节方便、仿真精度高、可兼容性高。

下面分别介绍各个功能子模块。

2.7.1 功率变换器和发电负载模块

功率变换器采用三相不对称半桥结构,其仿真模块如图 2-20 所示。以 A 相绕组为例,A+和 A-分别为相绕组两端的接线端口,IGBT1 和 IGBT2 为 IGBT 开关管,Diode1 和 Diode2 为快速续流二极管,直流母线电压由可控电压源提供,IGBT7 和 IGBT8 两个开关管控制续流电流的方向,当 IGBT7 开通,IGBT8 关断时,续流电流流向用电负载,给负载供电;当 IGBT8 开通,IGBT7 关断时,

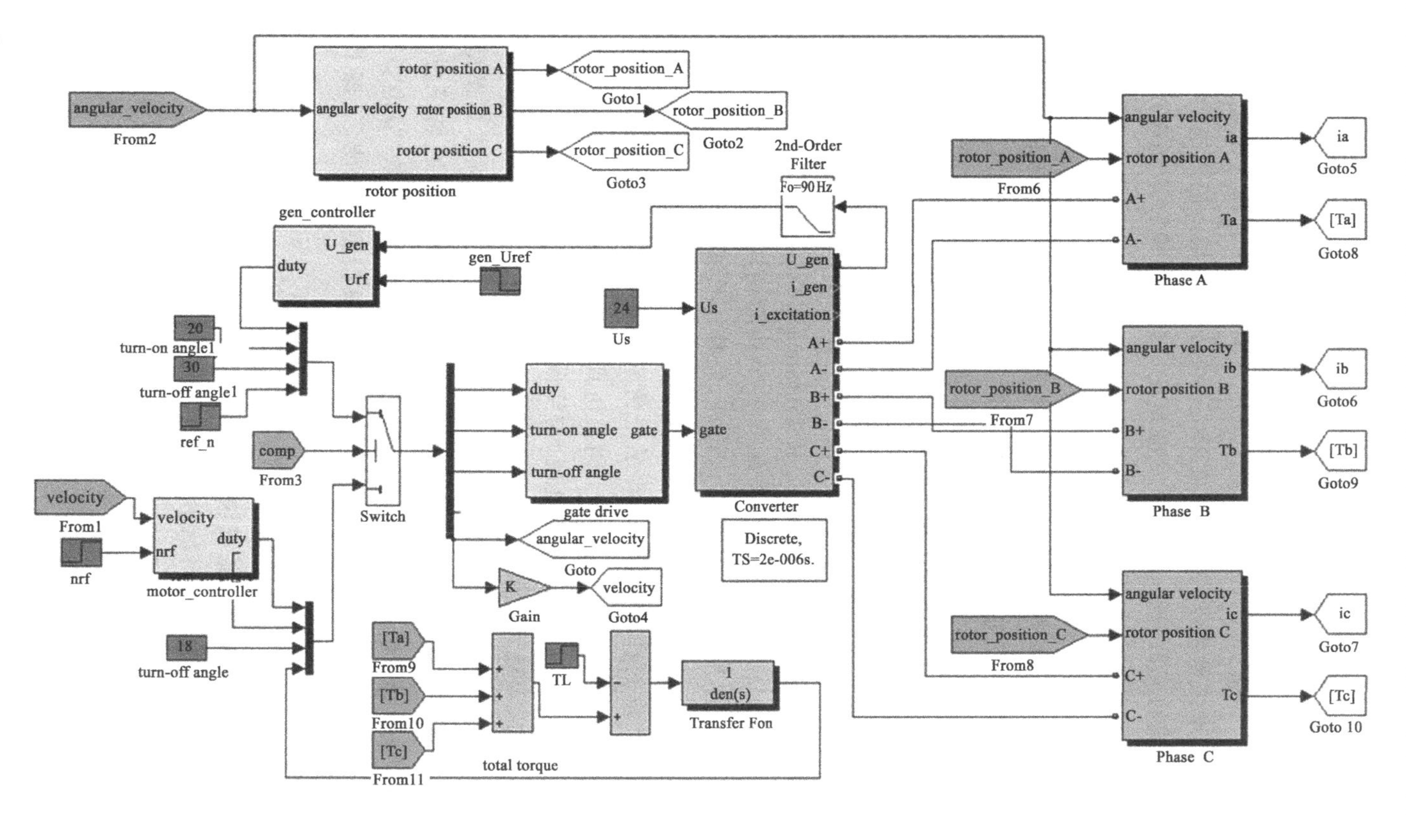

图 2-19　启动／发电系统仿真模型

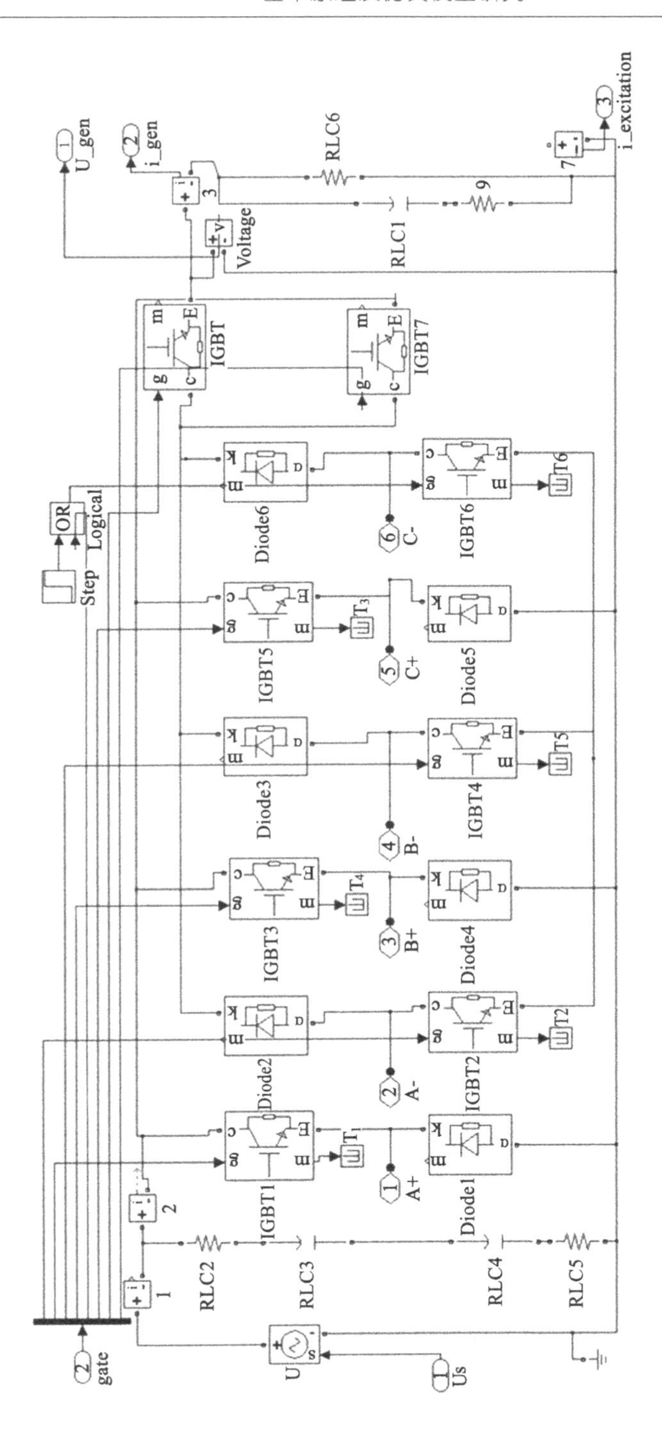

图 2-20 功率变换器仿真模块

续流电流流向车载电源,给电源充电。由于 SRG 发出的电流是脉冲式的,不能直接使用,因此采用 RLC 电路对电压波纹进行滤波。

2.7.2 SRM 磁链模块

根据小波神经网络建模的方法,建立的绕组的磁链模块如图 2-21 所示。主要由小波神经网络训练得到的三相磁链特性关系模块以及相关的输入电流、转子位置角度和输出磁链组成。

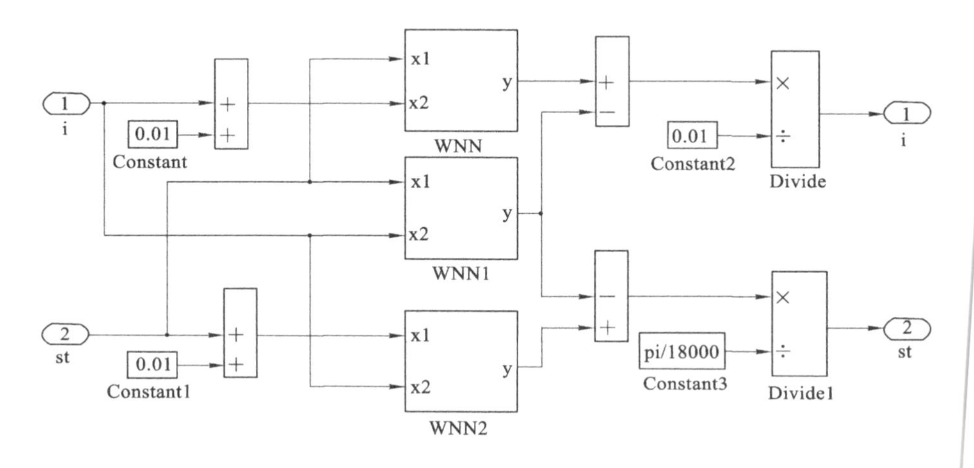

图 2-21 磁链模块

2.7.3 SRM 相绕组模块

SRM 相绕组模块是整个启动/发电系统中最重要的部分,包括 SRM 磁链模型和转矩模型,如图 2-22 所示。通过 SRM 相绕组模块可以求出相电流和转矩。

相电流可以根据如下方法得到。首先根据 SRM 相电压方程可以得到电流导数方程式(2-31),即 SRM 相电流和磁链之间的关系:

$$\frac{\mathrm{d}i}{\mathrm{d}t}=\frac{U-Ri-\dfrac{\partial\Psi}{\partial\theta}\omega}{\partial\Psi/\partial i} \tag{2-31}$$

根据式(2-31),计算得出磁链对电流和转子位置角的偏微分$\partial\Psi/\partial i$、$\partial\Psi/\partial\theta$,然后积分就得到相电流,具体的模块过程如图 2-23 所示。

由于 SRM 的一相瞬时转矩可由下式求出:

$$T_{\mathrm{k}}=\frac{\partial W'}{\partial\theta}\Big|_{i_{\mathrm{k}}=\mathrm{const}} \tag{2-32}$$

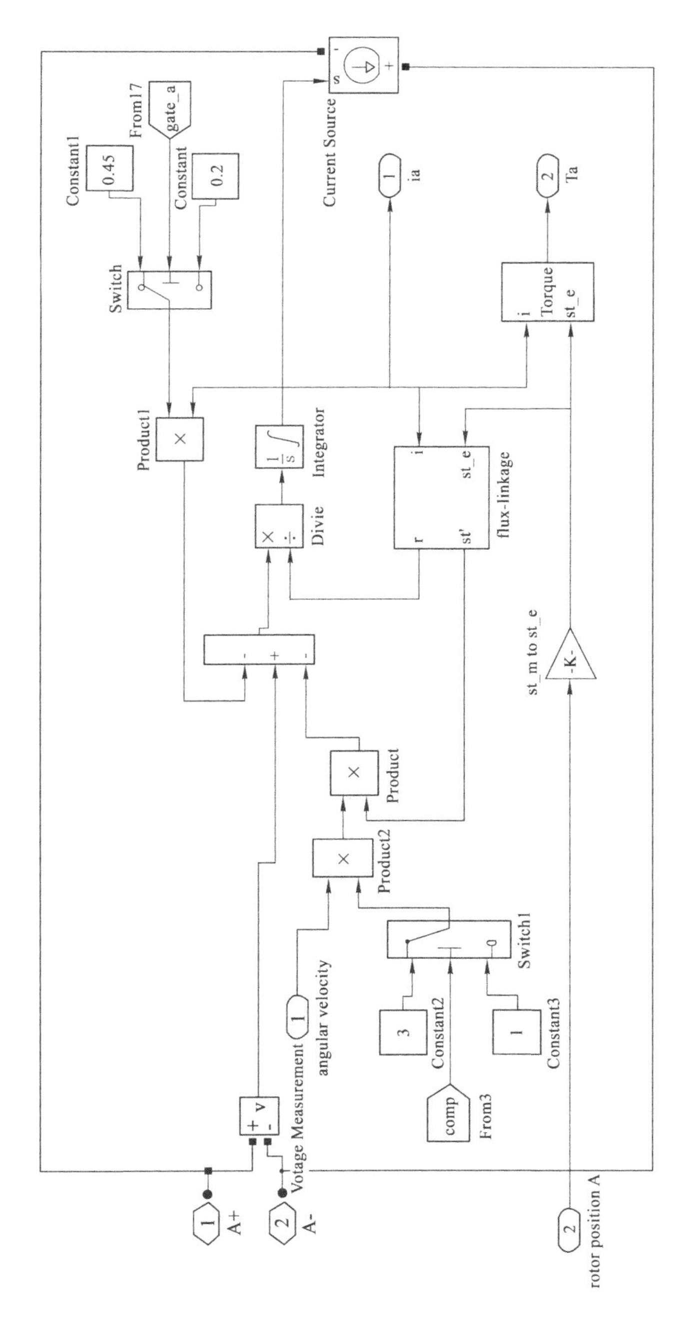

图 2-22 相绕组仿真模块

式中，W'为一相通电时 SRM 的磁共能：

$$W' = \int_0^i \Psi_k \, di \tag{2-33}$$

因此，单相 SRM 转矩可以表示为：

$$T_k = \frac{\int_0^{i_k} \partial \Psi_k \, di}{\partial \theta} \Big|_{i_k = \text{const}} \tag{2-34}$$

根据单相 SRM 转矩，就可以求得合成电磁转矩。

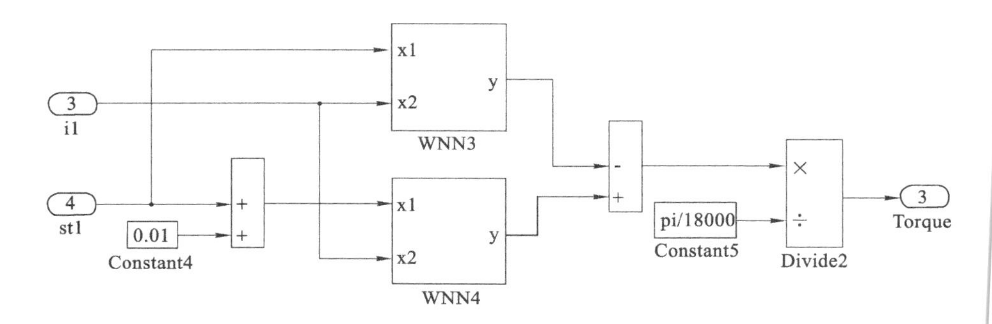

图 2-23　转矩子模块

2.7.4　转矩位置角度和电压 PWM 控制模块

SRM 可以通过调节主开关器件开通角和关断角的大小来控制电机电动、发电或者制动的运行状态，因此角度控制尤其重要。而电压 PWM 模块通过控制绕组上面电压的大小来调节电机的转速或者发电电压的大小。本模型中的转矩位置角度和电压 PWM 控制模块如图 2-24 所示。该模块主要根据外部模块的给定 PWM 占空比和位置输入信号来综合考虑主开关器件的逻辑关系，最终输出各桥臂 IGBT 主开关管的开通和关断信号，完成绕组供电控制。

启动/发电系统仿真模型中的其他模块如控制器模块、启动/发电切换模块、机械方程模块等都不再作详细介绍。因此，从整个启动/发电一体化仿真模型可以看出：该仿真模型完全由 Simulink 模块搭建，结构清晰、电气关系明确、直观易修改，而且仿真速度比 M 函数建立的模型有明显提高。因此利用该模型能够方便地分析启动/发电系统各方面的性能特点，为研究启动/发电系统提供有利的分析工具。

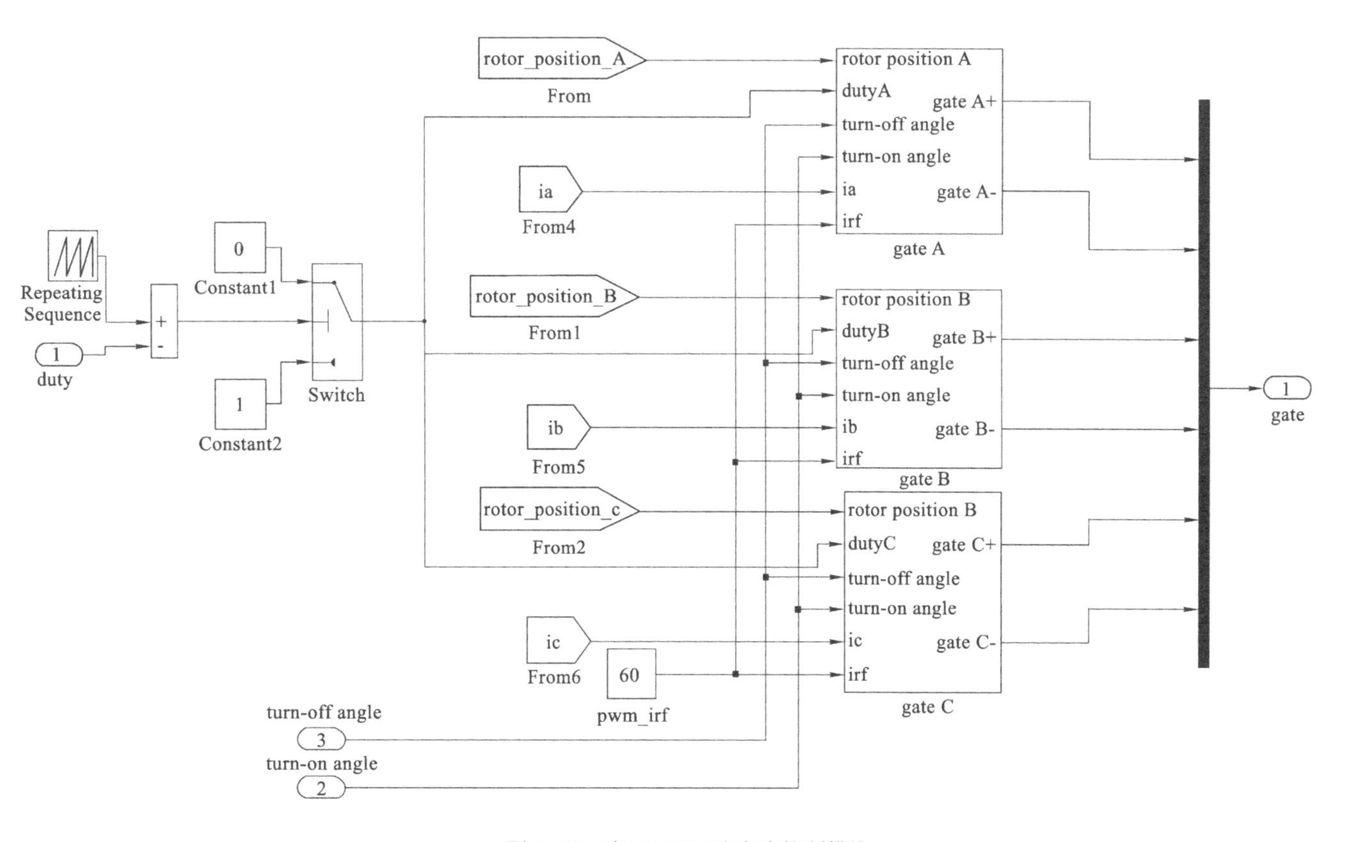

图 2-24 电压 PWM 和角度控制模块

3 启动/发电系统变换器拓扑研究

3.1 引言

开关磁阻电机功率变换器是保证开关磁阻电机安全、可靠和稳定运行的重要部分，其性能的好坏对整个开关磁阻电机驱动系统性能有直接的影响，因此，开关磁阻电机功率变换器的设计是提高系统性能的重要一环。目前已经出现了多种不同的拓扑，如不对称半桥功率变换器、双绕组功率变换器、双极性直流电源功率变换器、电容储能型功率变换器以及 Miller 功率变换器等[77]。

目前开关磁阻电机驱动系统中，应用最多的拓扑是不对称半桥功率变换器，图 3-1 所示为四相开关磁阻电机的不对称半桥功率变换器主电路图。

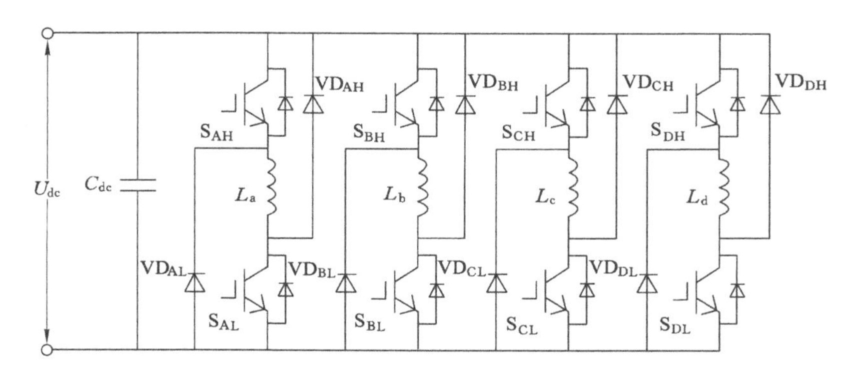

图 3-1 不对称半桥功率变换器主电路图

由图 3-1 可以看出，每一相绕组拥有两个主开关器件和两个续流二极管。以 A 相为例，S_{AH}和 S_{AL}分别是 A 相绕组两侧的上开关管和下开关管，VD_{AH}和 VD_{AL}分别是 A 相绕组的上续流二极管和下续流二极管。当电机运行时，四相绕组都有如图 3-2 所示的三种运行阶段[78-79]。当上、下两个开关管 S_{AH}和 S_{AL}都导通时，续流二极管 VD_{AH}和 VD_{AL}处于反向截止状态，这个时候，电源电压直接施加在 A 相绕组两侧，A 相绕组两端电压为 U_{dc}，A 相绕组此时产生励磁电流 i_a，此时 A 相处于图 3-2 中的励磁阶段；当上开关管 S_{AH} 导通，下开关管 S_{AL} 关断时，续流二极管 VD_{AH} 导通而 VD_{AL} 反向截止，此时 A 相绕组两端的电压为零，A 相绕组上的电流 i_a 通过 VD_{AH} 和 S_{AH} 形成回路，此时 A 相处于图 3-2 中的环流阶段；当开关管 S_{AH} 和 S_{AL} 都关断时，续流二极管 VD_{AH} 和 VD_{AL} 导通，此时 A 相绕组两端的电压为 $-U_{dc}$，A 相绕组上的电流 i_a 通过 VD_{AH} 和 VD_{AL} 形成回路将绕组中存储的能量回馈给电容 C，此时绕组处于图 3-2 的续流阶段。

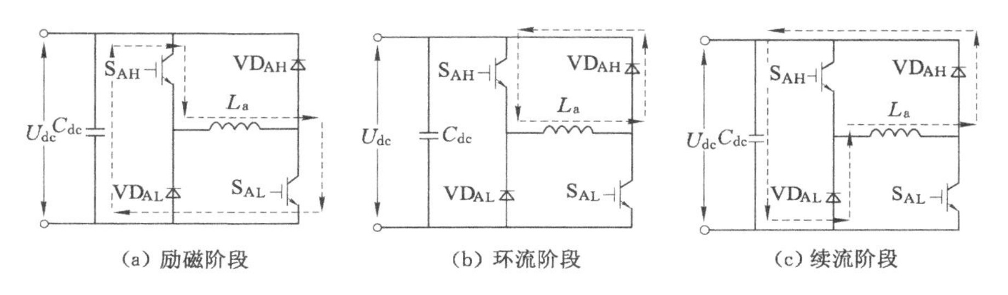

图 3-2 不对称半桥变换器下运行阶段

不对称半桥功率变换器具有如下几个特点[80-81]：

(1) 各主开关管的额定电压为 U_{dc}。

(2) 因为主开关管的电压定额与电动机绕组的电压定额近似相等，故该电路可以充分利用主开关管的额定电压，使电源电压全部作用于各相绕组。

(3) 因为每相绕组都有单独的双开关管控制，故各相之间的电流控制是完全独立的。

(4) 两个开关管可以单独控制，故每相绕组有三种回路状态，即上、下开关管同时导通时的励磁回路；单开关管导通时的环流回路以及上、下开关管都关断时的续流回路。

综上所述，该拓扑在性能上有明显的优势，可以实现对开关磁阻电机的灵活控制，因此本章所提出的集成式电动车用双母线功率变换器也是基于该拓扑设计而成。

3.2 双母线功率变换器及工作原理

3.2.1 双母线功率变换器结构

图 3-3 为本章提出的集成式电动车用双母线功率变换器结构图。它在传统

不对称半桥变换器的基础上，加上了三相整流器，电容器 C，电池组 B，开关管 S_H 和二极管 VD_H，通过控制开关管 S_H 以及切换外接供电设备，该系统可以实现电动模式控制、制动模式控制以及静止状态下的充电模式控制。当系统处于电动和制动工作模式下时，发电机 G 通过三相整流器向系统提供电能，当系统处于充电工作模式下时，使用接线器将系统接入三相交流电，交流电通过三相整流器向系统提供电能。

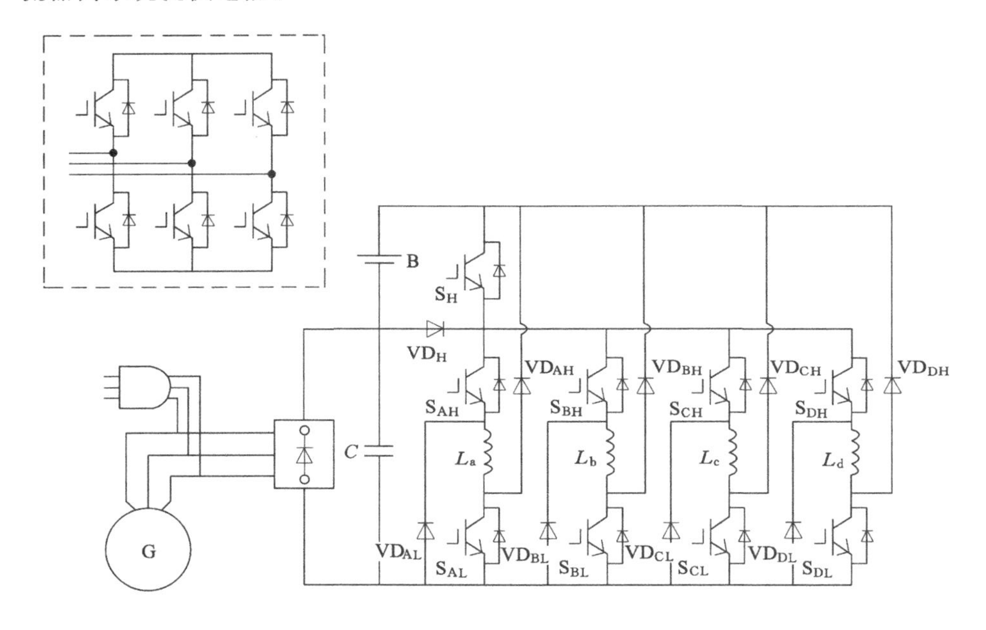

图 3-3　双母线功率变换器结构

3.2.2　电动模式分析

模式 1：发电机供电模式，在这种工作模式下，开关管 S_H 关断，发电机 G 工作，发出的电能通过三相整流器向系统提供电能，电容器 C 用于稳定系统母线电压从而为系统提供稳定的电能，用于驱动开关磁阻电机稳定运行，在这种运行模式下，开关磁阻电机的各相励磁电压为电容器两端电压 U_2，由于电池组 B(两端电压为 U_1)的存在，开关磁阻电机各相的续流阶段，续流电流向电池组和电容器充电，续流时母线电压为 $-U_1-U_2$，因此续流时间相较于传统不对称半桥变换器会减少。相电压和电流波形如图 3-4(b)所示。

模式 2：电池组供电模式，在这种工作模式下，开关管 S_H 导通，发电机 G 不工作，只有电池组 B 中存储的电能用于为系统供电；开关磁阻电机的相励磁电压为电池组 B 两端电压 U_1，由于电容器 C 初始状态没有电能，因此在续流阶段的母线电压为 $-U_1$。相电压和电流波形如图 3-4(c)所示。

模式 3：双电源供电模式，在这种工作模式下，开关管 S_H 导通，此时发电机 G 正常工作，发出的电能通过三相整流器向后端提供电能，电容器 C 两端电压为 U_2，电容器和电池组共同向系统供电，用于驱动开关磁阻电机运行。此时，开关磁阻电机的各相励磁电压为电容器端电压与电池组端电压之和 U_1+U_2，在续流阶段，续流电流向电池组 B 和电容器 C 充电，因此续流电压为 $-U_1-U_2$。在这种工作模式下，开关磁阻电机驱动系统拥有最大的输出功率和调速范围，相电压和电流波形如图 3-4(d)所示。

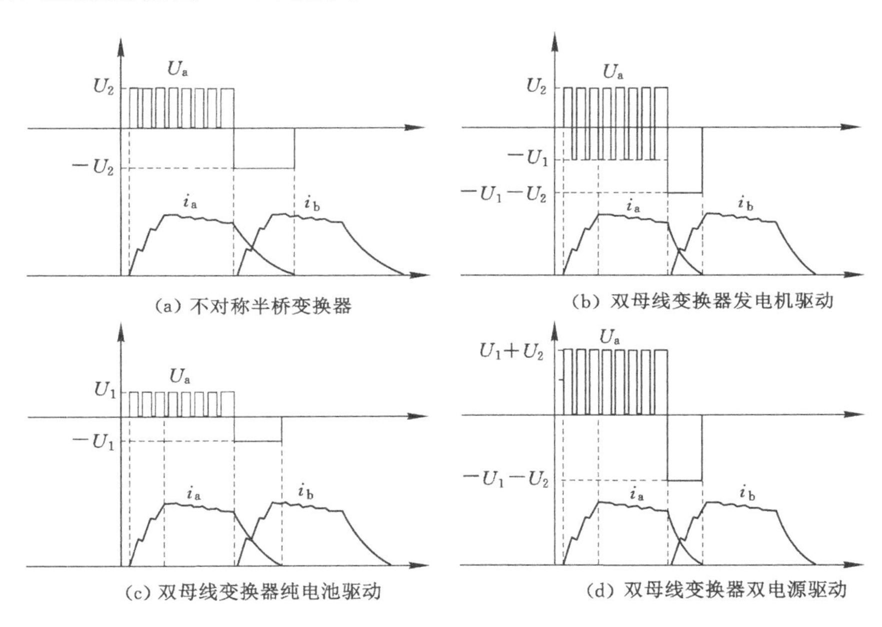

图 3-4　相电压和电流波形

3.2.3　发电机供电模式

在工作模式 1 下，开关管 S_H 开通，发电机 G 运行，通过三相整流器向系统提供电能。电机各相绕组都有三种工作阶段，包括励磁阶段、回流阶段和续流阶段，此时以 A 相绕组为例，系统的能量流向图如图 3-5 所示。

当 A 相处于励磁阶段，开关管 S_{AH} 和 S_{AL} 导通，如图 3-5(a)所示，电容 C 存储的能量通过 VD_H，S_{AH}，L_a，S_{AL} 形成回路，忽略开关管和二极管的压降损耗，A 相绕组在励磁阶段的电压等于

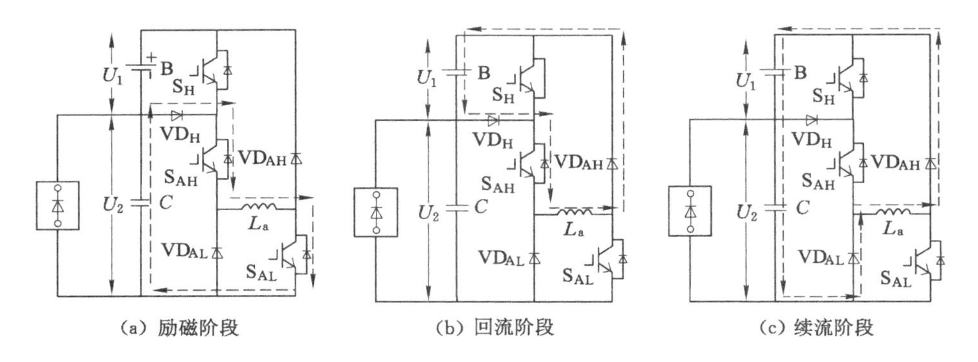

(a) 励磁阶段　　(b) 回流阶段　　(c) 续流阶段

图 3-5　发电机供电模式下运行阶段

$$U_a = U_2 = R_a i_a + \frac{d\varphi(i_a, i_t)}{dt} = R_a i_a + L_a \frac{di_a}{dt} + i_a \omega_r \frac{dL_a}{d\theta_r} \tag{3-1}$$

式中，U_2、R_a、i_a、L_a、θ_r、$\varphi(i_a,\theta_r)$ 和 ω_r 分别是电容两端电压、A 相绕组内阻、A 相绕组电流、A 相绕组电感、电机转子位置、磁链以及电机角速度。

当 A 相处于回流阶段，S_{AH} 导通 S_{AL} 关断。绕组中存储的能量通过 VD_H、S_{AH}、VD_{AH} 和电池组 B 形成回路，将能量回馈到电池组中，如图 3-5(b) 所示，此时 A 相绕组的电压 U_a 等于

$$U_a = -U_1 = R_a i_a + L_a \frac{di_a}{dt} + i_a \omega_r \frac{dL_a}{d\theta_r} \tag{3-2}$$

当 A 相处于续流阶段，开关管 S_{AH} 和 S_{AL} 同时关断。储存在绕组中的能量通过 VD_{AL}、VD_{AH}、电池组 B 和电容器 C 形成回路，将能量回馈到电池组和电容器中，如图 3-5(c) 所示。此时 A 相绕组两端电压等于电池组和电容器电压之和。

$$U_a = -U_1 - U_2 = R_a i_a + L_a \frac{di_a}{dt} + i_a \omega_r \frac{dL_a}{d\theta_r} \tag{3-3}$$

3.2.4 电池组供电模式

在工作模式 2 下，开关管 S_H 导通，发电机 G 关闭，此时系统只有电池组一个电源。电机各相绕组都拥有三种工作阶段，包括励磁阶段、回流阶段和续流阶段，此时以 A 相绕组为例，系统的能量流向如图 3-6 所示。

当 A 相处于励磁阶段，开关管 S_{AH} 和 S_{AL} 同时导通，如图 3-6(a) 所示，电池组 B 中的能量通过 S_H、S_{AH}、L_a 和 S_{AL} 形成回路，在这个阶段，A 相绕组电压 U_a 为

$$U_a = +U_1 = R_a i_a + L_a \frac{di_a}{dt} + i_a \omega_r \frac{dL_a}{d\theta_r} \tag{3-4}$$

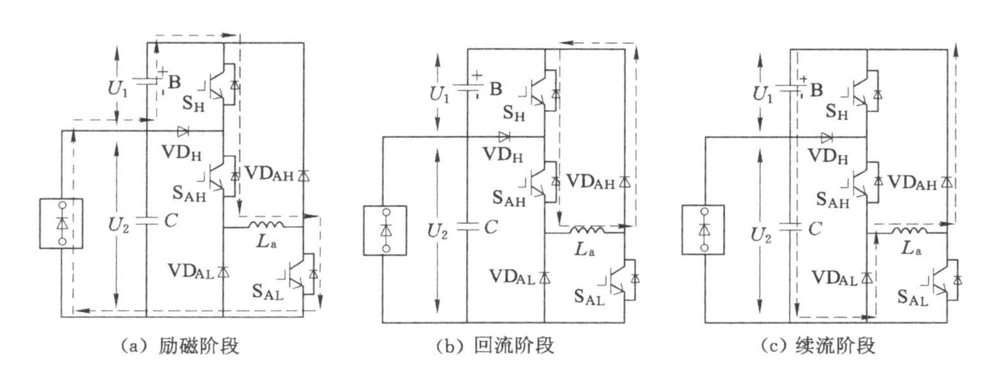

图 3-6 电池驱动下运行状态

其中,U_1、R_a、i_a、L_a、θ_r 和 ω_r 分别是电池组电压、A 相绕组内阻、A 相绕组电流、A 相绕组电感、电机转子位置和电机角速度。

当 A 相处于回流阶段,开关管 S_{AH} 开通,S_{AL} 关断,绕组 L_a 和 VD_{AH},S_H,S_{AH} 形成回路,如图 3-6(b)所示,此时绕组两端电压为零。

$$U_a = 0 = R_a i_a + L_a \frac{di_a}{dt} + i_a \omega_r \frac{dL_a}{d\theta_r} \tag{3-5}$$

当 A 相处于续流状态,S_{AH} 和 S_{AL} 关断,储存在 A 相绕组中的能量回馈到电池组 B 和电容器 C 中,如图 3-6(c)所示。因为电容器中没有能量,故 A 相绕组两端电压等于电池组 B 端电压。

$$U_a = -U_1 = R_a i_a + L_a \frac{di_a}{dt} + i_a \omega_r \frac{dL_a}{d\theta_r} \tag{3-6}$$

3.2.5 双电源供电模式

在工作模式 3 下,此时开关管 S_H 开通,发电机 G 运行通过三相整流器向系统供电,此时系统由电池组和发电机共同提供电能。各相绕组都拥有三种工作阶段,包括励磁阶段、回流阶段和续流阶段,此时以 A 相绕组为例,系统的能量流向如图 3-7 所示。

当 A 相处于励磁阶段,S_{AH} 和 S_{AL} 同时导通,如图 3-7(a)所示,电容器 C 和电池组 B 中的能量通过 S_H、S_{AH}、L_a 和 S_{AL} 形成回路,在这种阶段,A 相绕组电压为

$$U_a = +U_1 + U_2 = R_a i_a + L_a \frac{di_a}{dt} + i_a \omega_r \frac{dL_a}{d\theta_r} \tag{3-7}$$

式中,U_1、R_a、i_a、L_a、θ_r 和 ω_r 分别是电池组电压、A 相绕组内阻、A 相绕组电流、

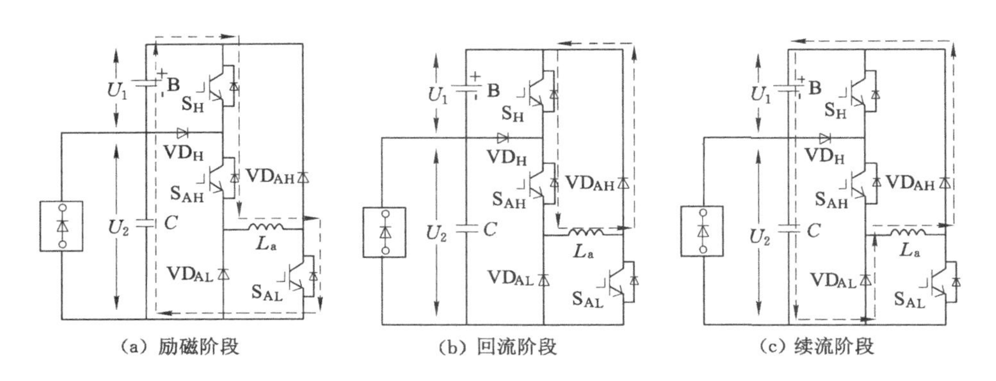

(a) 励磁阶段　(b) 回流阶段　(c) 续流阶段

图 3-7　双电源驱动下运行阶段

A 相绕组电感、电机转子位置和电机角速度。

当 A 相处于回流阶段，开关管 S_{AH} 开通，S_{AL} 关断，绕组 L_a、VD_{AH}、S_H 和 S_{AH} 形成回路，如图 3-7(b)所示，此时绕组两端电压为

$$U_a=0=R_a i_a+L_a\frac{di_a}{dt}+i_a\omega_r\frac{dL_a}{d\theta_r} \tag{3-8}$$

当 A 相处于续流状态，S_{AH} 和 S_{AL} 关断，储存在 A 相绕组中的能量回馈到电池组 B 和电容器 C 中，如图 3-7(c)所示。此时 A 相绕组两端电压为电池组 B 和电容器 C 端电压之和。

$$U_a=-U_1-U_2=R_a i_a+L_a\frac{di_a}{dt}+i_a\omega_r\frac{dL_a}{d\theta_r} \tag{3-9}$$

3.2.6　电机制动模式

在开关磁阻电机的制动模式下，系统有两个工作阶段，包括励磁阶段和续流阶段，A 相绕组能量的流向如图 3-8 所示，此时电动机 G 运行，通过三相整流器向系统提供电能，在励磁阶段，电容器 C 中的能量通过 VD_H、S_{AH}、L_a 和 S_{AL} 形成回路，A 相绕组上的电流为

$$i_a(t)=\frac{U_2(t-t_{on})}{L_a} \tag{3-10}$$

式中　U_2——电容器两端电压；

t_{on}——开通角时间；

L_a——A 相绕组电感值。

当系统处于续流阶段时，开关管 S_{AH} 和 S_{AL} 同时关断，储存在 A 相绕组中的能量通过 VD_{AH} 和 VD_{AL} 回馈到电池组 B 和电容器 C 中，A 相绕组上的电流为

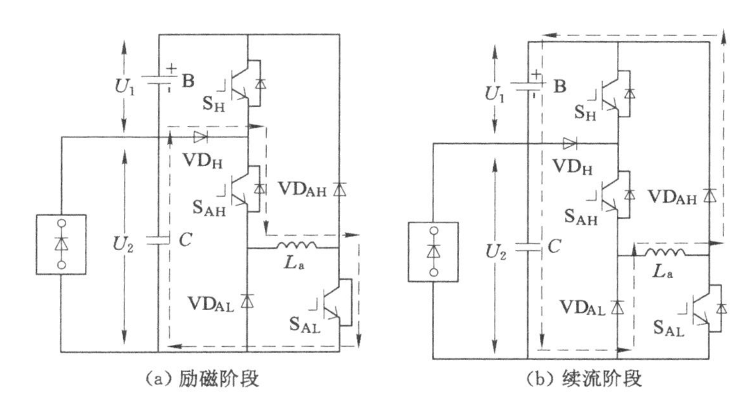

图 3-8 电机制动运行阶段

$$i_{a}(t)=\frac{(U_{1}+U_{2})(2t_{off}-t-t_{on})}{L_{a}} \tag{3-11}$$

通过式(3-11)可以看出,通过控制开关管的开通关断时间可以控制制动时的续流电流大小,从而实现快速制动和制动时效率的优化。

3.2.7 静态充电模式

当开关磁阻电机处于静止状态时,可以将三相电接入系统,通过三相整流器向系统提供电能,并且对功率变换器各开关管进行控制,可以实现对电池组 B 的充电。

在充电模式下,系统可以分为两个阶段,阶段一中 8 个开关管 S_{AH}~S_{DL} 全部导通,此时,储存在电容器 C 中的电能向四相绕组供电,如图 3-9(a)所示。在阶段 2 中 8 个开关器件全部关闭,此时,储存在四相绕组中的电能通过续流二极管 VD_{AH}~VD_{DL} 回馈到前端的电池组和电容器中,实现对电池组充电的目的,并且通过控制开关管的占空比,可以实现对充电电流大小的控制。

在阶段一中,A 相绕组的电流为

$$i_{a}(t)=I_{ai}-\frac{I_{am}-I_{ai}}{DT} \tag{3-12}$$

其中,I_{am}、I_{ai}、T 和 D 分别为 A 相最大电流、A 相初始电流、开关周期和开关管占空比大小。

在阶段二中,A 相绕组的电流为

$$i_{a}(t)=I_{am}-\frac{I_{am}-I_{ai}}{(1-D)T}(t-DT) \tag{3-13}$$

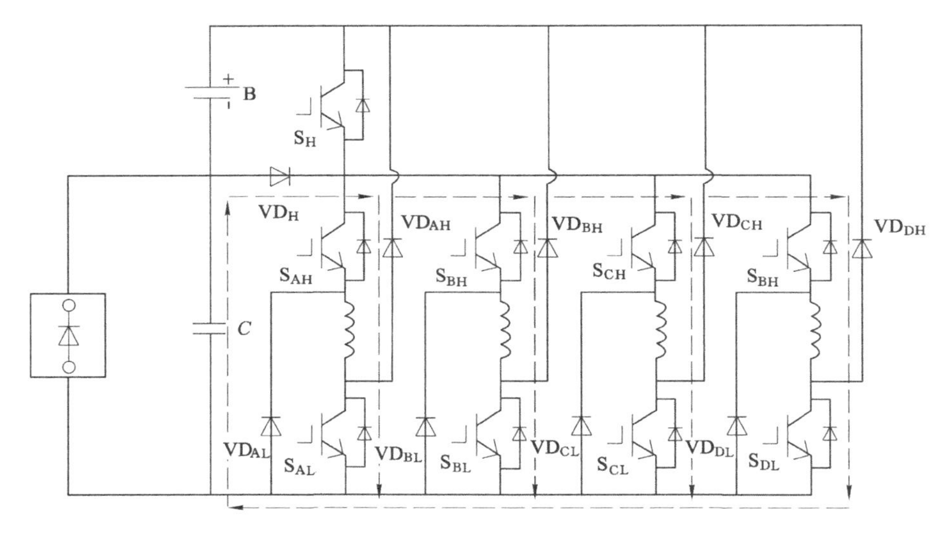

(a) 励磁阶段

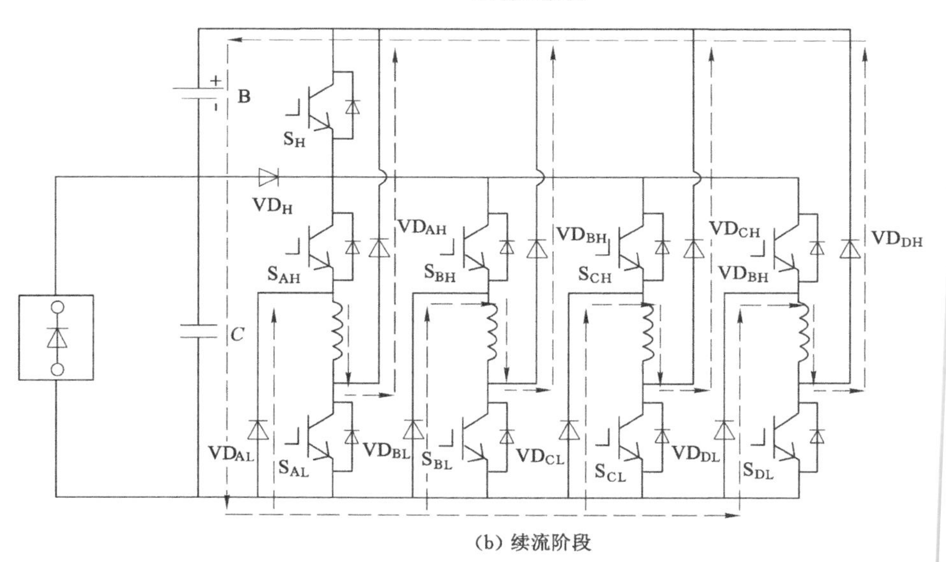

(b) 续流阶段

图 3-9　充电模式运行阶段

将四相绕组电流相加,可以得到电机的最大电流和最小电流

$$\begin{cases} I_{\max} = I_{am} + I_{bm} + I_{cm} + I_{dm} \\ I_{\min} = I_{ai} + I_{bi} + I_{ci} + I_{di} \end{cases} \tag{3-14}$$

因此,在阶段二,电池的充电电流为

$$i(t)=I_{\max}-\frac{I_{\max}-I_{\min}}{(1-D)T}(t-DT) \tag{3-15}$$

3.2.8　控制策略

开关磁阻电机电动工作模式下的基本控制策略有角度位置控制、电流斩波控制和电压斩波控制三种,电流斩波控制方式只适用于电机在低速模式下运行,角度位置控制方式适用于电机在高速模式下运行。本系统设计的开关磁阻电机驱动系统中电机有较宽的转速范围,仅使用电流斩波控制或者仅使用角度位置控制都有一定的局限性,因此本系统在电机电动运行状态下使用电压斩波控制方式对电机进行调速控制,可以满足系统的较宽调速范围的要求,并且控制策略稳定安全。在电机制动情况下时,本系统采用角度位置控制方式,通过调节励磁续流角度可以控制制动效果以及制动时能量回馈的效率。图 3-10 为双母线变换器驱动系统电动和制动工作模式下的控制策略流程图。

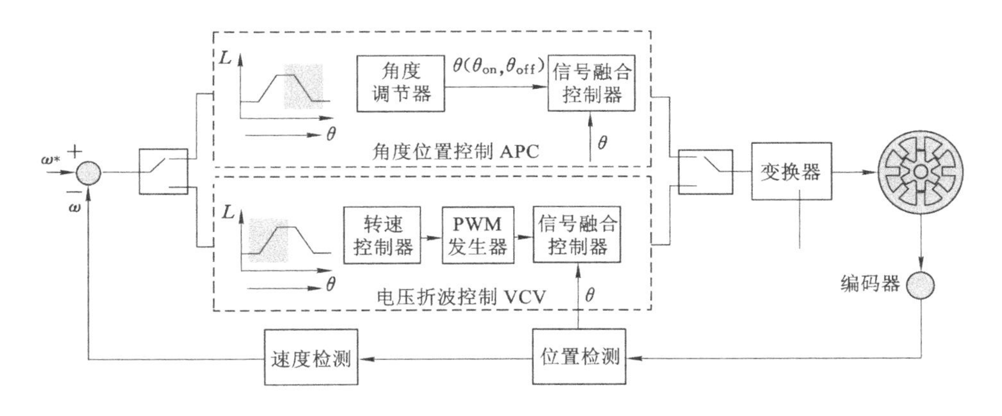

图 3-10　双母线变换器驱动系统电动和制动工作模式下的控制策略流程图

3.3　仿真和实验

3.3.1　仿真结果和分析

为了验证本章所提出的开关磁阻电机功率变换器的有效性,在 MATLAB/Simulink 中搭建了额定功率 500 W 的 8/6 开关磁阻电机的仿真模型,电机的参数见表 3-1。电机的磁链如图 3-11 所示。在这个仿真中,发电机发电电压和电池组电压分别是 50 V 和 36 V,负载转矩设置为 1 N·m,在仿真波形中,i_a、i_b、

i_c 和 i_d 分别是绕组 A、B、C 和 D 的电流，U_a 是 A 相绕组的电压，i_{bat} 是电池电流。

表 3-1　开关磁阻电机参数

参数	值	单位
相数	4	—
定子极数	8	—
转子极数	6	—
额定功率	500	W
额定转速	1 500	r/min
最小相绕组电感	10	mH
最大相绕组电感	110	mH
定子外径	116	mm
定子内径	72	mm
转子外径	70	mm
转子内径	35	mm
定子圆弧角	17.5	(°)
转子圆弧角	23.5	(°)

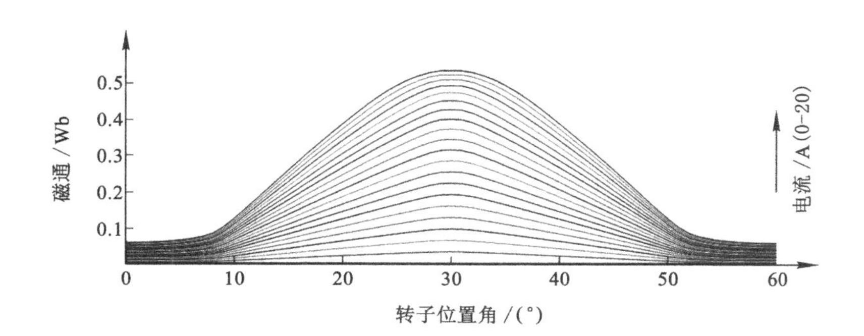

图 3-11　开关磁阻电机磁链

当电机转速设置为 600 r/min 时，相电流、相电压和电池电流的仿真波形如图 3-12 所示。图 3-12(a) 为传统不对称半桥变换器的相电压和相电流仿真波形。随着开关管 S_{AH} 和 S_{AL} 开关状态的变化，A 相电压在 +50～−50 V 之间切换。在本章提出的双母线功率变换器中，当开关管 S_H 关断，系统工作在发电机供电模式下，如图 3-12(b)所示，在环流阶段，因为电池组的存在，绕组中储存的能量回馈到电池组中，在续流阶段，A 相母线电压也因为电池组的存在被提高到−86 V，续流阶段时间大大减少，从而防止了负转矩的出现。当发电机不工作时，系统在电池组供电模式下工作，如图 3-12(c)所示，其中 S_H 处于开通的状态。随着开关管 S_{AH} 和 S_{AL} 开关状态的变化，A 相电压在+36～−36 V 之间变化，在续流阶段下绕组中的能量流入电池组为电池组充电。图 3-12(d)为系统在双电源供电模式下工作时的仿真结果。在这种模式下，由于增加了电池组，因此可以实现快速励磁和快速退磁，并且系统的输出转矩和功率均得到提高。

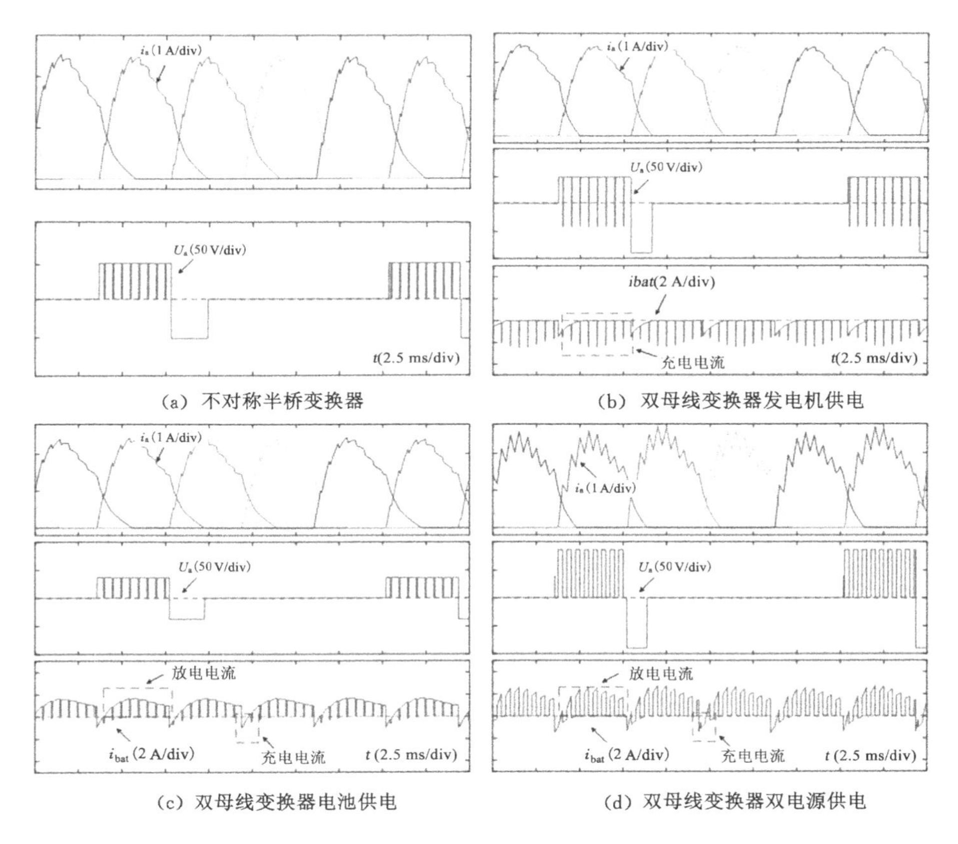

(a) 不对称半桥变换器　(b) 双母线变换器发电机供电

(c) 双母线变换器电池供电　(d) 双母线变换器双电源供电

图 3-12　600 r/min 下仿真波形

图 3-13 为开关磁阻电机全功率运行时的仿真波形。当开关磁阻电机工作在传统不对称半桥变换器时，SRM 在全功率运行时速度可以达到 1 200 r/min，而在双电源供电模式下则可以达到 2 000 r/min，励磁速度和续流速度较传统变

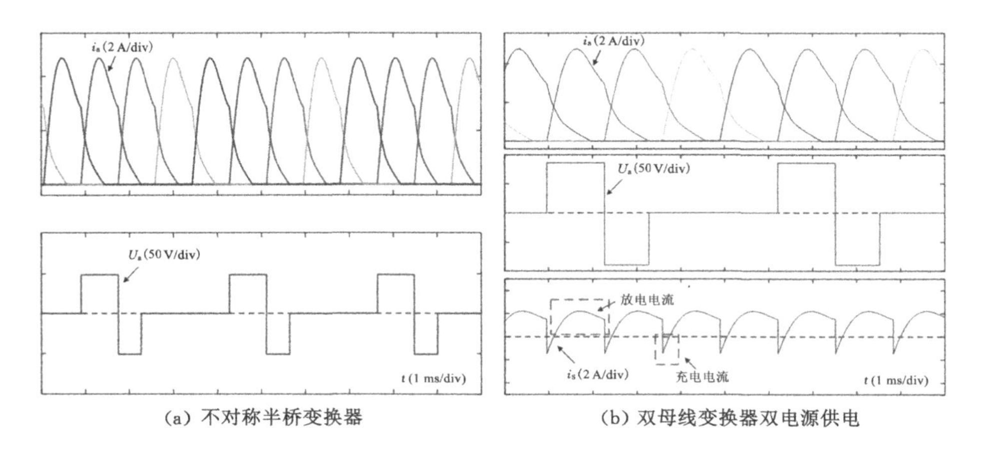

(a) 不对称半桥变换器　　(b) 双母线变换器双电源供电

图 3-13　全功率下仿真波形

换器得到提高,并且续流阶段可以对电池进行充电。由于具有较高的母线电压,调速范围相应得到增加,系统的总功率得到提高,系统的动态范围更宽。图 3-14 为制动模式下各相电流波形和电池充电电流波形,$i_a \sim i_d$ 分别为各相绕组电流,i_{bat}为电池电流,U_s 为开关管的控制信号,通过控制该信号实现对制动时开通关断角的控制。图 3-14(a)为当接通角和关断角分别为 15°和 30°时的相电流和电池电流波形。图 3-14(b)为当开通角和关断角分别为 15°和 40°时的相电流和电池电流波形。由仿真波形比较可以看出,通过调节各相开关管的开通角和关断角可以实现对电池组充电电流的控制。

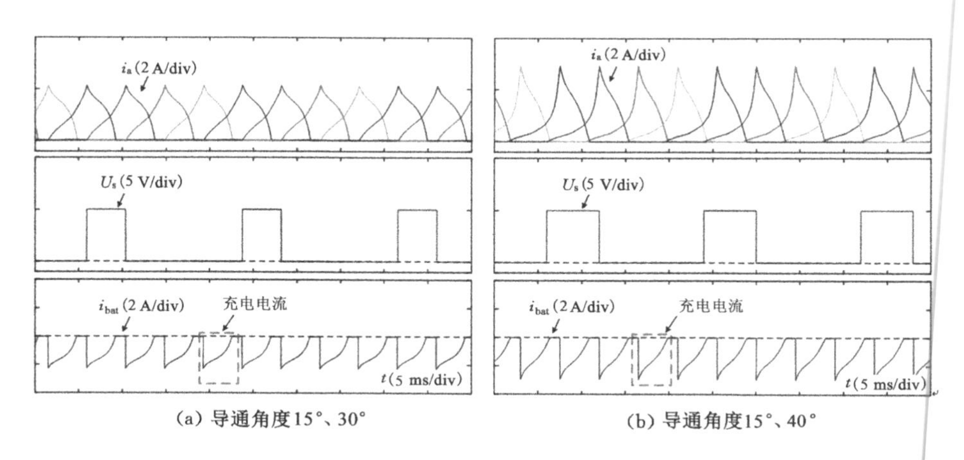

(a) 导通角度15°、30°　　(b) 导通角度15°、40°

图 3-14　制动模式下仿真波形

图 3-15 为系统工作在充电模式下的各相绕组的电流波形和电池电流波形。在图 3-15(a)和图 3-15(b)中，开关管的开关频率设置为 2 kHz，占空比分别设置为 50% 和 60%，同时控制 $S_{AH} \sim S_{DL}$ 八个开关管的开通关断。当开关管全部导通时，系统电源向各绕组充电；当开关管关断时，绕组中储存的能量通过续流二极管回馈到电池组中，实现给电池组充电。

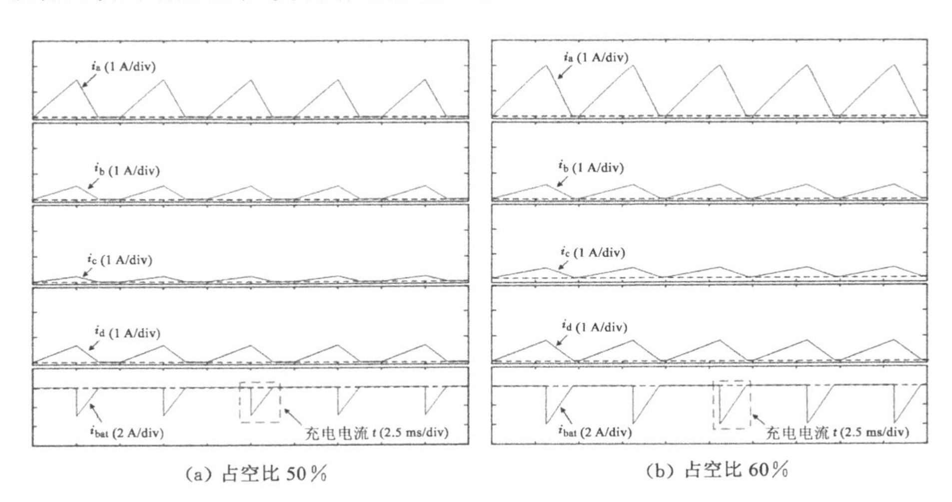

(a) 占空比 50%　　　　(b) 占空比 60%

图 3-15　充电模式下仿真波形

3.3.2 实验结果和分析

为了进一步验证本章提出的双母线功率变换器的可行性，采用了相同参数的开关磁阻电机搭建了实验平台，电机参数与仿真电机参数一致。实验平台如图 3-16 所示，该平台包括驱动电路部分、电源部分和电机部分。其中，驱动电路部分由双母线变换器拓扑电路、控制器电路、电流采集电路构成，电流采集使用霍尔型电流传感器，方便采集各相电流值；系统的发电机部分由直流源模拟，电池组由 3 块 12 V 电池串联而成；电机为 500 W 的 8/6 开关磁阻，位置信号通过读取 1 000 线程的增量式编码器信号获取，伺服电机用于给系统提供一个固定的负载转矩。

图 3-17 为电机在 600 r/min 和 1 N·m 负载下的实验波形，其中 i_a 是 A 相电流，U_a 是 A 相电压，i_s 是电池电流。图 3-17(a)至图 3-17(d)分别为由传统变换器驱动、双母线变换器发电机供电、双母线变换器电池组供电和双母线变换器双电源供电模式下的开关磁阻电机的实验波形。根据图 3-17 中的波形可以看出，与传统变换器相比，本章提出的双母线功率变换器可以实现快速励磁和快速

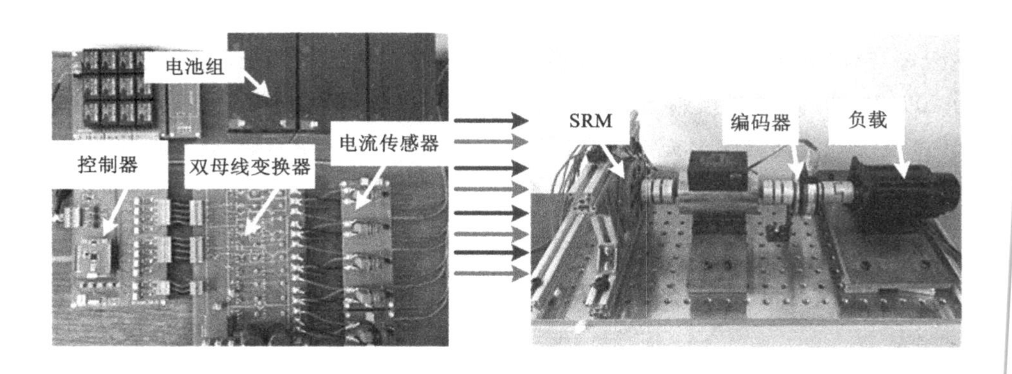

图 3-16　双母线变换器的实验平台

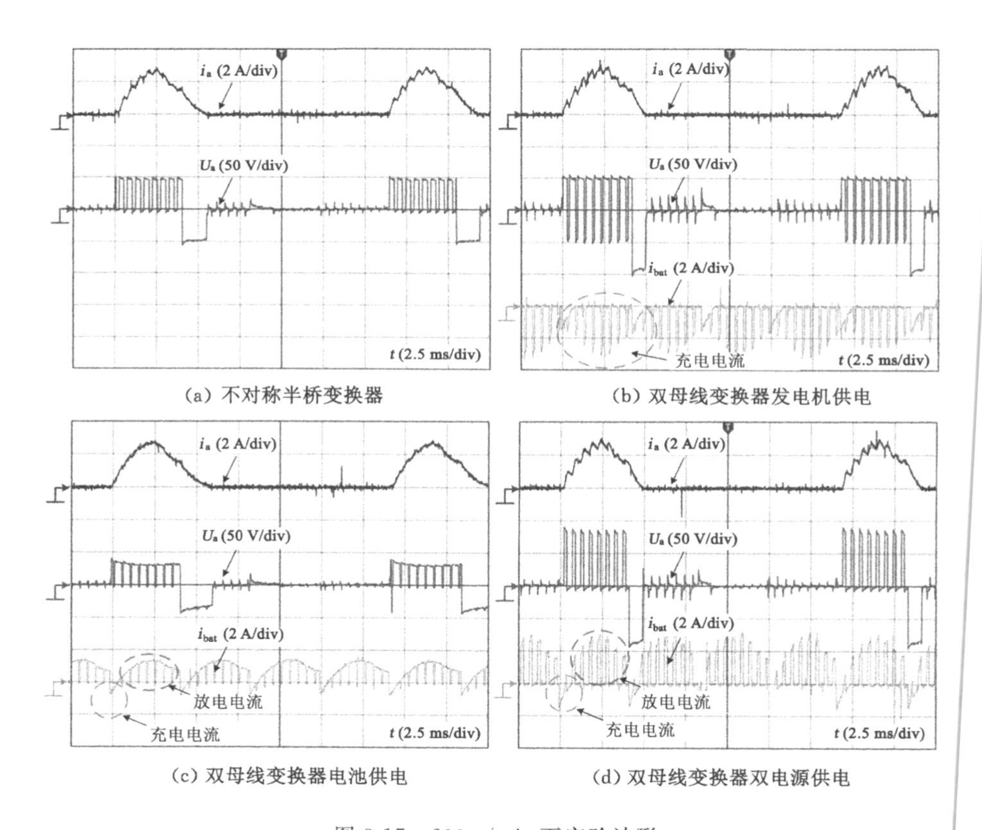

(a) 不对称半桥变换器　(b) 双母线变换器发电机供电

(c) 双母线变换器电池供电　(d) 双母线变换器双电源供电

图 3-17　600 r/min 下实验波形

续流，并且续流阶段可以为电池组充电。图 3-18(a)为在传统变换器下全功率运行时的实验波形，在此运行模式下开关磁阻电机的速度可以达到 1 200 r/min。相比之下，在双母线变换器双电源供电模式下开关磁阻电机的速度可以达到 2 000 r/min。由此可以看出，本章提出的双母线功率变换器，可以实现在各种工作模式下的稳定运行，并且可以提高系统的输出功率和电机的转速范围。

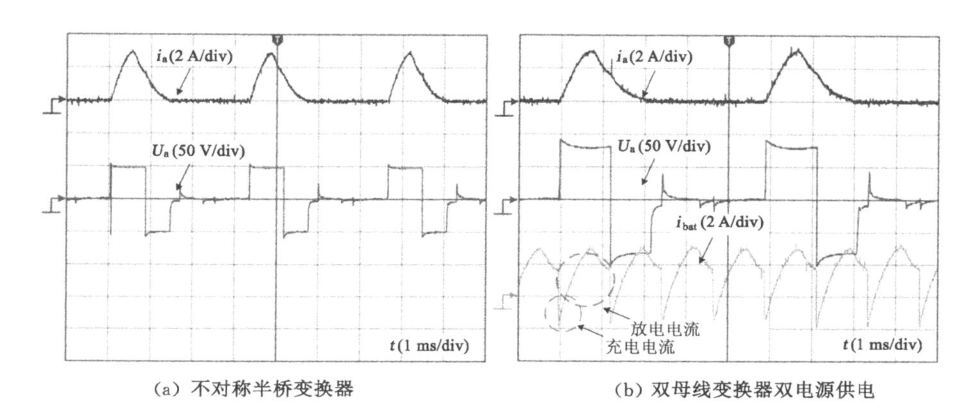

(a) 不对称半桥变换器　　(b) 双母线变换器双电源供电

图 3-18　全功率下实验波形

图 3-19 为制动模式下各相电流波形和电池充电电流波形，i_a 为 A 组电流，i_{bat}为电池电流，U_s 为 A 相开关管的控制信号，通过控制该信号可以实现对制动时的开通角、关断角进行控制。图 3-19(a)为当开通角和关断角分别为 15°和 30°时的相电流和电池电流波形。图 3-19(b)为当开通角和关断角分别为 15°和 40°时的相电流和电池电流波形。由实验波形可以得出，通过调节各相开关管的开通角和关断角可以实现调节电池组的充电电流。

图 3-20 为系统工作在充电模式下的各相绕组的电流波形和电池电流波形。在图 3-20(a)和图 3-20(b)中，开关管的开关频率设置为 2 kHz，占空比分别设置为 50%和 60%，同时控制 S_{AH}～S_{DL}八个开关管的开通关断。当开关管全部导通时，系统电源向各绕组充电；当开关管全部关断时，绕组中储存的能量通过续流二极管回馈到电池组中，实现对电池组的充电。通过控制开关管的占空比大小，可以调整充电电流的大小。

传统变换器工作模式和双电源供电模式下的电机启动性能对比如图 3-21 所示，本次实验分别在 600 r/min 和 1 000 r/min 两个目标转速下运行。其中，在传统变换器工作模式下，开关磁阻电机达到 600 r/min 时，启动时间约为

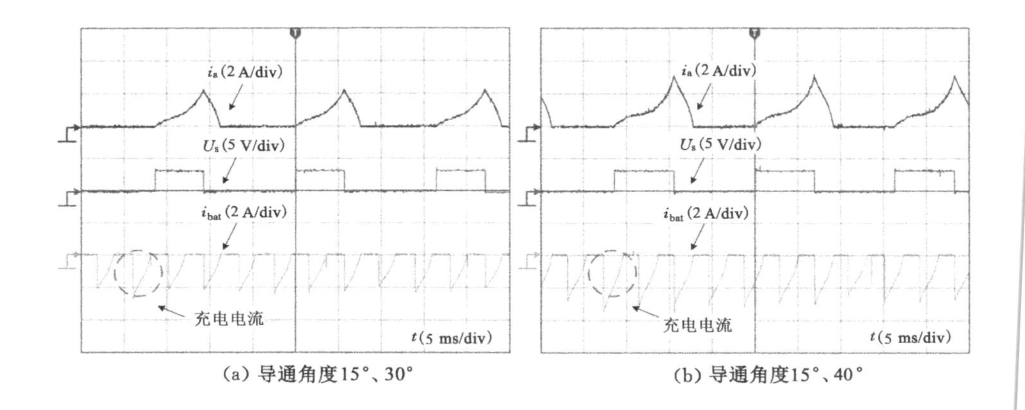

(a) 导通角度15°、30°　　(b) 导通角度15°、40°

图 3-19　制动模式下实验波形

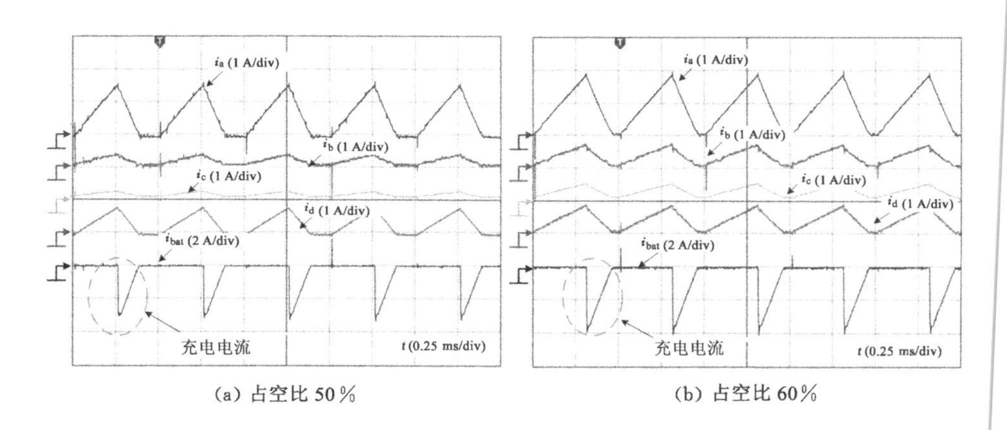

(a) 占空比 50%　　(b) 占空比 60%

图 3-20　充电模式下实验波形

1.5 s,如图 3-21(a)所示;而在双母线变换器双电源供电时,电机达到设定的 600 r/min 时,用时约 1 s,如图 3-21(b)所示。当目标速度设定为 1 000 r/min 时,在传统变换器工作模式下,电机达到 1 000 r/min 的时间约为 2 s,如图 3-21(c)所示;而在双母线变换器双电源供电模式下,电机达到设定转速的时间约为 1.2 s,如图 3-21(d)所示。由此可以看出,由于双母线变换器加入了额外的电池组,提供的启动功率更大,故可以改善电机的启动性能,缩短启动的时间,并且在高速运行时,启动时间要大大小于传统变换器,因此,启动性能优于传统变换器。

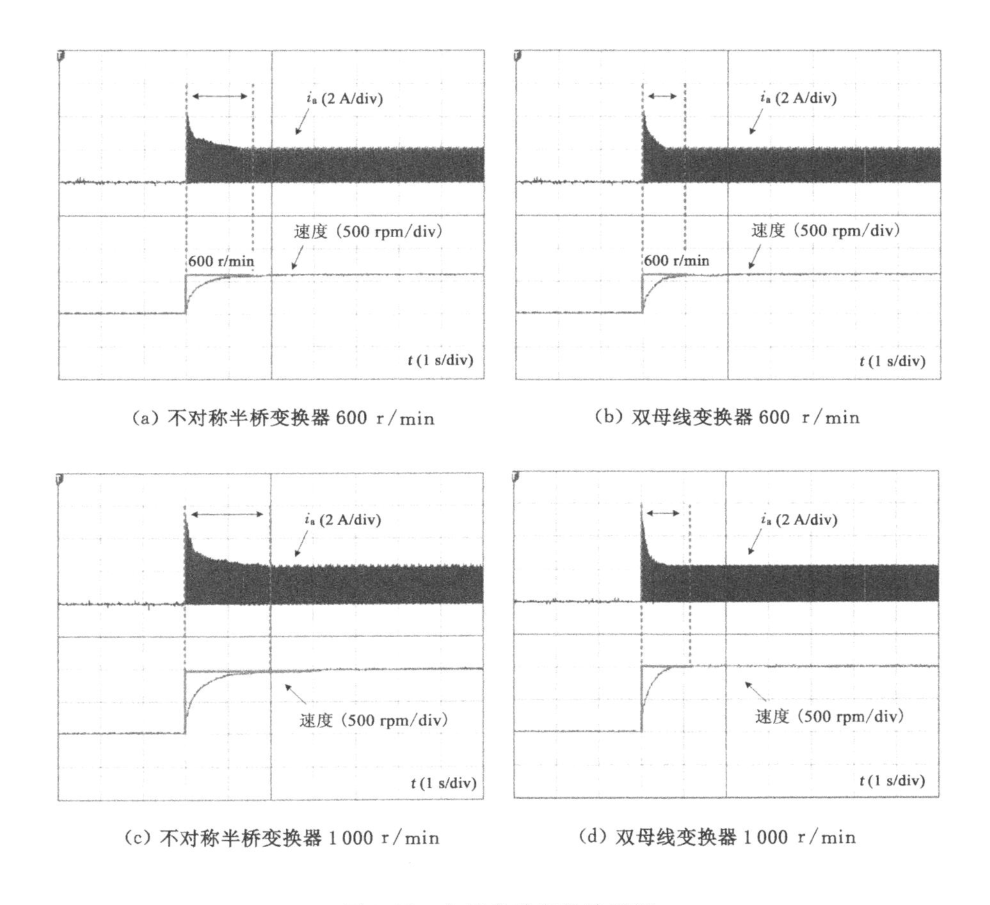

(a) 不对称半桥变换器 600 r/min　　(b) 双母线变换器 600 r/min

(c) 不对称半桥变换器 1 000 r/min　　(d) 双母线变换器 1 000 r/min

图 3-21　电机启动实验波形图

图 3-22 和图 3-23 为电机制动时的实验波形，其中图 3-22 为电机运行在 600 r/min 时的制动效果，图 3-23 为在电机运行在 1 000 r/min 时的制动效果。当电动运行在 600 r/min 时，图 3-22(a)和图 3-22(b)分别为制动角度在 15°、30°和 15°、40°控制模式下的制动波形，制动时间分别在 2 s 和 1 s。

当电机运行在 1 000 r/min 时，图 3-23(a)和图 3-23(b)分别在不同制动角度控制下的电流波形，制动时间分别为 3 s 和 2 s。由此可以看出，通过调整制动模式时的开通角和关断角大小，可以实现快速制动。在整个制动过程中，续流电流通过二极管回馈到电池组中，达到了制动储能的目的。

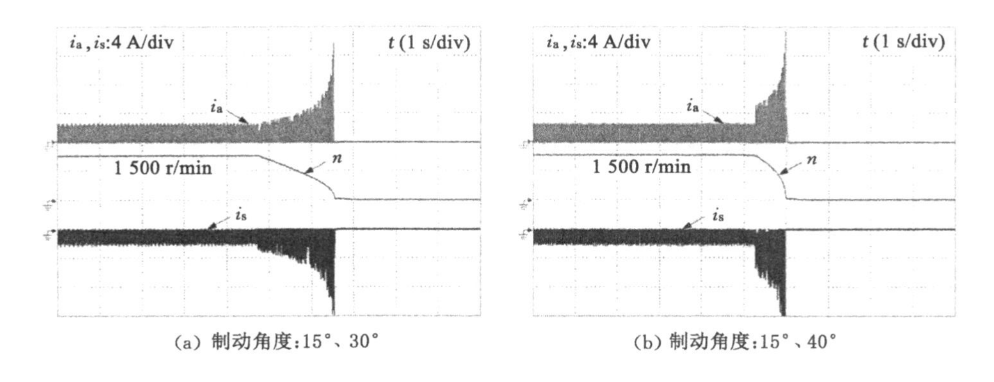

(a) 制动角度:15°、30°　　(b) 制动角度:15°、40°

图 3-22　600 r/min 下制动波形图

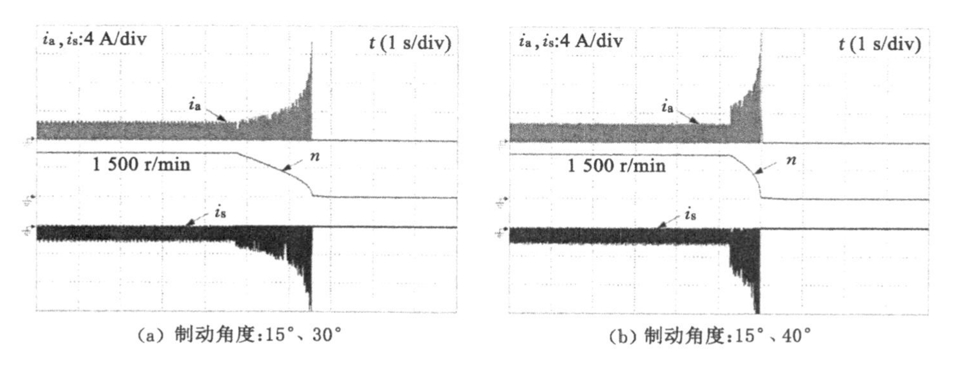

(a) 制动角度:15°、30°　　(b) 制动角度:15°、40°

图 3-23　1 000 r/min 下制动波形图

3.4 本章小结

本章提出了一种新型的集成式电动车用开关磁阻电机驱动系统,通过控制前端供电设备以及开关管 S_H 状态,可以实现在多种工作模式下运行,包括发电机供电模式、电池组供电模式、双电源供电模式、制动回馈模式、静止充电模式。并对各种工作模式下的各种阶段的相电压电流特性进行分析。使用该变换器拓扑,电池组可以在电机电动模式下充电,可以在电机制动模式下充电,也可以在电机静止状态下充电,具有灵活的充电特性。最终通过仿真和实验对本章所提出的变换器各种功能进行了验证,证明了所提出的功率变换器的有效性。

对比传统的拓扑,本章提出的新型功率变换器具有如下优点:

(1) 通过在电容器上端串联一个电池组，以及添加少量的开关管，可以实现系统的双母线工作，并且通过控制开关管，可以灵活转变母线电压。

(2) 该变换器适用范围广泛，不仅使用于四相开关磁阻电机系统，也适用于三相或者多相的开关磁阻电机系统。

(3) 由于添加了额外的电源，即电池组，故该变换器的功率较传统的变换器有所提高，适用的范围更广。

(4) 因为母线电压的升高，系统在励磁阶段和续流阶段会有更高的励磁电压和续流电压，因此可以实现快速励磁和快速续流，避免出现负转矩的情况。

4 启动/发电系统启动性能研究

4.1 引言

由于汽油机和柴油机在一定转速之下无法点火启动，所以需要启动机来带动其运行到一定转速以上，然后点火启动[75]。随着汽车工业的发展，对汽车启动机的性能要求也越来越高。目前主要对启动机提出了质量轻、体积小、功率大、噪声小、使用寿命长、可靠性高等要求。普通车辆启动机根据其作用，只在车辆启动时才发挥作用，车辆正常运行时基本就是一个没有作用的负载，增加了车辆的质量、体积和维护成本。而开关磁阻启动/发电系统将发电机和启动机合二为一，从根本上解决了启动机使用时间短、长时间闲置的问题。

根据发动机以及启动容量的要求，启动电机需要满足以下几点要求：① 启动时间短，启动时应带动发动机尽快地达到点火转速，迅速点火，启动时间应限制在 12 s 以内，而目前普通车辆启动时间都在数秒之内。② 启动转矩大，车辆从静止到运行需要一个较大的启动转矩来克服发动机阻转矩，启动转矩越大越容易启动。③ 启动电流小，启动电流太大对功率变换器、主开关器件和电路的要求都会提高，会增加系统的成本、体积和质量。④ 启动容量合适，足够大的启动容量能够提供足够的启动能量，但是作为电机能量提供者电池来说，太大的容量会增加系统的体积和质量。因此启动容量应当在车辆允许的范围之内尽可能加大。⑤ 启停能够频繁，对于在市内行驶的车辆，由于路况的因素，启停非常频繁，启动电机必须满足频繁启动要求。⑥ 启动平稳，在其他启动要求满足的情况下，能够平稳地启动发动机，减小振动和噪声是提高车辆舒适性的重要措施。

根据以上启动系统的要求，对开关磁阻启动/发电系统的启动性能进行了分析和设计。本章首先分析了车辆的启动特性，对基于启动转矩最大和启动转矩脉动最小两种启动方案的主开关开通角度和关断角度进行了角度优化，然后设计了基于模糊控制的自适应初始电压 PWM 占空比的估测方法，采用滑模 PI 算法分别对两种启动方案进行了启动设计，最后利用开关磁阻启动/发电系统一体化仿真模型和样机平台进行了仿真和实验验证。

4.2 启动特性分析

4.2.1 发动机启动转矩特性

根据文献[76]，发动机的启动阻转矩主要由摩擦阻转矩、压缩空气阻转矩和发动机惯性阻转矩组成，可以表示为：

$$T_S = T_K + T_J + T_L \tag{4-1}$$

式(4-1)中，T_K 为气体压缩产生的阻转矩，T_J 为飞轮惯性阻转矩，T_L 为摩擦阻转矩。启动刚开始时，由于发动机静止，存在较大的静摩擦力，启动阻转矩较大；随着转速的升高，静摩擦变成了滑动摩擦，启动阻转矩变小；而在发动机点火前，由于压缩空气的阻力矩越来越大，启动阻力矩重新变大。因此，发动机阻转矩随着转速的上升先是变小，达到一定转速时又开始变大，在发动机点火的时候变到最大。目前，由于本身的复杂性，发动机很少有精确的数学模型，多采用实测数据拟合的方法来建立不同转速下转矩关系曲线。如图 4-1 所示。

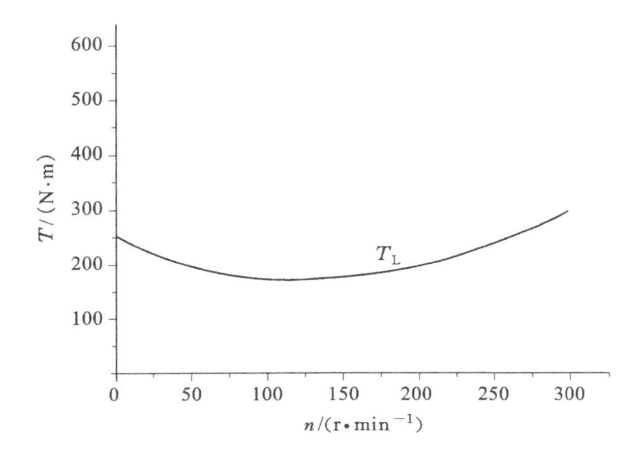

图 4-1 发动机启动阻转矩特性

4.2.2 启动容量计算

为了使发动机能够顺利点火，并且充分避开低速发动机燃烧不完全的缺点，启动/发电系统必须首先作为启动机带动发动机运行到一定转速，最好是

怠速 n_P 以上。假设启动转矩最大为 T_P，点火转速为 n_P，则启动发动机的阻功率可以表示为：

$$P_P = T_P n_P \pi / 30 \tag{4-2}$$

因此，启动/发电系统的启动转矩最小值应该大于 T_P，才能让发动机转动起来。一般启动转矩取 $1.3T_P$。启动/发电系统的最小启动功率可以估算为：

$$P_{smin} = 1.3 \cdot T_P n_S \pi / 30 \tag{4-3}$$

而启动/发电系统的启动容量可以估算为：

$$P_{smin} = T_{max} n_S \pi / 30 \tag{4-4}$$

其中 T_{max} 为启动电机的最大启动转矩。

4.2.3 启动时间计算

根据运动方程 $T_e - T_L = J\dfrac{d\omega}{dt}$，可以得到系统启动时间 t_s 为：

$$t_s = \int_0^{n_S} \frac{J\pi}{30(T_e - T_L)} dn \tag{4-5}$$

其中，T_e 是启动/发电系统电磁转矩，T_L 是发电机的阻力矩，ω 为发动机角速度，J 为系统的转动惯量。在同样大小负载的情况下，启动转矩越大，启动时间越短。因此，在允许的情况下，一般启动转矩越大，启动效果越好。

4.2.4 启动方式

一般车辆的启动方式主要有三种：恒转矩启动、恒功率启动和恒加速度启动，分别如图 4-2、图 4-3 和图 4-4 所示。恒转矩启动时，启动转矩越大，启动时间越短，但相应的需要更大的启动容量。恒转矩+恒功率启动方法在启动功率最大值一定的情况下，首先以恒转矩方式启动一直到最大启动功率，然后以恒功率的方式继续启动。该方法适用于启动容量受限制的场合，启动时间比恒功率启动方式长。恒加速度方法在发动机启动过程中一直维持启动加速度的恒定，启动转矩随阻转矩变化而变化，该启动方法启动平稳，但必须在启动容量和启动时间之间寻找合适的启动加速度。三种启动方式各有优缺点，实际应用的时候可以根据启动的环境和要求来确定启动方式。

4.2.5 启动死区分析

单相 SRM 只能在特殊的转子位置启动，需要启动助力装置；两相 SRM 可以在任意方向启动，但只能单方向运行；三相和三相以上 SRM 可以在任意转子位置，任意方向启动，比较灵活。本书研究的 12/8 结构的三相 SRM 可以以多种方式启动，如各相绕组轮流以三分之一角度启动、各相绕组轮流

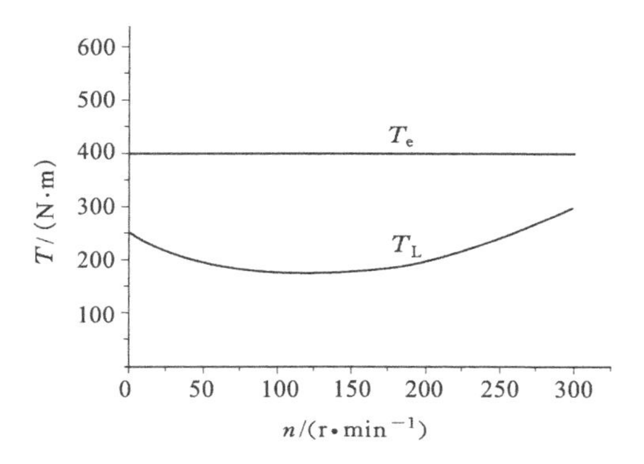

图 4-2 恒转矩启动方式

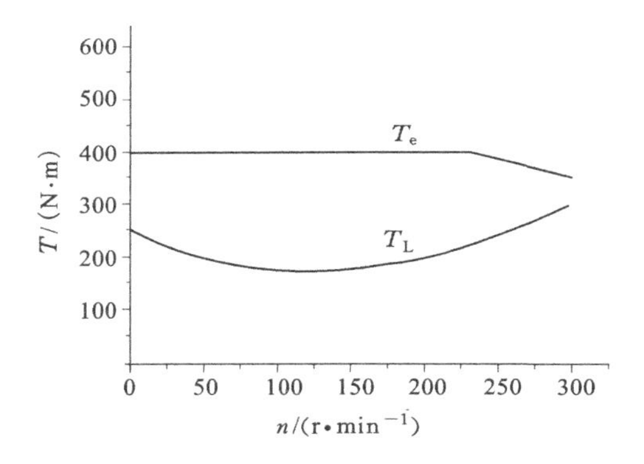

图 4-3 恒功率启动方式

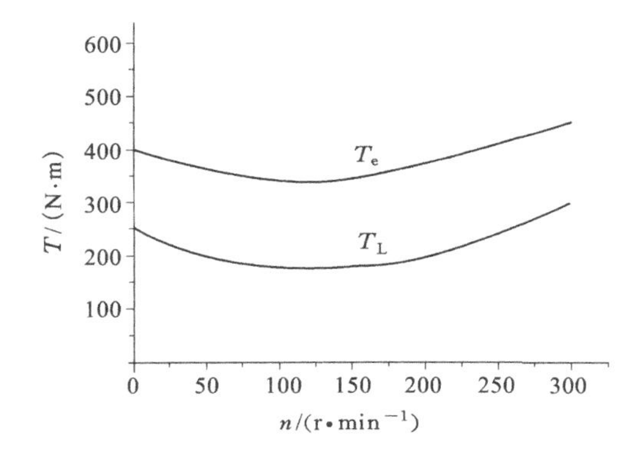

图 4-4 恒加速度启动方式

以二分之一角度启动。不同的启动方式，启动转矩也不相同，只有启动转矩比发动机阻转矩大才能启动成功，否则就是启动死区。以下分别对这两种情况进行分析。

图 4-5 所示是各相绕组轮流以三分之一角度启动时的转矩特性图，其中 A 相通电角度为：3.75°～18.75°，B 相通电角度为：18.75°～33.75°，C 相通电角度为：33.75°～93.75°。三相合成启动转矩见图 4-5 中粗线所示，最小启动转矩为两相转矩交点之处。只有当最小启动转矩 T_{min} 大于发动机阻转矩 T_S 时，SRM 才能带动发动机顺利启动。

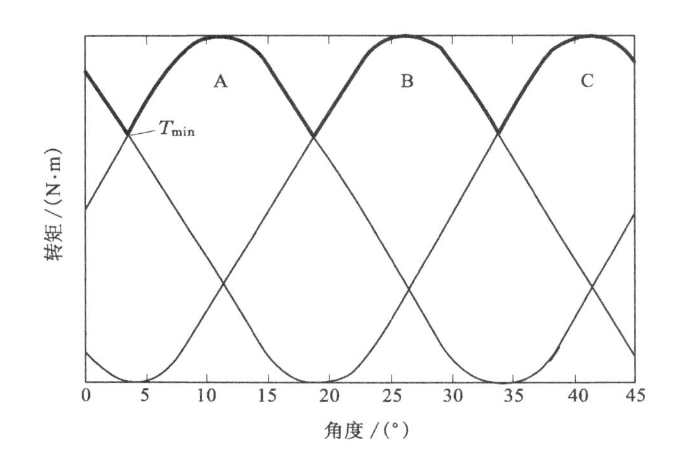

图 4-5　三分之一角度启动转矩特性图

图 4-6 所示是各相绕组轮流以二分之一角度启动时的转矩特性图，其中 A 相通电角度为：0°～22.5°，B 相通电角度为：15°～37.5°，C 相通电角度为：30°～52.5°。三相合成启动转矩见图 4-6 中粗线所示，最小启动转矩为相转矩过零点之处。只有当最小启动转矩 T_{min} 大于发动机阻转矩 T_S 时，SRM 才能带动发动机顺利启动。

通过比较图 4-5 和图 4-6 可以看出：各相绕组轮流以二分之一角度启动时，转矩最小值和平均值明显比各相绕组轮流以三分之一角度启动要大，启动转矩死区小。因此各相绕组轮流以二分之一角度启动方式优于各相绕组轮流以三分之一角度启动方式。实际设计的时候 SRM 的启动最小转矩 T_{min} 和平均转矩必须都比发动机阻转矩 T_S 大才能没有启动死区。

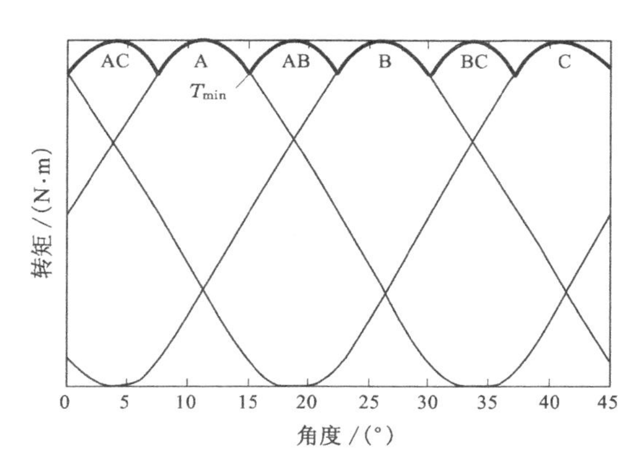

图 4-6　二分之一角度启动转矩特性图

4.3　电压 PWM 控制下启动开通角和关断角优化

根据控制参数的不同，SRM 主要有三种控制方法：电流斩波控制、电压 PWM 控制和角度位置控制[33-35]。通常，SRM 的基本控制方式是低速进行电流斩波控制或者电压斩波控制，高速进行角度位置控制。但如果单纯地根据转速的大小来切换这几种控制方法，控制效果不佳。电流斩波控制需要实时快速精确地检测相绕组电流的大小，角度位置控制需要根据控制要求快速计算和精确调整开通角和关断角的大小，这两种控制方法普通的控制器很难完成，对控制器的要求较高。同时电流斩波控制只适用于转速较低的场合而角度位置控制只适用于转速较高的场合，在这个速度段必须结合这两种控制方法才能完成性能优良的控制。电压 PWM 控制在硬件上面实现简单、普通的单片机都能够完成控制。同时电压 PWM 控制的适用转速范围宽，不需要在不同转速下再换别的控制方法。但是单纯电压 PWM 控制无法在整个速度段都获得较好的控制效果，必须对不同转速下的开通角和关断角进行有针对性的离线优化。因此，本书采用变角度电压 PWM 控制，根据不同的场合，对转矩最大和转矩脉动最小两种情况进行了不同转速下的开通角和关断角的仿真优化。

4.3.1　基于启动转矩最大的开通角、关断角优化

启动/发电系统中，启动时需要启动/发电一体机带动发动机迅速地达到怠速以上的点火速度。因此，SRM 启动时应用得较多的是控制其转矩一直以最大值输出，以最快的速度启动发动机。SRM 可以调节的控制参数多，输出转矩的

大小和主开关器件的开通角、关断角、绕组两端的电压都有着直接的关系。

为了获得最大启动转矩下最优开通角和关断角，利用本书第 2 章所建立的启动/发电一体化仿真模型，对电压 PWM 控制下 SRM 的主开关器件开通角和关断角进行了不同转速下、不同开关角和不同关断角下的各种情况下的仿真。样机平台所采用的电机为 12/8 结构的三相 SRM，额定功率为 500 W，供电电压 24 V。

根据磁共能的关系，SRM 单相电磁转矩可以表示为：

$$T_j=\frac{\partial W_j{}'}{\partial\theta}=\frac{\partial\int_0^{i_j}L_j i_j\,\mathrm{d}i_j}{\partial\theta} \tag{4-6}$$

因此可以得到三相合成电磁转矩：

$$T_{\mathrm{em}}=\sum_{j=1}^{3}T_j \tag{4-7}$$

通常以平均转矩来衡量启动转矩的大小：

$$T_{\mathrm{avg}}=mT_{j\mathrm{avg}} \tag{4-8}$$

式中，$T_{j\mathrm{avg}}=\frac{1}{a}\sum_{0}^{a}T_j\,\mathrm{d}\theta$ 为单相平均转矩，$a=\frac{2p}{N_{\mathrm{r}}}$为机械角度。

为了方便对比，首先给出转速为 700 r/min 时，固定关断角 20°，开通角分别为−10°、−5°、0、5°和 10°时的合成转矩、平均转矩和三相电流仿真结果，如图 4-7所示。

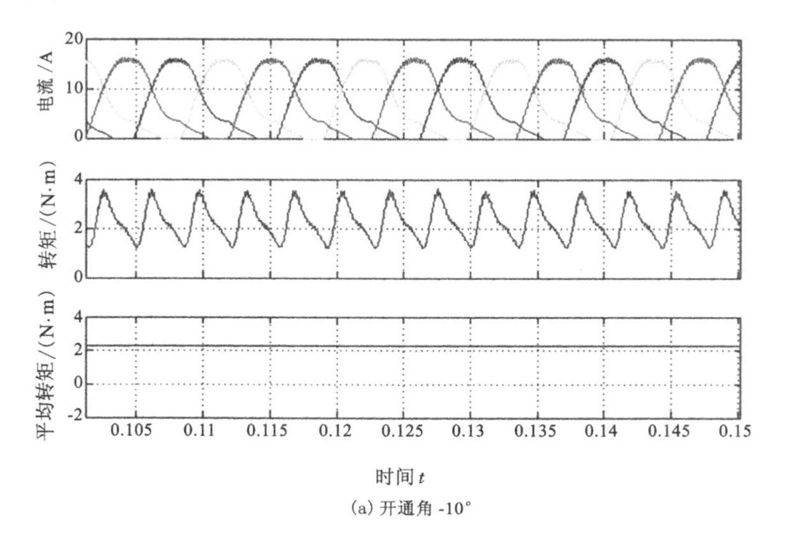

(a) 开通角 -10°

图 4-7　转速 700 r/min 固定关断角 20°开通角变化仿真结果

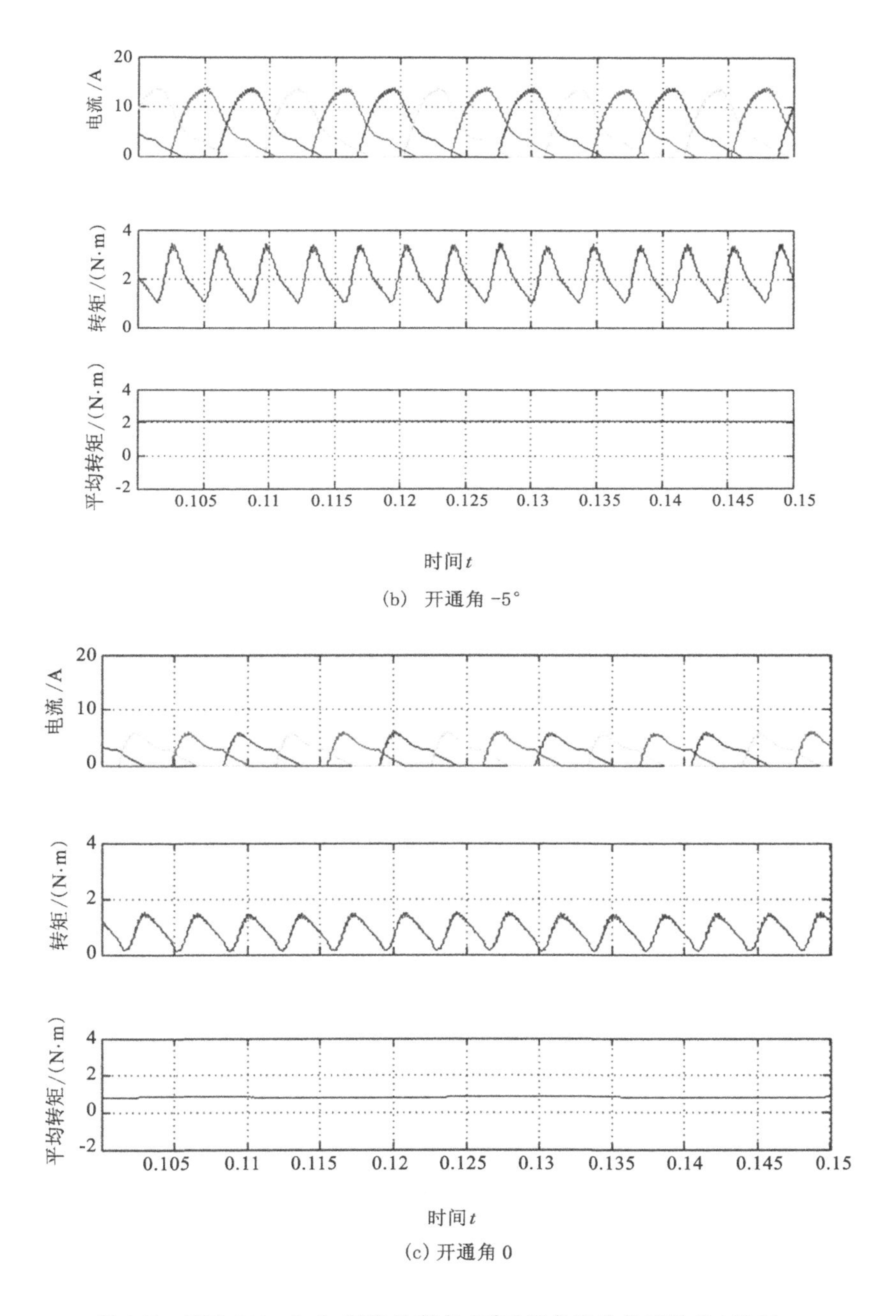

(b)　开通角 -5°

(c) 开通角 0

图 4-7　转速 700 r/min 固定关断角 20°开通角变化仿真结果(续 1)

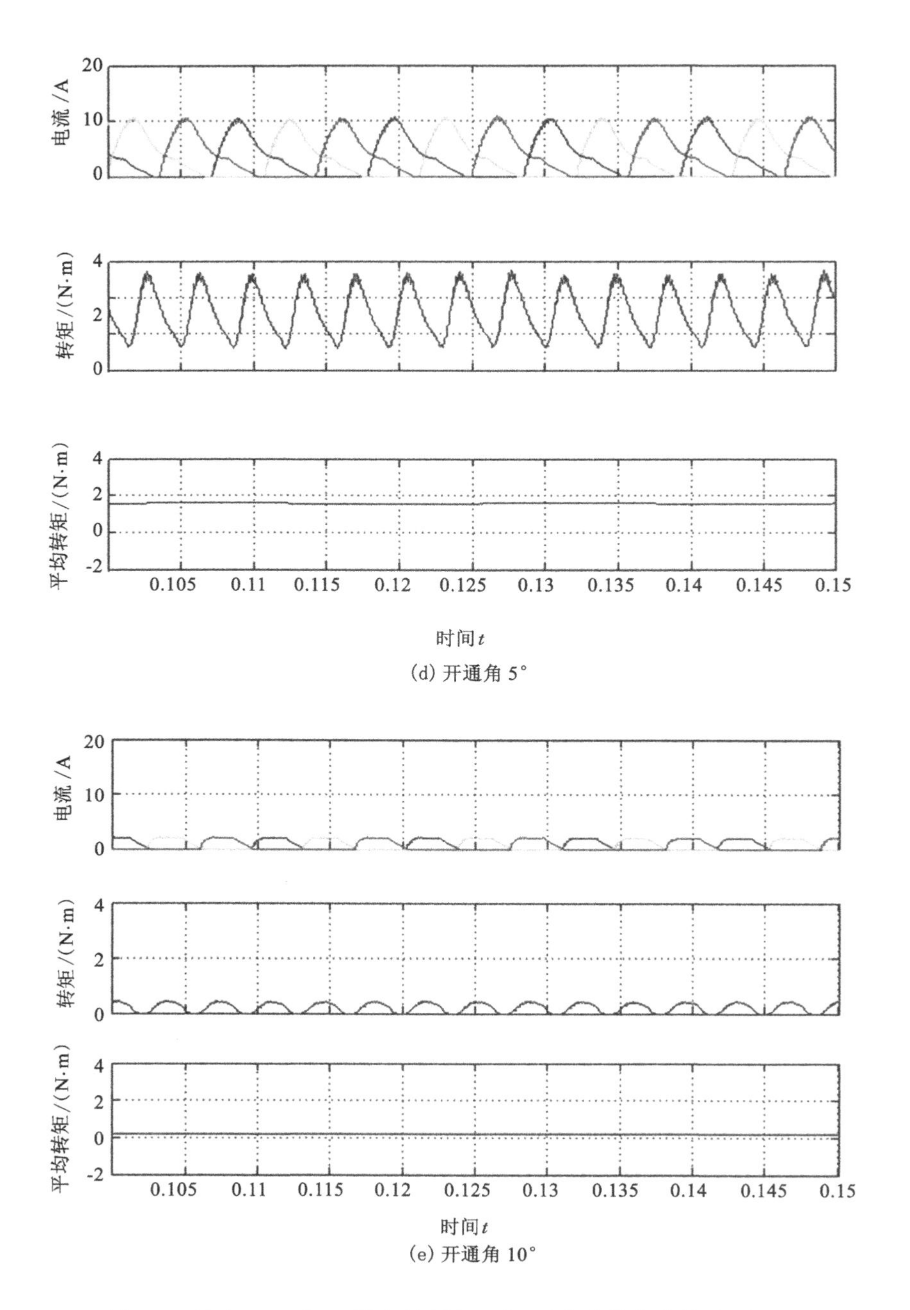

图 4-7 转速 700 r/min 固定关断角 20°开通角变化仿真结果(续 2)

同样转速为 700 r/min 时，固定开通角 −2°，关断角分别为 10°、15°、20°、25° 和 28°时的转矩、平均转矩和电流仿真结果如图 4-8 所示。

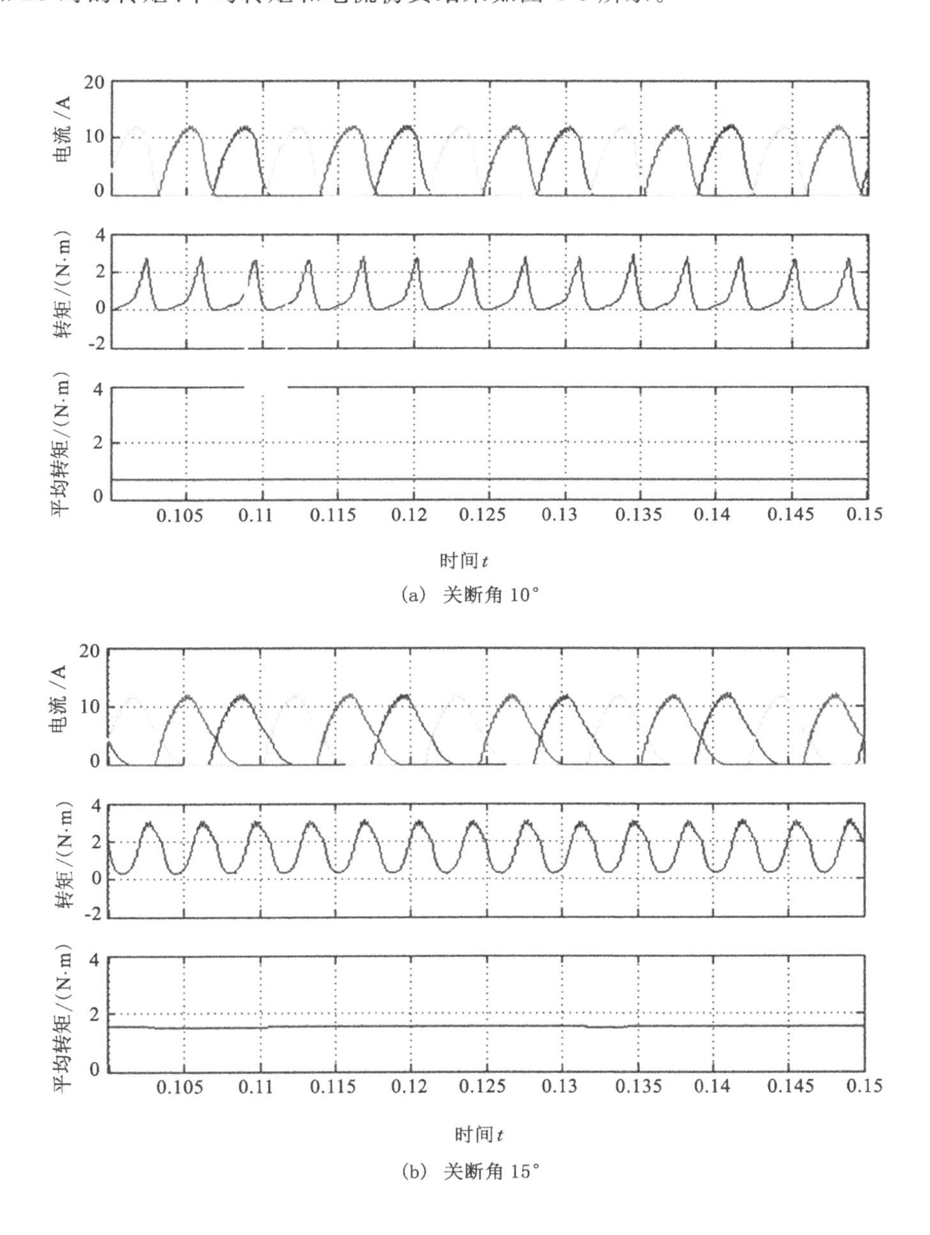

(a) 关断角 10°

(b) 关断角 15°

图 4-8 转速 700 r/min 固定开通角 −2°关断角变化仿真结果

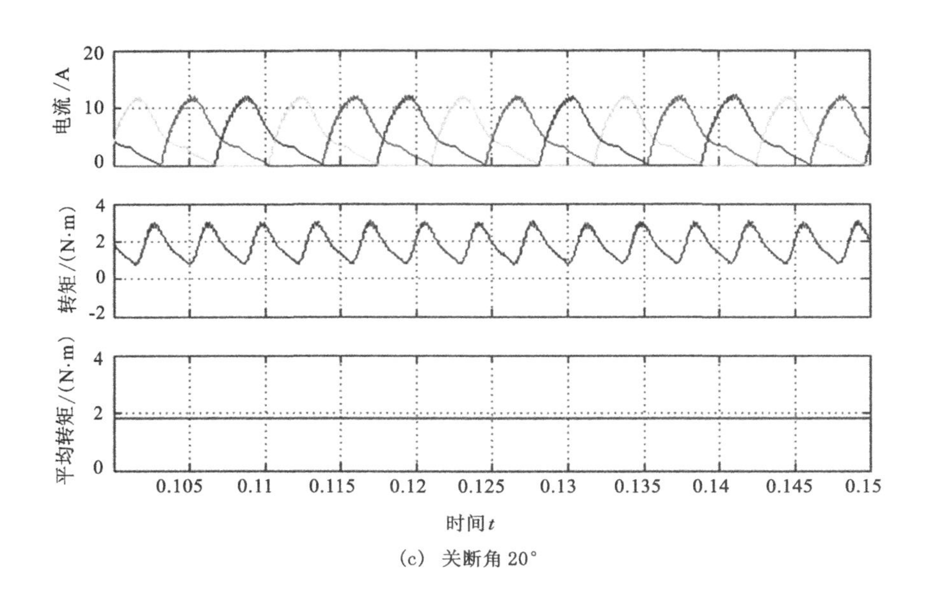

(c) 关断角 20°

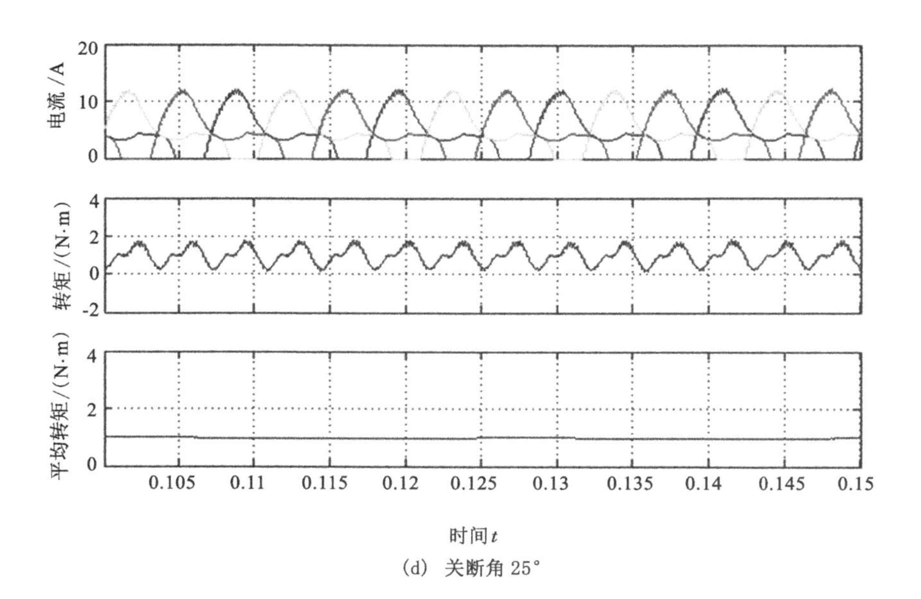

(d) 关断角 25°

图 4-8 转速 700 r/min 固定开通角－2°关断角变化仿真结果(续 1)

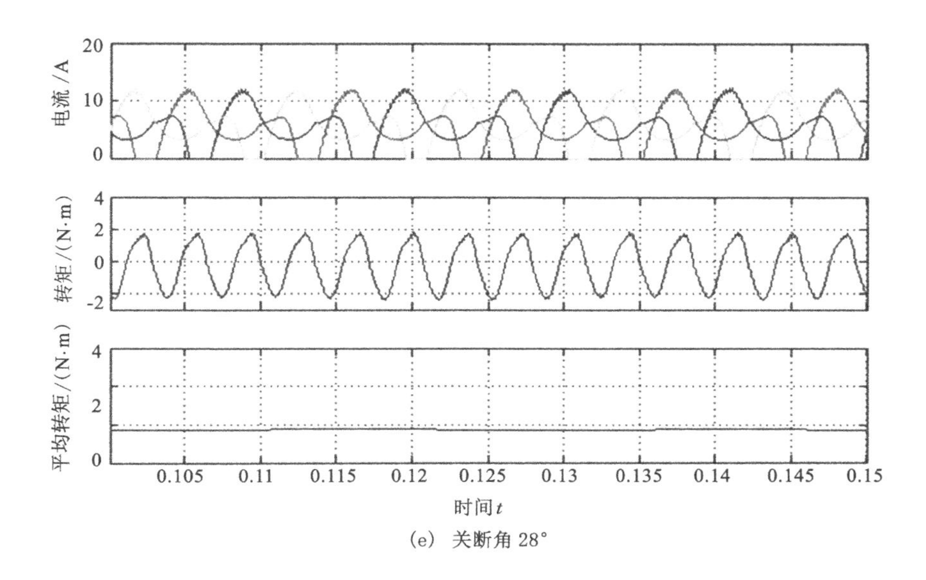

(e) 关断角 28°

图 4-8 转速 700 r/min 固定开通角－2°关断角变化仿真结果(续 2)

转速为 700 r/min 时,固定关断角 20°时,平均转矩随着开通角不同的仿真结果如图 4-9 所示;固定开通角－2°时,平均转矩随着关断角变化的仿真结果如图 4-10 所示。

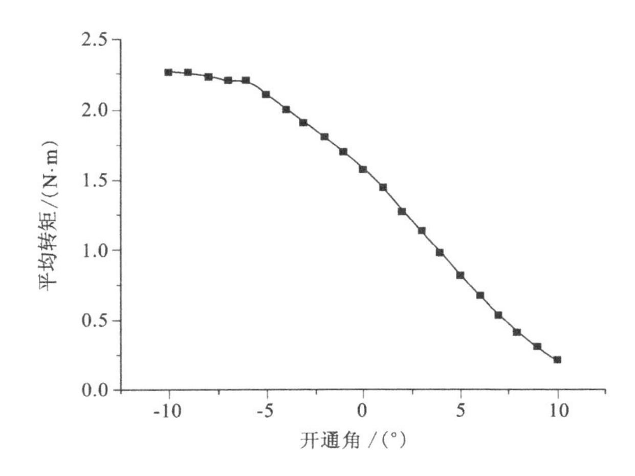

图 4-9 转速 700 r/min 固定关断角 20°平均电磁转矩随开通角度变化仿真结果

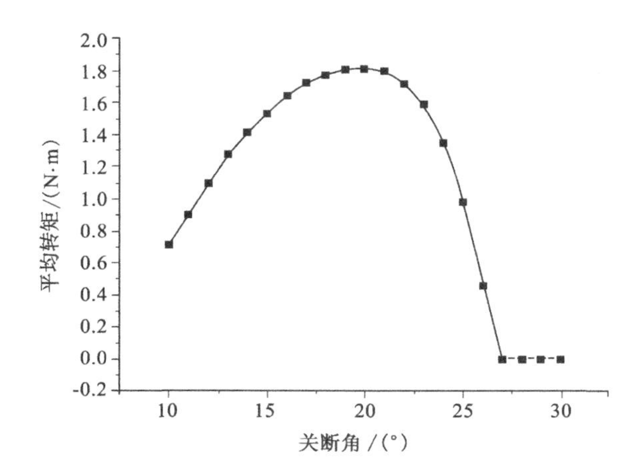

图 4-10　转速 700 r/min 固定开通角－2°平均电磁转矩随关断角度变化仿真结果

转速为 300 r/min 时，固定关断角 20°，开通角分别为－10°、－5°、0、5°和 10°时的转矩、平均转矩和电流仿真结果如图 4-11 所示。

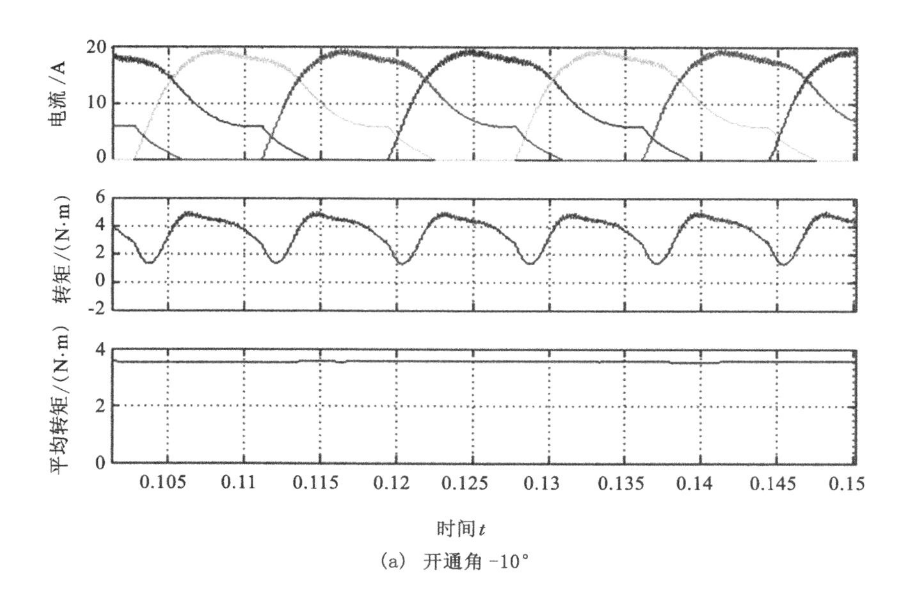

(a) 开通角 -10°

图 4-11　转速 300 r/min 固定关断角 20°开通角变化仿真结果

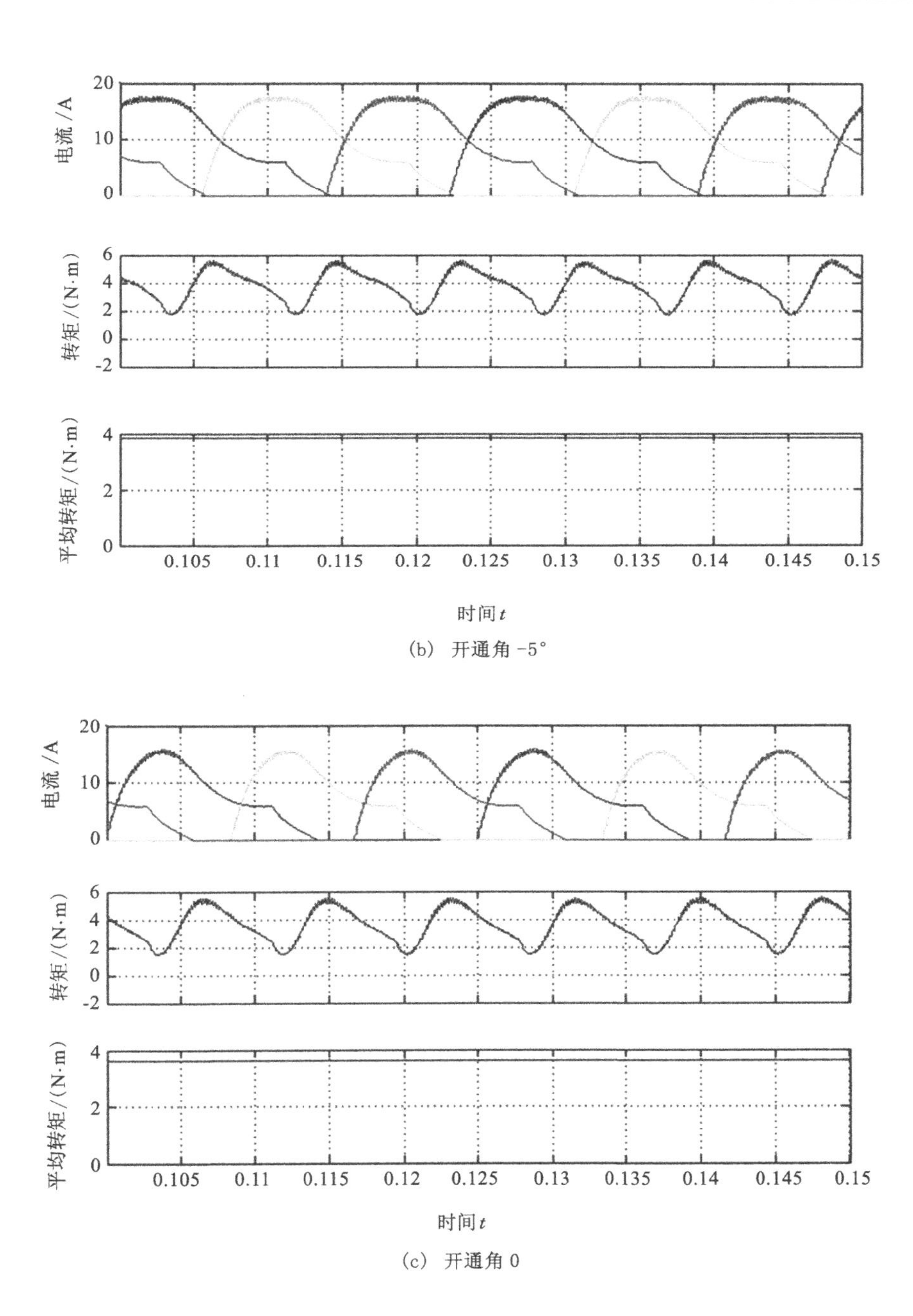

(b) 开通角 -5°

(c) 开通角 0

图 4-11 转速 300 r/min 固定关断角 20°开通角变化仿真结果(续 1)

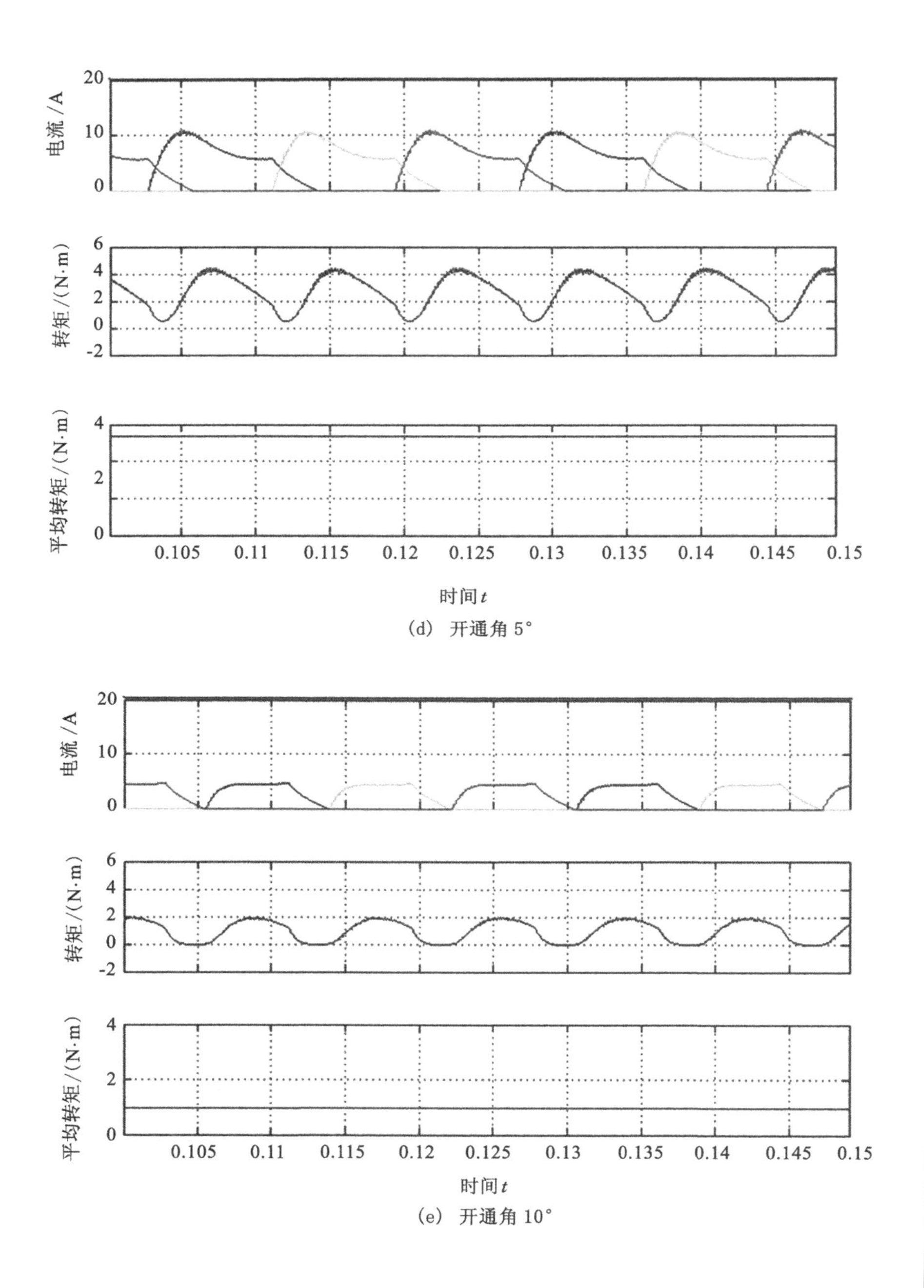

(d) 开通角5°

(e) 开通角10°

图4-11 转速300 r/min固定关断角20°开通角变化仿真结果(续2)

同样转速为 300 r/min 时，固定开通角－2°，关断角分别为 10°、15°、20°、25°和 28°时的转矩、平均转矩和电流仿真结果如图 4-12 所示。

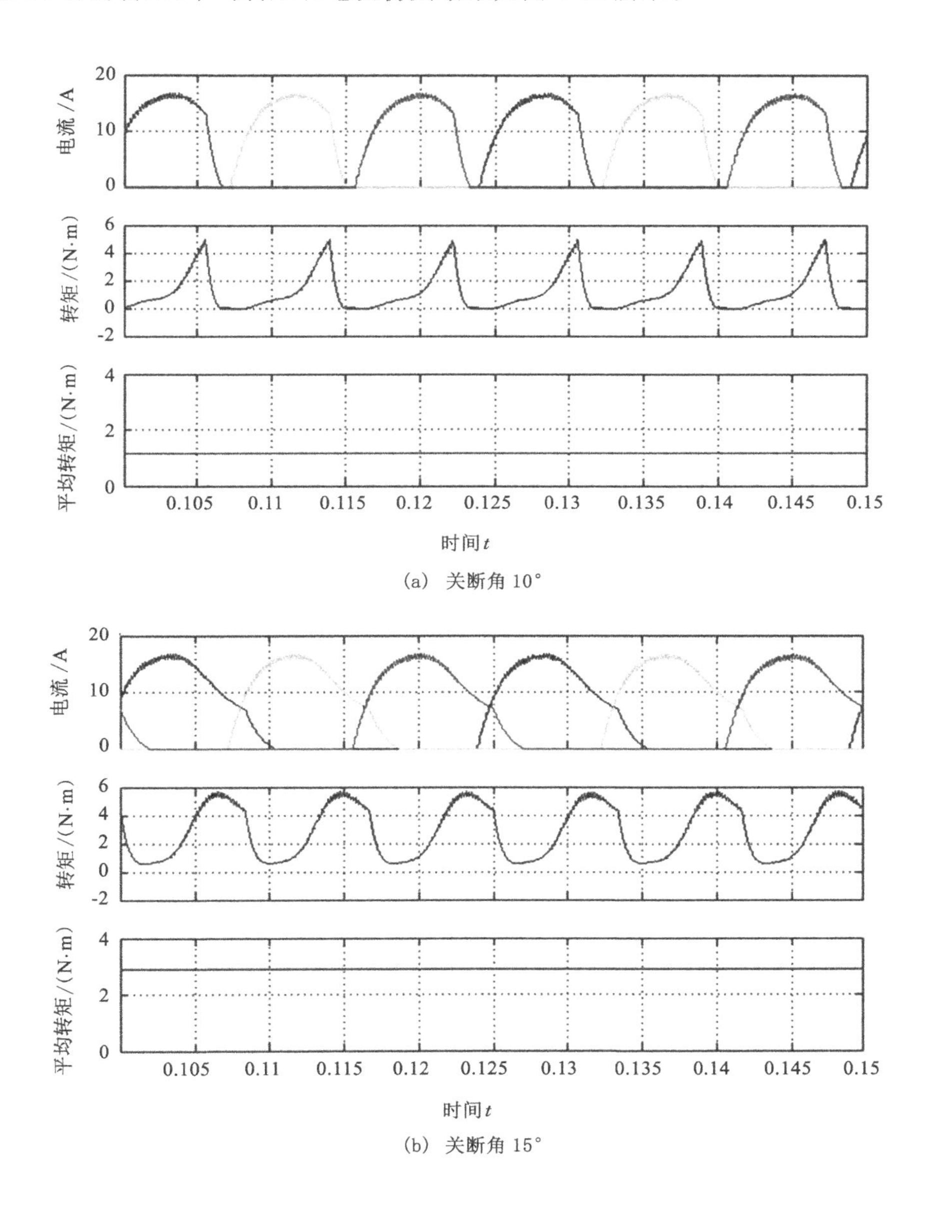

(a) 关断角 10°

(b) 关断角 15°

图 4-12 转速 300 r/min 固定开通角－2°关断角变化仿真结果

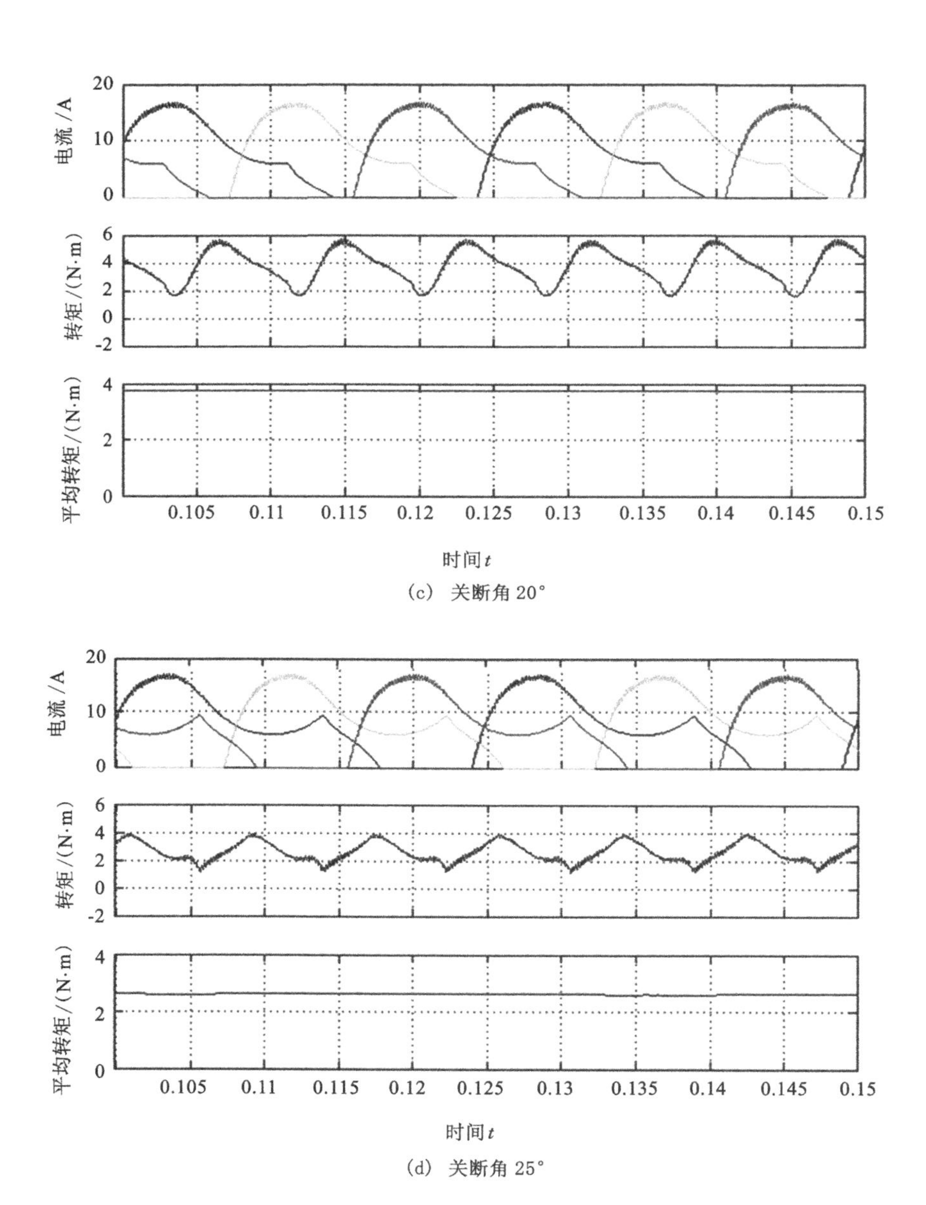

(c) 关断角20°

(d) 关断角25°

图 4-12 转速 300 r/min 固定开通角一2°关断角变化仿真结果(续 1)

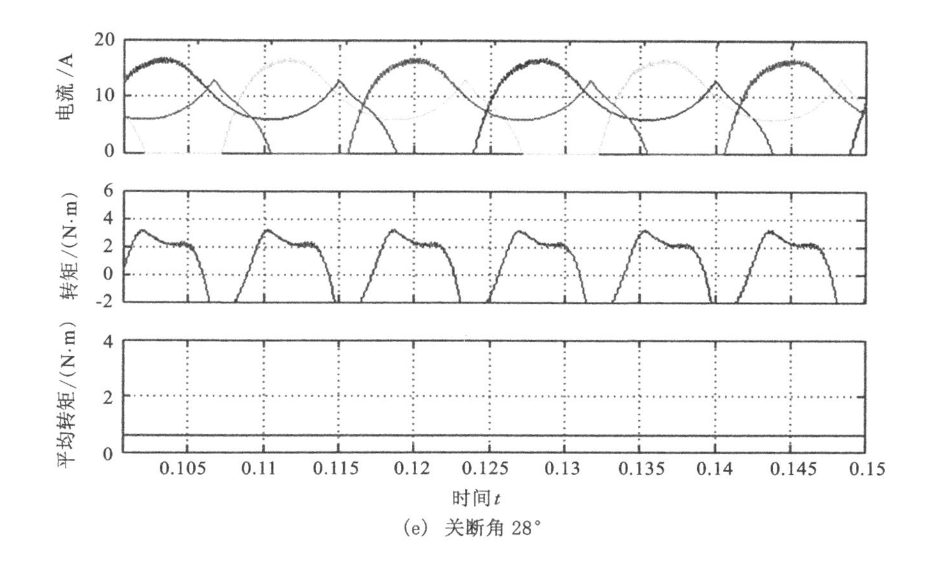

(e) 关断角 28°

图 4-12 转速 300 r/min 固定开通角－2°关断角变化仿真结果(续 2)

转速为 300 r/min 时,固定关断角 20°时,平均转矩随着开通角不同的仿真结果如图 4-13 所示;固定开通角－2°时,平均转矩随着关断角不同的仿真结果如图 4-14 所示。

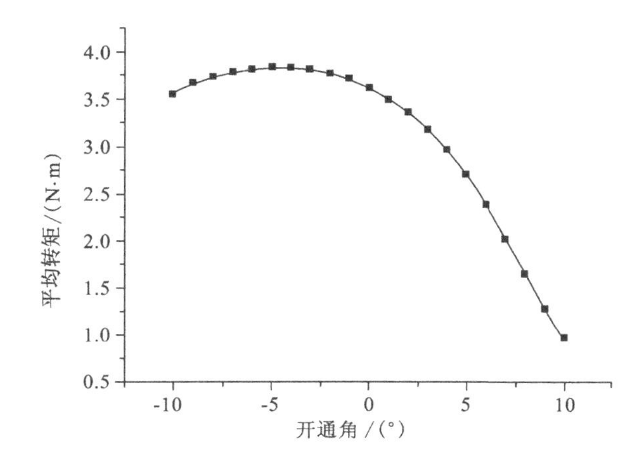

图 4-13 转速 300 r/min 固定关断角 20°平均电磁转矩随开通角度变化仿真结果

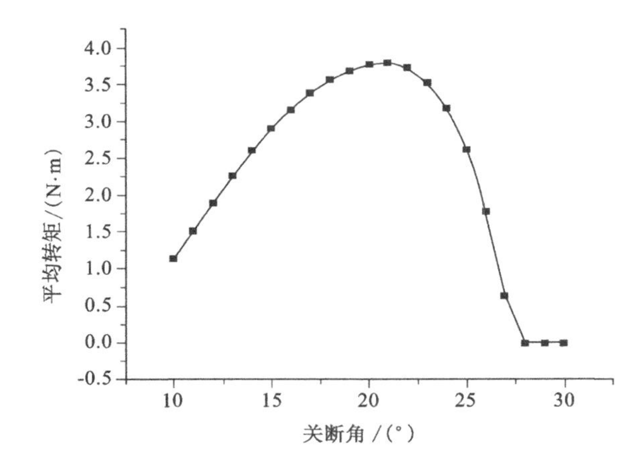

图 4-14　转速 300 r/min 固定开通角－2°平均电磁转矩随关断角度变化仿真结果

根据仿真结果，可以得到以下结论：

(1) 主开关器件的开通角和关断角对电磁转矩的输出有着较大影响。合理选择开通角和关断角，对输出转矩十分重要。

(2) 固定关断角，开通角在 0°～10°之间变化时，平均电磁转矩基本上呈线性下降的趋势。这是因为这个区间是在电感上升区间，开通角的推后会影响到电流的上升，开通角越大电流上升得越不充分，其平均电流变小，而平均电磁转矩也随着变小。开通角在－10°～0°之间变化时，存在着平均电磁转矩最大输出点。这是由于提前开通角使得电流提前上升，可以在后面的电感上升区域上升得更大，有利于电流的建立。但是－10°～0°区域是处于电感下降区域，提前建立电流会产生负的电磁转矩，总的平均电磁转矩的上升是建立在牺牲电机效率的基础上的。因此，适当地提前开通角是有利的，但是提前得过多，会使得负转矩变大，而整体输出电磁转矩变小，合理选择提前开通角的大小比较重要。

(3) 固定开通角，关断角在 10°～30°之间变化时，平均电磁转矩先变大，然后变小，存在着极值。这是由于关断角推后可以使得电流上升得更高，平均电磁转矩也随着变大。但是随着关断角的推后，电流续流区间会延伸到电感下降区域，即产生负的电磁转矩，从而降低总的输出电磁转矩。因此，关断角要在电感进入下降区之前关断，使得续流电流不进入电感下降区，尽可能不产生负的电磁转矩。

为了获得不同转速下电磁转矩最大输出最优的主开关器件开通角和关断角，利用启动/发电一体化仿真软件，对转速从 100～800 r/min 按照100 r/min

递增，主开关器件开通角从－10°～10°按照1°递增，关断角从10°～30°按照1°递增，负载为1情况下的电磁输出进行了仿真实验。

图4-15至图4-18分别给出了转速100 r/min、300 r/min、500 r/min和700 r/min下平均电磁转矩随着开通角和关断角变化的仿真数据图。

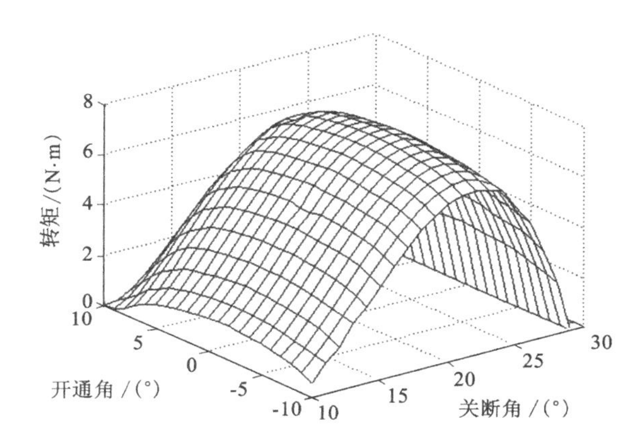

图4-15　100 r/min时基于转矩最大的开通角和关断角优化仿真结果

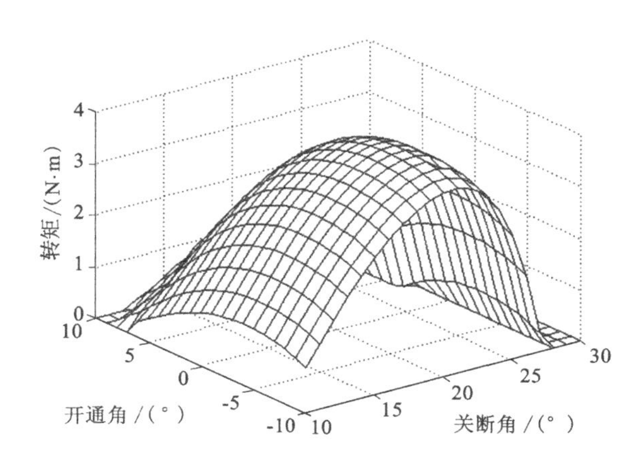

图4-16　300 r/min时基于转矩最大的开通角和关断角优化仿真结果

根据各个转速下的仿真结果，可以得到优化的开通角和关断角，见表4-1所示。根据优化仿真结果可以看出：平均电磁转矩受关断角的影响比较大，尤其在电感上升区和电感下降区域结合点附近，关断角推后较小的角度，电磁转矩就会

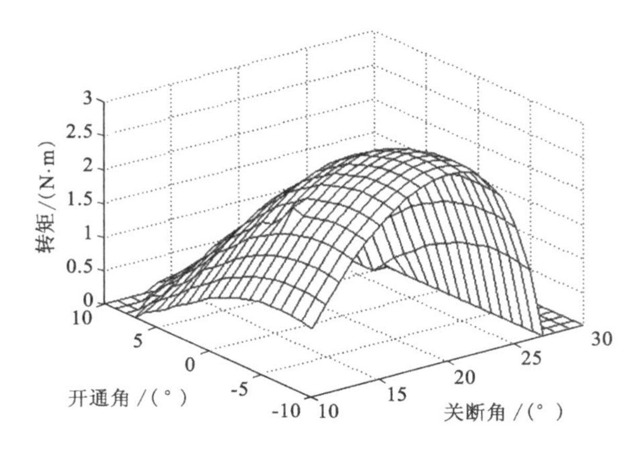

图 4-17　500 r/min 时基于转矩最大的开通角和关断角优化仿真结果

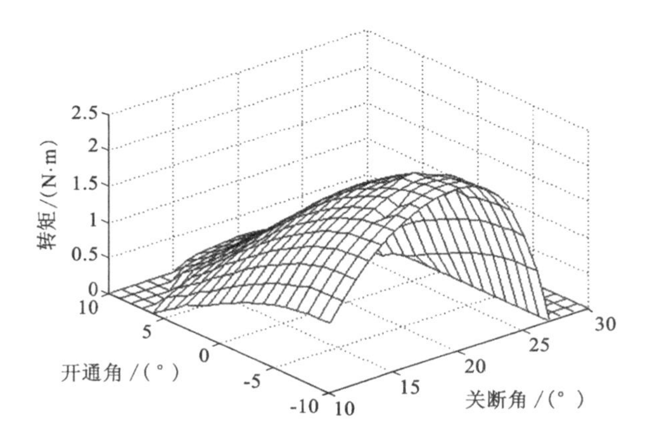

图 4-18　700 r/min 时基于转矩最大的开通角和关断角优化仿真结果

剧烈变化。这是由于关断角在电感下降区关断会产生较大续流电流，而且由于在电感下降区，产生较大负电磁转矩，使得总的输出电磁转矩变小。随着转速的升高，最优开通角提前得较多，而最优关断角变化不大。这是因为，随着转速的升高，相电流的上升时间变短，为了让电流上升得更高，必须提前开通主开关管，让电流建立时间变长。而随着转速的上升，续流电流更加容易地进入电感下降区，为了不产生较大的负电磁转矩，关断角也需要提前。平均电磁转矩随着转速的升高而逐渐变小，这主要是因为随着转速的升高电流逐渐变小，而转矩主要和电流相关，因此电磁转矩也会变小。

表 4-1　基于转矩最大的开通角和关断角优化结果

转速/r·min^{-1}	最优开通角/(°)	最优关断角/(°)	平均转矩/N·m
100	0	22	7.30
200	−1	22	5.57
300	−2	22	3.84
400	−3	21	2.34
500	−5	21	2.81
600	−5	20	2.53
700	−6	20	2.25
800	−7	19	1.98

4.3.2　基于转矩脉动最小的开通角、关断角优化

低速转矩脉动较大是 SRM 固有缺点，转矩消脉动一直是 SRM 研究的一个热点[77-79]。研究者提出了许多方法进行转矩消脉动的方法。但是，无论是直接转矩控制还是间接转矩控制，消脉动的效果并不是很好。这些消脉动方法或要求条件比较特殊，或需要外加附属的电路，还没一个既简单又实用的转矩消脉动的方法。作为启动/发电系统，启动一般都要求比较快速平稳，尤其是高档车辆的舒适性尤为重要。如果启动/发电系统的启动转矩脉动过大，就会影响整个启动过程的稳定性，对车辆造成较大的震动，导致启动过程不理想。因此转速脉动最小化控制还是十分有必要和有研究意义的。启动/发电系统的转矩脉动大小直接和电流波形的形状有关系。不一样的电流波形，产生的转矩脉动大小差别很大。而通过调整开通角和关断角，调整电流波形的形状和大小，可以间接控制启动转矩脉动的大小。

为了衡量转矩脉动的大小，可以定义转矩脉动系数 K_{T} 为：

$$K_{\mathrm{T}}=\frac{\Delta T}{T_{\mathrm{avg}}}=\frac{T_{\max}-T_{\min}}{T_{\mathrm{avg}}} \tag{4-9}$$

式中　$T_{\max}$——转矩最大值；

$T_{\min}$——这一时刻转矩最小值；

T_{avg}——平均电磁转矩。

和前面一节仿真条件一样，对转速 700 r/min 时，固定关断角 20°，开通角从 −10°到 10°变化情况进行仿真，可以得到电磁转矩最大和最小仿真结果，如图 4-19 所示。

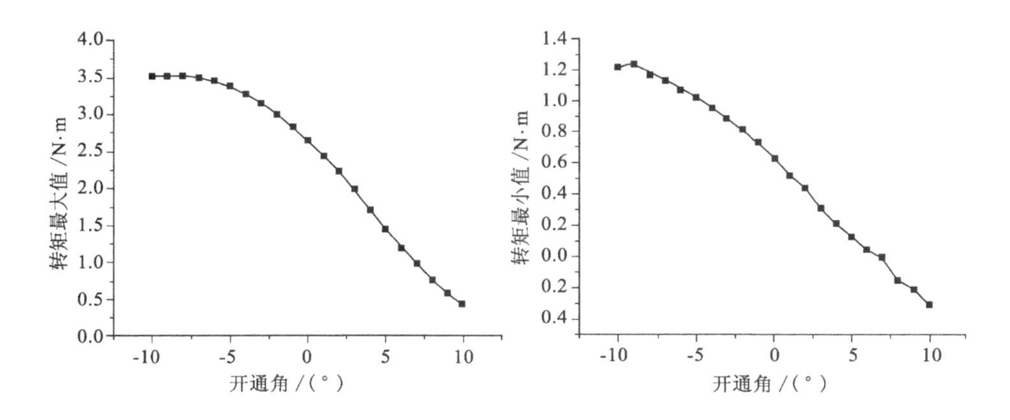

图 4-19　转速 700 r/min 固定关断角 20°转矩随开通角度变化仿真结果

根据式(4-9)可以得到转矩脉动参数 K_T 在转速 700 r/min 固定关断角 20°时的仿真结果，如图 4-20 所示。

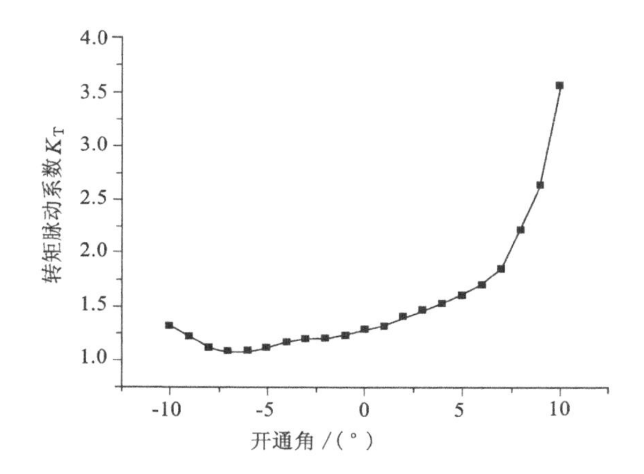

图 4-20　转速 700 r/min 固定关断角 20°，转矩脉动随开通角度变化仿真结果

对转速 700 r/min 时，固定开通角－2°，开通角从 10°到 30°变化情况进行仿真。可以得到电磁转矩最大和最小仿真结果，如图 4-21 所示。

根据式(4-9)可以得到转矩脉动参数 K_T 在转速 700 r/min 固定开通角－2°时的仿真结果，如图 4-22 所示。

对转速 300 r/min 时，固定关断角 20°，开通角从－10°到 10°变化情况进行仿真。可以得到电磁转矩最大和最小仿真结果，如图 4-23 所示。

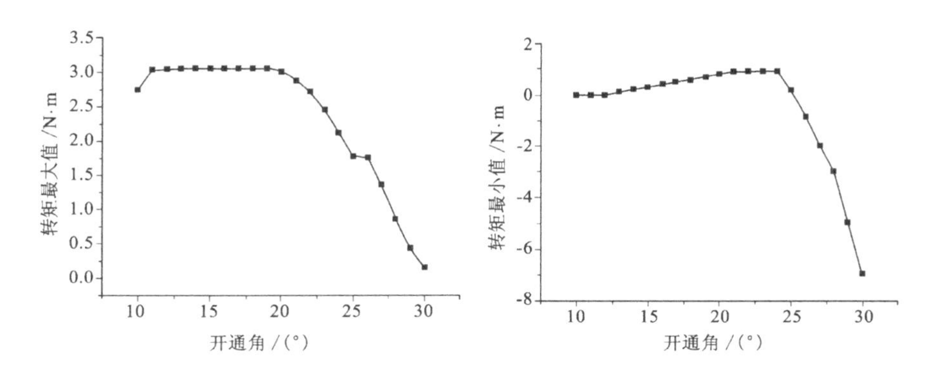

图 4-21 转速 700 r/min 固定开通角 −2°转矩随开通角度变化仿真结果

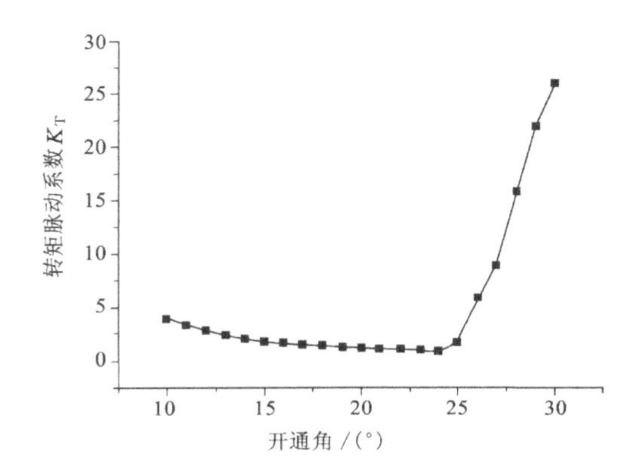

图 4-22 转速 700 r/min 固定开通角 −2°转矩脉动随开通角度变化仿真结果

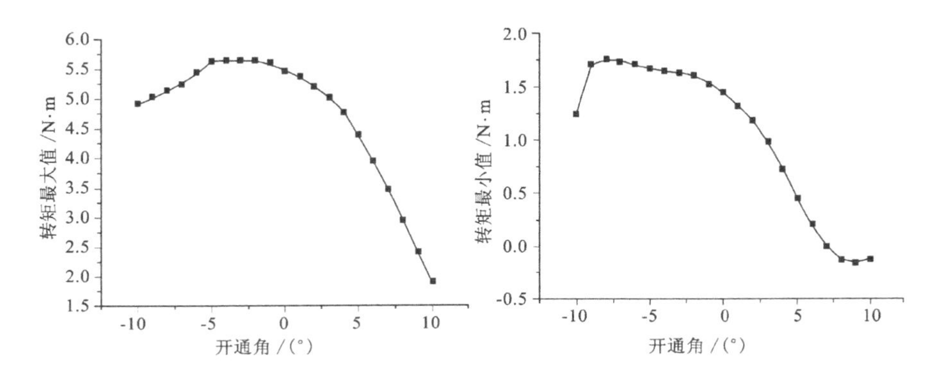

图 4-23 转速 300 r/min 固定关断角 20°转矩随开通角度变化仿真结果

根据式(4-9)可以得到转矩脉动参数 K_T 在转速 700 r/min 固定关断角 20°时的仿真结果，如图 4-24 所示。

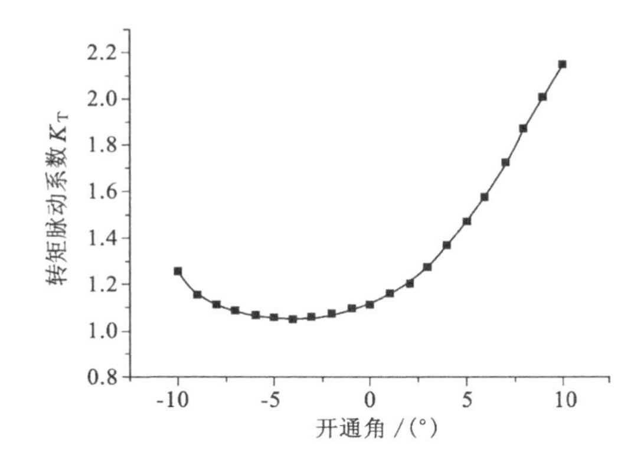

图 4-24　转速 300 r/min 固定关断角 20°转矩脉动随开通角度变化仿真结果

转速 300 r/min 固定开通角－2°转矩随开通角度变化仿真结果如图 4-25 所示。

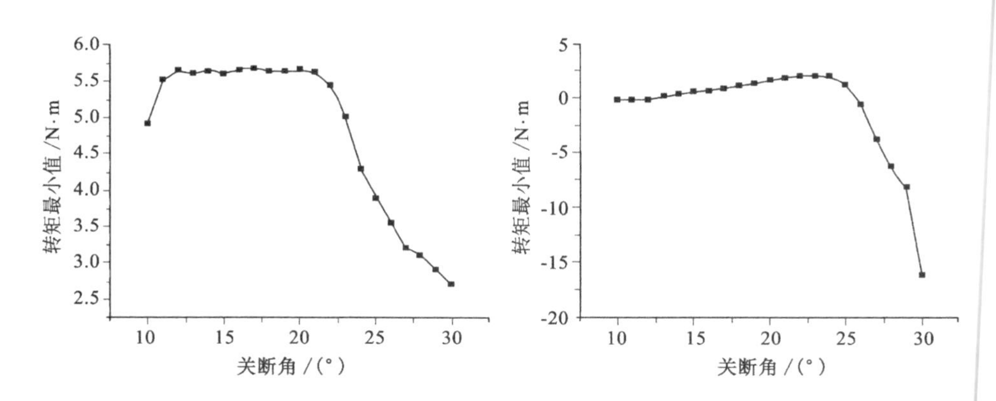

图 4-25　转速 300 r/min 固定开通角－2°转矩随开通角度变化仿真结果

根据式(4-9)可以得到转矩脉动参数 K_T 在转速 300 r/min 固定开通角－2°时的仿真结果，如图 4-26 所示。

根据仿真结果，可以得到以下结论：

(1) 主开关器件的开通角和关断角对电磁转矩脉动有着较大的影响。合理的选择开通角和关断角，对电磁转矩脉动消减控制十分重要。

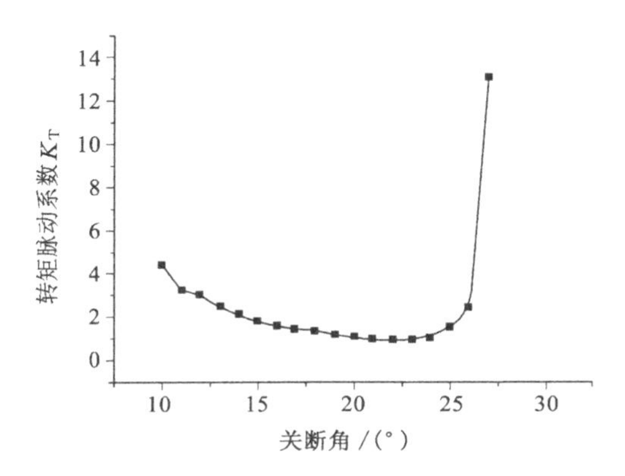

图 4-26　转速 300 r/min 固定开通角−2°转矩脉动随开通角度变化仿真结果

(2) 固定关断角，开通角在 0°到 10°之间变化时，电磁转矩脉动随着开通角的提前而减小。这是因为在这个区间，电流之间的间隔较大，提前开通角有利于电流之间的叠加，使得合成电流波动减小。开通角在−10°到 0°之间变化时，电流之间的叠加比较严重。随着开通角的减小，合成电流存在着电流波动最小值，也就是电磁转矩波动最小值。如果超过这个极值，由于电流的叠加过大，反而使得电磁转矩波动变大，因此存在着转矩脉动最小优化点。

(3) 固定开通角，关断角在 10°到 30°之间变化时，电磁转矩脉动先减小然后变大，也存在着优化极值。同样道理，电流在电感下降区之前，合成电流波动随着关断角增大进一步叠加后，电流波动变小，导致电磁转矩脉动变小。随着关断角到电感下降区之后，续流电流继续增大，在一定程度上可以减小合成电流波动，但是大于一定值时，反而会增大合成电流，增大转矩脉动。同时，关断角推迟过大的话，导致负的电磁转矩过大，会导致平均转矩过小而启动失败。因此要综合考虑平均电磁转矩和电磁转矩脉动的影响，来确定转矩脉动最小情况的最优关断角。

为了获得不同转速下电磁转矩脉动最小输出下最优主开关器件开通角和关断角，利用启动/发电一体化仿真软件，对转速从 100～800 r/min 按照 100 r/min 递增，主开关器件开通角从−10°到 10°按照 1°递增，关断角从 10°到 30°按照 1°递增，负载为 1 情况下的电磁转矩脉动进行了仿真实验。

图 4-27 至图 4-30 分别给出了转速 100 r/min、300 r/min、500 r/min 和 700 r/min下电磁转矩脉动随着开通角和关断角变化的仿真数据图。

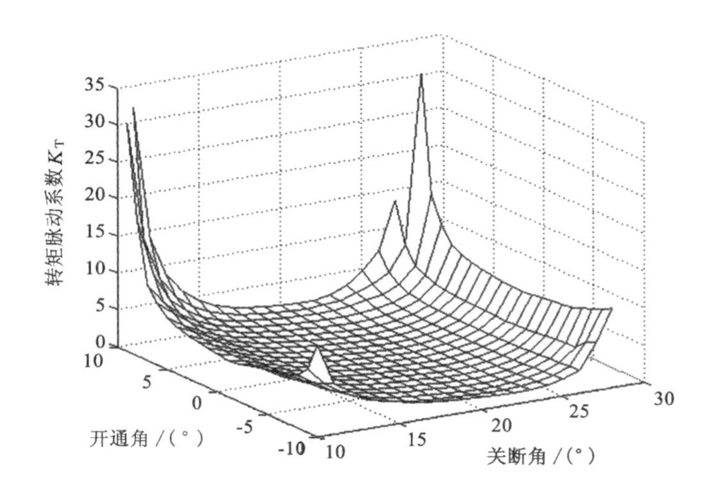

图 4-27　100 r/min 时基于转矩脉动最小的开通角和关断角优化仿真结果

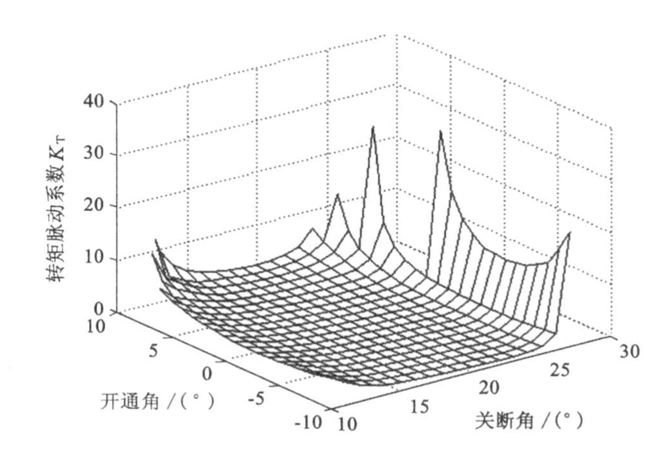

图 4-28　300 r/min 时基于转矩脉动最小的开通角和关断角优化仿真结果

经过优化的各个转速下主开关器件的开通角和关断角转矩脉动最小优化结果见表 4-2。由表 4-2 中的仿真结果可以看出：随着转速的升高，最优开通角逐渐提前，最优关断角逐渐推后。这是因为，随着转速的上升，电流上升时间变短，电流不能充分上升就关断了，导致合成电流峰谷之间间隙变大，同时电磁转矩的脉动也随着电流的变化而变大。通过提前开通角和延后关断角，可以使得电流建立时间变长，合成电流峰谷之间间隙变小，相应的电磁转矩脉动也相应变小。

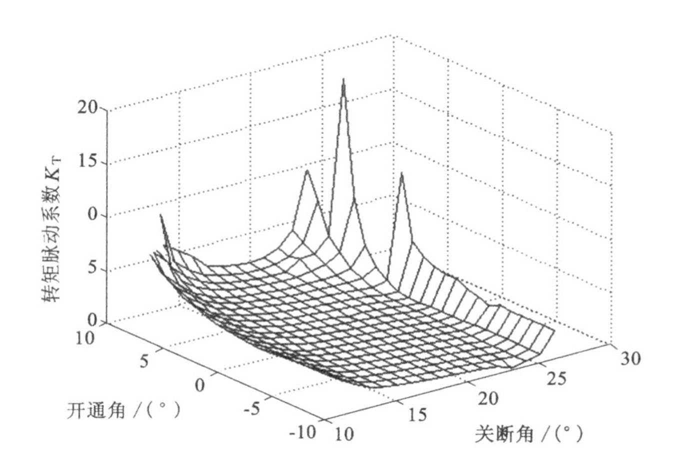

图 4-29 500 r/min 时基于转矩脉动最小的开通角和关断角优化仿真结果

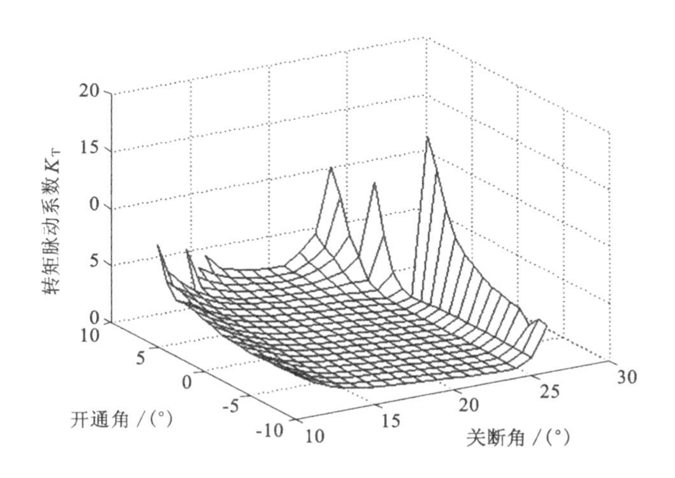

图 4-30 700 r/min 时基于转矩脉动最小的开通角和关断角优化仿真结果

因此，通过控制开通角和关断角，可以改变合成电流的形状，进而改变转矩的形状，转矩脉动的大小也随着改变。在不同的转速下，选择合理的开通角和关断角可以有效地减小电磁转矩脉动，尤其在需要启动比较平稳的情况下。但是，通过提前开通角和推后关断角，如果进入电感下降区域，将产生负转矩。减少转矩脉动是以牺牲电动效率为基础的。合理选择适当的开通角和关断角是十分重要的。

表 4-2　基于转矩脉动最小的开通角和关断角优化结果

转速/r·min^{-1}	最优开通角/(°)	最优关断角/(°)	K_T
100	−3	20	0.838 7
200	−3	20	0.796 2
300	−4	21	0.754 4
400	−4	21	0.721 8
500	−5	22	0.688 9
600	−5	22	0.634 8
700	−6	23	0.573 1
800	−6	24	0.532 4

4.4　启动控制策略研究

4.4.1　从静止到运行的启动控制

根据种类的不同，电机主要有直接启动和间接启动两种启动方式。大部分电机都采用直接启动方式。直接启动方法下，电机启动速度快、时间短，但是由于初始启动相当于堵转启动，启动电流可能会达到电机额定电流的数倍，有可能会损坏功率变换器的主开关器件。过大的启动电流对功率变换器提出了更高的要求，增加了系统的成本和不可靠性。同时过大的启动电流会散发较大的热量，对功率控制器的散热和绕组绝缘层的要求也更高。直接启动时，如果不对转矩加以控制，瞬间转矩过大，对电机轴承等设备都会产生较大的冲击，长时间如此会减少轴承的使用寿命。为了克服这一缺点，需要通过控制启动电压或者启动电流来实现对电机的启动过程转矩的控制，实现电机的平稳启动[80-81]。多家传动控制公司推出了智能软启动控制系统。软启动控制器可以实现较好的启动性能，但是成本都很高，而 SRM 由于研究时间较短，并没有成品的软启动控制器可以使用。

SRM 电机启动转矩大、启动电流小，在大部分场合都可以直接启动。但是，如果负载较大，启动电流仍然会达到额定电流的几倍高，这对系统是不利的。因此，为了获得合适的启动效果，使得启动转矩足够大而且不超过限制，就必须合理地控制启动电流的大小。由于本书在 SRM 启动控制中采用电压 PWM 控制方法，因此控制启动电流的大小就是合理控制启动初始电压 PWM 波的占空比。

为了测试不同初始电压 PWM 占空比对启动时间、启动的电流的影响,采用启动/发电一体化仿真平台,对不同占空比下的启动情况进行仿真。设定转速为 800 r/min,启动负载为 10 ,启动占空比从 5%一直到 100%,每隔 5%测试一次,图 4-31、图 4-32 和图 4-33 分别是电压 PWM 初始占空比为 30%、60%和 80%时的启动转速和电流仿真波形。具体的实验数据见表 4-3。

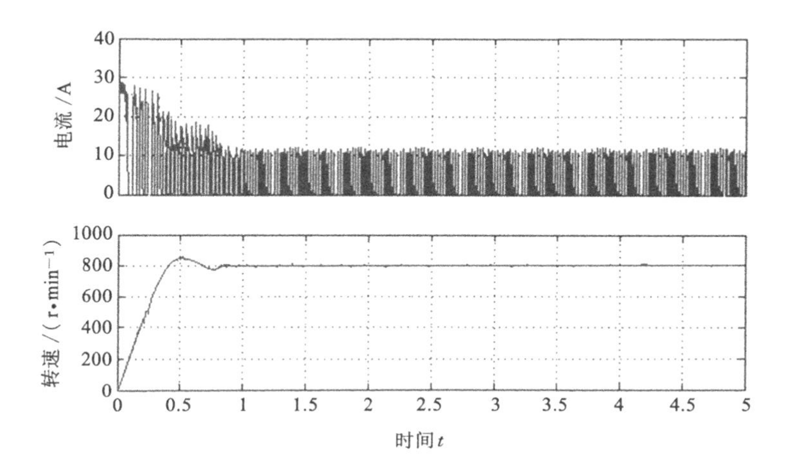

图 4-31 初始电压 PWM 占空比 80%时的启动仿真结果

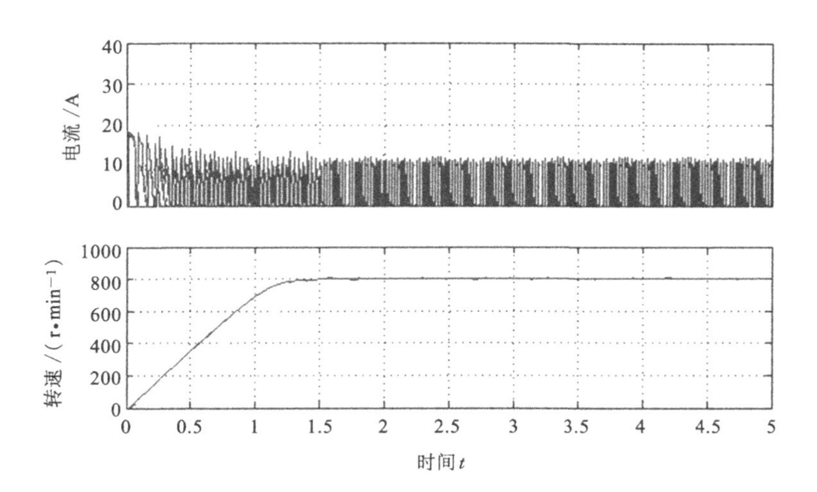

图 4-32 初始电压 PWM 占空比 50%时的启动仿真结果

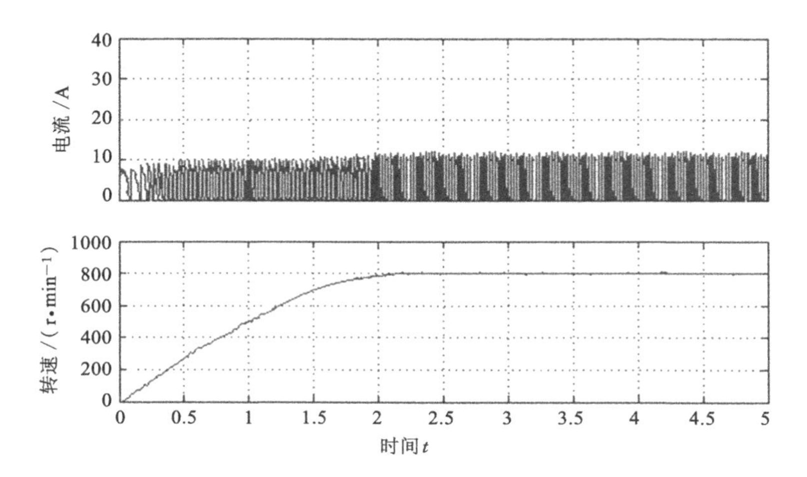

图 4-33　初始电压 PWM 占空比 30%时的启动仿真结果

表 4-3　不同初始电压 PWM 占空比下的启动仿真结果

初始占空比 /%	启动时间 (t)	初始启动电流 /A	初始占空比 /%	启动时间 (t)	初始启动电流 /A
5	启动失败	无	55	1.25	19
10	启动失败	无	60	1.16	21
15	启动失败	无	65	1.03	22
20	启动失败	无	70	0.92	24
25	3.85	6	75	0.81	25
30	2.23	8	80	0.72	28
35	2.01	11	85	0.51	31
40	1.75	14	90	0.34	33
45	1.59	16	95	0.26	34
50	1.34	18	100	0.21	37

由仿真结果可知:初始电压 PWM 占空比的大小对启动过程影响很大,初始占空比越大启动时间越短,同时启动电流也越大,反之启动时间越长,启动电流也越小。初始占空比如果太小的话,电机的电流和电磁转矩也很小,轻则造成启动过程时间过长,重则造成启动失败,影响启动性能;初始电压 PWM 占空比如果较大,初始电流峰值过大,对功率变换器的冲击比较严重,轻者造成电流保护动作,重者造

成器件损坏。因此,需要根据不同的情况,合理调节初始电压 PWM 占空比,使得电流不超过限制,启动速度又尽可能快,才能更好地启动 SRM。

不同的负载情况下,初始电压 PWM 波占空比有差别。为了合理控制启动初始电压 PWM 波占空比,本书设计了一种基于模糊控制的自适应初始电压 PWM 占空比估测方法,该算法的流程如图 4-34 所示。初始 PWM 占空比由上一次启动的模糊控制器计算给出;启动开始以后,适当延时计算当前电机转速,如果转速为零,说明电机启动失败,电压 PWM 占空比自动增加,并延时重复计算电机转速;如果电机转速不为零,说明电机启动成功。电机启动成功后,计算启动阶段的加速度,如果加速度过大,说明初始 PWM 占空比过大,下次启动需要减小;如果加速度过小,说明初始 PWM 占空比过小,下次启动需要增加。具体初始电压 PWM 占空比的修改由模糊控制器根据给定启动加速度和实际的加速度来给出。

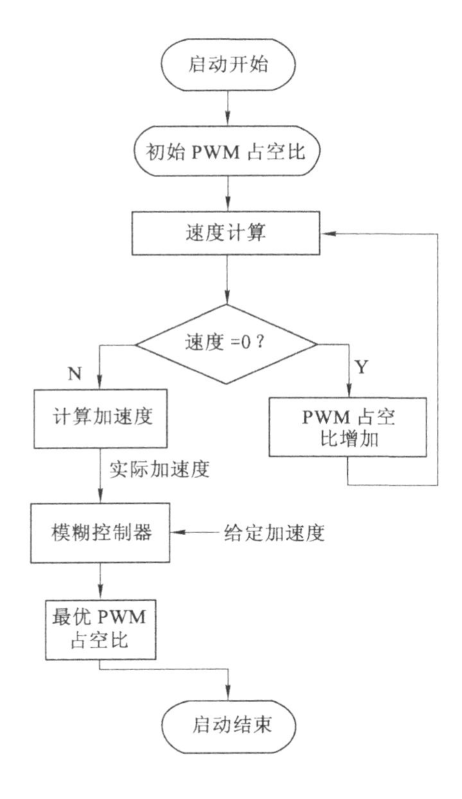

图 4-34　初始电压 PWM 估测过程

利用基于模糊控制的自适应初始电压 PWM 占空比估测方法，可以方便地根据不同的负载情况和启动要求来调节启动过程。可以让电机系统快速启动，却又让电流的大小在功率主开关允许的范围之内。该方法实现了系统的软启动。

4.4.2 基于启动转矩最大的启动控制策略

大部分启动/发电系统启动过程都要求能够以最大的电磁转矩启动，尽快地带动发动机运行到怠速以上点火运行。启动/发电系统启动过程可以采取的控制策略较多，如传统的数字 PI 控制、模糊控制、神经网络控制、滑模控制等。SRM 是一个严重非线性的控制系统，传统的 PI 控制方法很难在多变的参数和负载情况下获得性能优良的启动效果。而神经网络控制、模糊控制智能控制方法，一般都需要性能较高的控制器，设计也比较复杂。滑模控制是一种先进的控制方法，它具有响应速度快、实现简单、不需要控制对象的具体数学模型、对控制系统的参数和扰动不敏感等优点[82-83]。但是滑模控制也存在缺陷，当控制对象接近滑模线时，容易产生控制振荡。而传统的 PI 控制可以在小范围内实现精度较高的控制效果。因此，本书采用滑模 PI 的控制策略，即在转速误差较大的时候，采用滑模控制，实现转速的快速上升；当转速误差在一定的范围之内的时候，采用 PI 控制方法，实现转速的微调，避免了滑模控制的振荡。通过对启动进行分段控制，综合了两种控制方法的优点，实现了启动控制的快速性和稳定性。

基于滑模 PI 控制的转矩最大启动控制算法流程如图 4-35 所示。启动开始时，系统采用滑模控制方法，使得电机转速能够迅速地上升；当启动基本完成，给定怠速转速和实际转速差小于设定的转速差时，采用 PI 算法，使得转速能够平稳地接近给定转速。控制器的输入为转速差和，输出为控制信号电压 PWM 占空比。

其中模拟 PI 控制器算法为：

$$u = K_{\mathrm{p}}\left(e + \frac{1}{T_i}\int e\mathrm{d}t\right) \tag{4-10}$$

将式(4-10)离散化，可以得到数字 PI 调节器算式：

$$\Delta u(k) = K_{\mathrm{p}}\left\{e(k) - e(k-1) + \frac{T}{T_i}e(k)\right\} = K_{\mathrm{p}}[e(k) - e(k-1)] + K_{\mathrm{I}}e(k) \tag{4-11}$$

其中滑模调节器的输入为给定转速、实际转速，输出为电压 U，定义

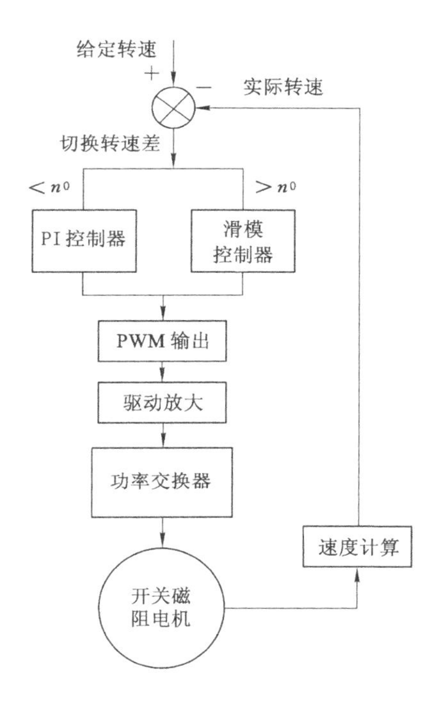

图 4-35　基于滑模 PI 控制的转矩最大控制算法

$$x_1 = n^* - n \tag{4-12}$$

$$x_2 = \dot{x}_1 = -\dot{n} = -a \tag{4-13}$$

选取切换函数

$$S_n = x_1 + \lambda \cdot x_2 = n^* - n - \lambda \cdot a \tag{4-14}$$

式中，a 为电机的加速度，λ 为正的时间常数，也就是采样时间，滑模面 $S_n = 0$ 为一条直线。

功率变换器采取斩单管方式调整相绕组供电电压 U，其控制规律如下

$$u = \begin{cases} U & S_n \geqslant 0 \\ -U & S_n < 0 \end{cases} \tag{4-15}$$

4.4.3　基于转矩脉动最小的启动控制策略

SRM 系统中，转矩控制一直是较难解决的控制参数。这主要和转矩的获取难度有关，采用转矩传感器来实现转矩的测量需要很高的成本，无法在实际应用中大批量的推广。而通过测量 SRM 绕组的电压、电流，通过公式求导出电磁转

矩的方法，理论上效果很好。但是应用的时候，对控制器的采样速度和计算速度有着很高的要求。同时，数学计算的时候，由于忽略了一些计算参数，计算出来的电磁转矩和实际的电磁转矩有着较大差别。因此，转矩的直接控制十分困难。只有采用间接的控制方法对转矩进行控制。

根据 SRM 启动控制的特殊应用环境，本书采用恒加速度启动方式，对转矩脉动最小的启动进行控制。

根据 SRM 转子机械运动方程：

$$T_e = J\frac{\mathrm{d}^2\theta}{\mathrm{d}t^2} + D\frac{\mathrm{d}\theta}{\mathrm{d}t} + T_L \tag{4-16}$$

而$\frac{\mathrm{d}\theta}{\mathrm{d}t}=\omega$，$\frac{\mathrm{d}^2\theta}{\mathrm{d}t^2}=\frac{\mathrm{d}\omega}{\mathrm{d}t}=a$，因此式(4-16)可变为：

$$T_e = Ja + D\omega + T_L \tag{4-17}$$

其中，J 为 SRM 的转动惯量，D 为黏性摩擦系数（其中 $J \gg D$），θ 是电机转子位置，ω 是电机角速度，a 是电机转子的角加速度。电机启动时，转速较低，黏性摩擦系数 D 很小，可以近似认为系统的黏性转矩 $D\omega$ 近似为 0，则式(4-17)可以表示为：

$$T_e = Ja + T_L \tag{4-18}$$

由式(4-18)可知，通过控制加速度保持稳定就可以控制电磁转矩，使之随着发动机的阻转矩变化而变化，使转速平稳上升。启动/发电由于结构和功率变换器严重的非线性，它的启动转矩脉动是较大的，而一般的控制方法无法直接控制转矩。本书采用加速度控制，间接地控制了启动转矩，可以对启动过程中较大的转矩脉动进行消减。

为了实现对加速度的高性能控制，同样采用滑模 PI 的控制方法对加速度进行恒定控制，算法流程如图 4-36 所示。当实际加速度和目标加速度的差大于设定的加速度差时，采用滑模控制算法，使得加速度以最快的速度逼近目标加速度；在加速度差达到设定的加速度差时，采用 PI 算法，使得加速度能够平稳地接近给定加速度。具体的 PI 和滑模算法和上面类似。因此，通过滑模 PI 控制算法，可以快速而且准确地控制加速度，也就间接控制了启动转矩。

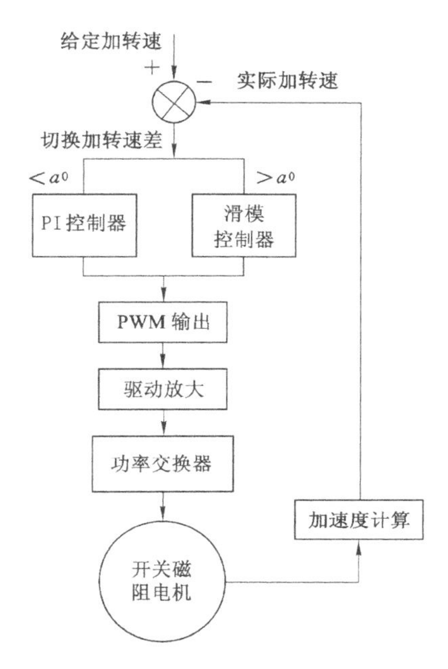

图 4-36　基于滑模 PI 控制的转矩脉动最小控制算法

4.5　样机启动实验结果

为了验证本章提出的开关磁阻启动/发电系统启动控制方法，采用建立的开关磁阻启动/发电一体化样机实验平台进行启动控制实验。分别对从静止到转动、转动以后对转矩最大和转矩脉动最小两种控制方法进行了实验验证。

4.5.1　从静止到运行的实验验证

根据自适应初始电压 PWM 占空比估测方法，对 SRM 由静止到运行的初始状态进行了样机实验。图 4-37 和图 4-38 分别是初始电压 PWM 占空比 30% 和 80%的启动电流波形，可以看出，30%占空比启动时，瞬间最大启动电流为正常运行时电流的 60%，电机可以正常启动，但启动时间为 1.8 s，启动速度较慢；80%占空比启动时，瞬间最大启动电流为正常运行时电流的 200%，启动时间为 0.8 s 左右，启动速度快，但是有 15%左右的超调。图 4-39 所示是经过几次启动之后，自适应初始电压 PWM 占空比估测方法发挥了作用，将启动电流限制在比较合理的大小。此时，启动电流大概为正常运行时电流的 140%左右，启动时间为 1.2 s 左右，转速基本没有超调。因此自适应初始电压 PWM 占空比估测方法通过合理控制启动 PWM 的占空比，既可以速度较快地启动电机，又不会电流过大，对启动过程是比较有利的。

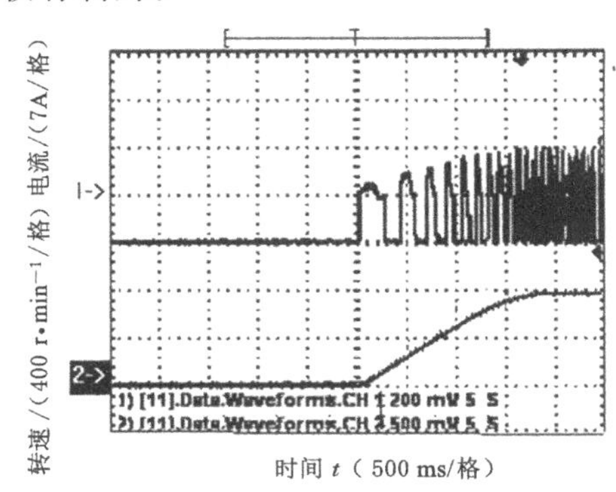

图 4-37　初始电压 PWM 占空比 30%启动电流波形

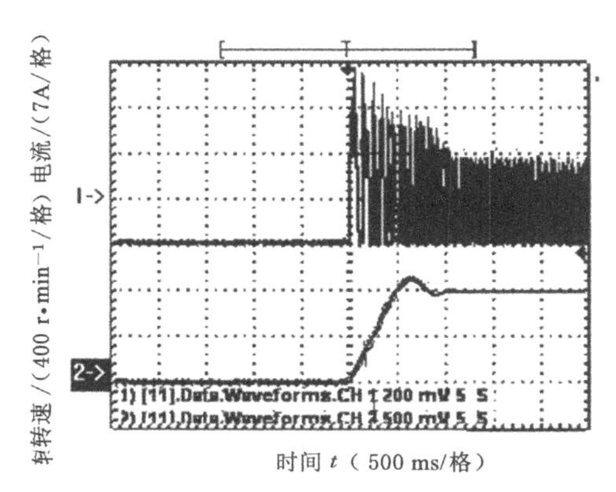

图 4-38　初始电压 PWM 占空比 80%启动电流波形

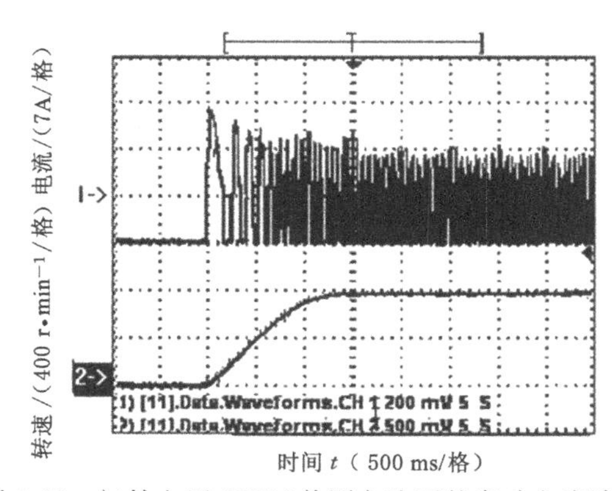

图 4-39　初始电压 PWM 估测方法下的启动电流波形

4.5.2　运行之后的控制策略

为了验证本章设计的基于启动转矩最大和启动转矩脉动最小这两种启动控制方法的实际效果，采用第2章建立启动/发电一体化样机实验平台，分别对不同转速下两种启动控制方法进行了对比。图4-40、图4-41分别给出了400 r/min时，基于转矩最大和转矩脉动最小两种情况下的电流和转速启动实验波形，图4-42、图4-43分别给出了600 r/min时，基于转矩最大和转矩脉动最小两种情况下的电流和转速启动实验波形，图4-44、图4-45分别给出了800 r/min时，基于转矩最大和转矩脉动最小两种情况下的电流和转速启动实验波形。

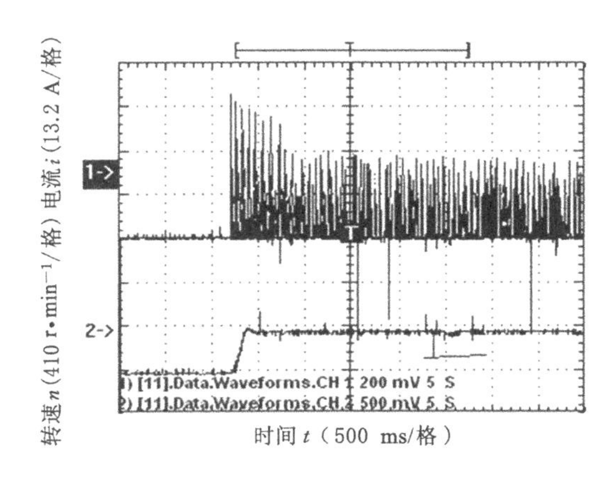

图4-40　400 r/min时基于转矩最大启动实验波形

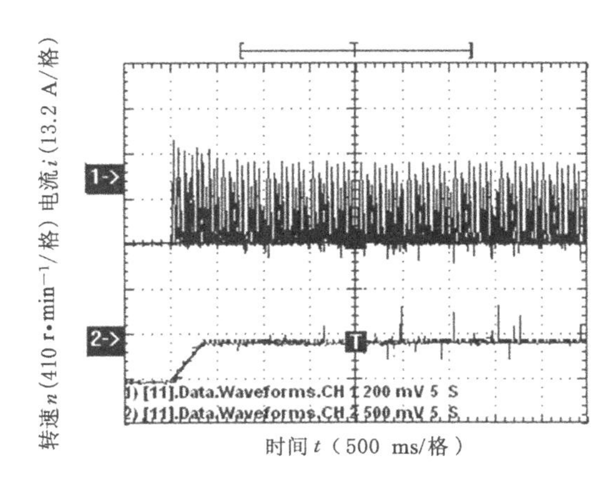

图4-41　400 r/min时基于转矩脉动最小启动实验波形

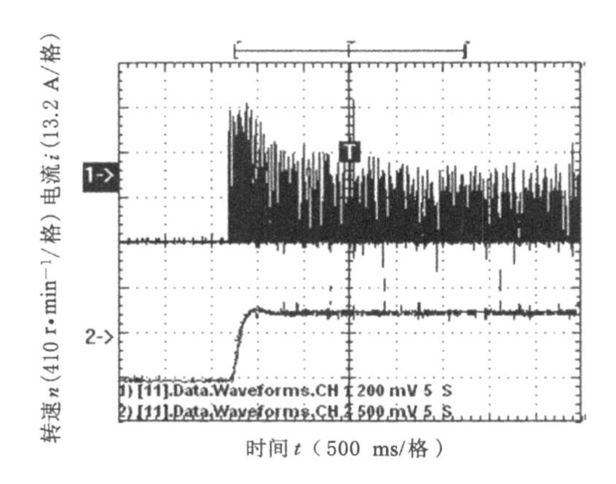

图 4-42　600 r/min 时基于转矩最大启动实验波形

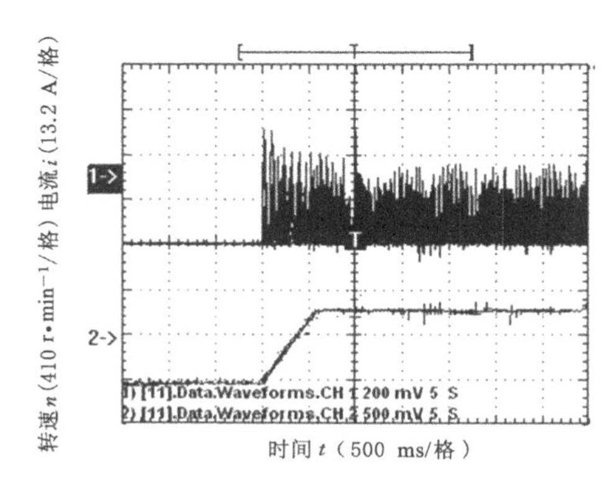

图 4-43　600 r/min 时基于转矩脉动最小启动实验波形

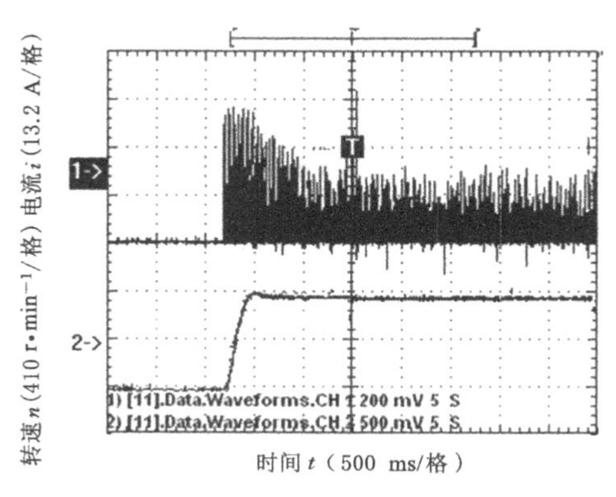

图 4-44　800 r/min 时基于转矩最大启动实验波形

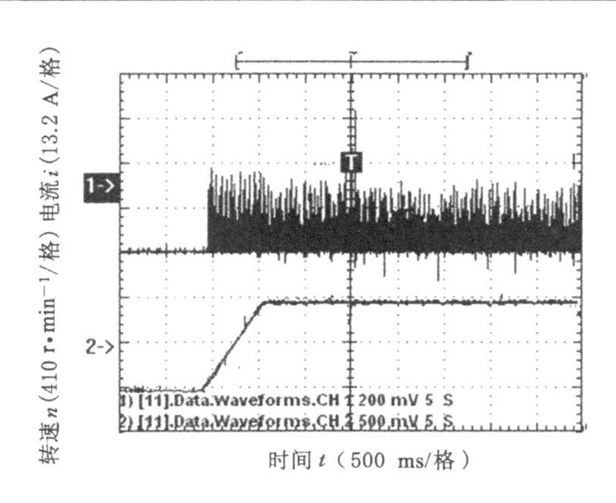

图 4-45 800 r/min 时基于转矩脉动最小启动实验波形

由图可以看出：转速 400 r/min 时，基于转矩最大的启动时间为 0.4 s，启动电流大概为正常的 200%，启动速度较快，基于转矩脉动最小的启动时间为 0.6 s，最大启动电流为正常电流的 120%左右，启动转速沿着恒定的加速度上升；转速 600 r/min 时，基于转矩最大的启动时间为 0.7 s，启动电流大约为正常的 220%，启动速度较快，基于转矩脉动最小的启动时间为 1.1 s，最大启动电流为正常电流的 130%左右，启动转速沿着恒定的加速度上升；转速 800 r/min 时，基于转矩最大的启动时间为 0.8 s，启动电流大约为正常的 210%，启动速度较快，基于转矩脉动最小的启动时间为 1.3 s，最大启动电流为正常电流的 120%左右，启动转速沿着恒定的加速度上升。由于采用滑模 PI 的控制算法，两种启动方式转速超调都比较小。

从对比实验可以看出，基于转矩最大的启动控制方法和基于转矩脉动最小的启动控制方法通过滑模 PI 控制算法，基本都达到了控制要求；基于转矩最大的启动控制方法，启动时间要比基于转矩脉动最小控制方法要短，电流要大；基于转矩脉动最小的控制方法可以使得转速基本呈一条直径上升，速度十分平稳。具体使用何种启动方式，要根据具体的要求来选择。

4.6 本章小结

本章首先对启动/发电系统的启动特性进行了分析，采用开关磁阻启动/发电一体化仿真模型，对启动转矩最大和启动转矩脉动最小两种情况下的主开关器件的开通角和关断角进行了优化仿真，得出了最优开关角。然后设计了基于模糊控制的自适应初始电压 PWM 占空比估测方法,实现了开关磁阻启动/发电系统的软启动。采用滑模 PI 控制算法分别对启动转矩最大和启动转矩脉动最小两种启动过程进行了启动控制策略的设计。最后,在启动/发电实验平台上面对两种启动方法下的启动情况进行了实验验证。实验结果表明:转矩最大启动方法能够迅速地启动样机系统,转矩脉动最小方法启动能够以恒定的加速度平稳地启动样机系统,两种方法超调都较小,可以满足不同的需要。

5 启动/发电系统发电性能研究

5.1 引言

汽车或者飞机的发电机是在发动机正常运行时，由发动机带动，为整个系统提供电源和向电池充电。目前，汽车和航空用发电机主要有直流发电机和交流发电机两种。但是由于直流发电机存在较多问题，交流发动机已经基本占领了车载发电机的市场。爪极式交流发电机由于成本低、结构简单、性能可靠，是目前应用的最广泛的一种车载发电机[82]。但是爪极式发电机存在着噪声大、输出功率小的缺点，普通的爪极式发电机只有50%左右的效率，燃油利用率很低。开关磁阻发电机(SRG，Switched Reluctance Generator)由于其控制方便、效率高的特点，得到研究者的关注[83-86]，近年来有了长足的发展，尤其在风力发电控制系统中的应用比较成功。SRG主要有以下优点：由于本身的双凸极机构和只有定子有绕组，可以适应高速、高温等恶劣情况，适用于汽车、飞机等系统；其发电效率比较高，尤其在高速情况下，效率一般都能达到80%以上；其输出为脉冲电流，是一种可控电流源，尤其适合为蓄电池充电；过载能力强，多相电机之间的耦合比较弱，缺相能力强，安全性能高。因此将SRG应用到汽车、飞机等独立载体上面，将提高载体的燃油效率、增强系统的生存能力。但是SRG也存在着一些亟待解决的问题：SRG是一个严重非线性的控制系统，通常的线性控制方法难以实现优良的发电性能控制。

根据《汽车用交流发电机技术条件》(QC/T 729—2005)，24 V车载发电机发电性能标准如下：电压波动在0.3 V以内；负载从10%到90%时变化，输出电压变化小于0.5 V；转速在发动机范围之内变化，输出电压变化小于0.3 V。将SRG设计成满足该技术要求的发电系统是本章的目标。

本章首先分析SRG系统的发电原理和励磁方式，利用一体化仿真模型对不同转速下输出电能功率最大和效率最优的开通角和关断角进行了优化仿真；然后分别采用内模PI控制和单神经元PI控制两种智能控制方法对SRG的发电电压闭合控制系统进行了设计；最后利用仿真一体化模型和启动/发电样机平台，将这两种控制器和传统的数字 PI 控制器进行了仿真和实验验证的对比。

5.2 开关磁阻发电机原理与励磁方式

开关磁阻电机发电运行时，将机械能转换成电能，根据能量守恒关系可以得出：

$$W_{mec}=W_e+W_m+W_s \tag{5-1}$$

式中 W_{mec}——输入机械能；

W_m——磁场能力的增值；

W_e——输出电能；

W_s——能量损耗。

如果忽略能量损耗，可以得到开关磁阻发电机的微分方程：

$$\mathrm{d}W_{mec}=\mathrm{d}W_e+\mathrm{d}W_m \tag{5-2}$$

而

$$\begin{cases}\mathrm{d}W_{mec}=T_{em}\cdot\mathrm{d}\theta\\ \mathrm{d}W_e=e\cdot i\cdot\mathrm{d}t=-i\dfrac{\partial\Psi}{\partial i}\mathrm{d}i-i\dfrac{\partial\Psi}{\partial\theta}\mathrm{d}\theta\\ \mathrm{d}W_m=\dfrac{\partial W_m}{\partial i}\mathrm{d}i+\dfrac{\partial W_m}{\partial\theta}\mathrm{d}\theta\end{cases} \tag{5-3}$$

因此，式(5-3) 可以表示为：

$$T_{em}\cdot\mathrm{d}\theta=\left(\frac{\partial W_m}{\partial i}-i\frac{\partial\Psi}{\partial i}\right)\mathrm{d}i+\left(\frac{\partial W_m}{\partial\theta}-i\frac{\partial\Psi}{\partial\theta}\right)\mathrm{d}\theta \tag{5-4}$$

最终可以得到 SRM 的电磁转矩 T_{em}：

$$T_{em}=i\frac{\partial\Psi(i,\theta)}{\partial\theta}-\frac{\partial W_m(i,\theta)}{\partial\theta}+\frac{\partial W_m^*(i,\theta)}{\partial\theta}=\frac{1}{2}i^2\frac{\partial L}{\partial\theta} \tag{5-5}$$

其中 $W_m^*(i,\theta)$为磁共能。

电机的电压方程为：

$$\pm U=-e=L\frac{\mathrm{d}i}{\mathrm{d}t}+i\omega\frac{\partial L}{\partial\theta} \tag{5-6}$$

其中，当 U 为正时，电机处于励磁阶段，由储能单元供电；当 U 为负时，电机处于发电续流阶段。

在式(5-6) 两边同时乘以电流 i，就可以得出系统的功率方程：

$$\pm Ui=Li\frac{\mathrm{d}i}{\mathrm{d}t}+i^2\omega\frac{\partial L}{\partial\theta}=Li\frac{\mathrm{d}i}{\mathrm{d}t}+\frac{1}{2}i^2\omega\frac{\partial L}{\partial\theta}+T_m\cdot\omega \tag{5-7}$$

其中 $Li\frac{\mathrm{d}i}{\mathrm{d}t}+\frac{1}{2}i^2\omega\frac{\partial L}{\partial\theta}$ 为磁场功率的变化，$T_m\cdot\omega$ 为输入机械功率。

因此，SRG 运行时，机械能使得绕组发生转动，电机的磁链变化产生了运动电势，运动电势最终使磁场产生电能。

开关磁阻发电机发电运行主要有两种工作方式：自励发电方式和他励发电方式。自励发电模式主电路如图 5-1 所示，当开始建压的时候，控制开关 S_7 打开，由电源 U_S 给系统提供初始励磁；当电压建立好之后，控制开关 S_7 关闭，由系统自己励磁。他励发电模式主电路如图 5-2 所示，励磁始终由外部电源 U_S 提供，励磁和发电续流电路是独立开来的。自励发电模式和他励发电模式各有优缺点：自励模式除初始励磁外，不需要外加电源，可以减少系统的体积和质量；但是，当用电负载波动较大，或者机械输入变化较大时，容易产生电压波动，对发电性能有一定影响，对控制要求较高；他励模式正好相反，由于采用独立的励磁电源，发电性能较好，可控性能高，但是必须增加励磁电源。为了综合这两种发电模式的优点，避免它们的缺点，本书采用一种可控的励磁方式，如图 5-3 所示，既可以进行自励发电模式，又可以进行他励发电模式。车载电源随着车辆运行状况的不同，有时处于能量充满的状态，有时候处于能量缺欠状态。当车载电池处于充满状态时，可以关闭开关 S_8，打开开关 S_7，进行他励发电模式，为系统提高性能较好的电能；当电池能量低于一定值时，关闭开关 S_7，打开开关 S_8，进行自励发电模型，既为负载提供能量，又给电池充电。这种励磁方式，结合了两种单独的励磁方式的优点，在车辆上面具有较高的应用价值。

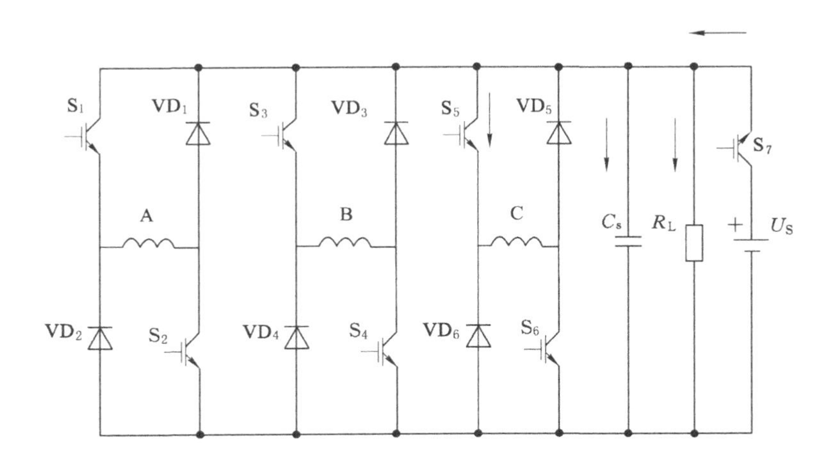

图 5-1　自励发电模式主电路

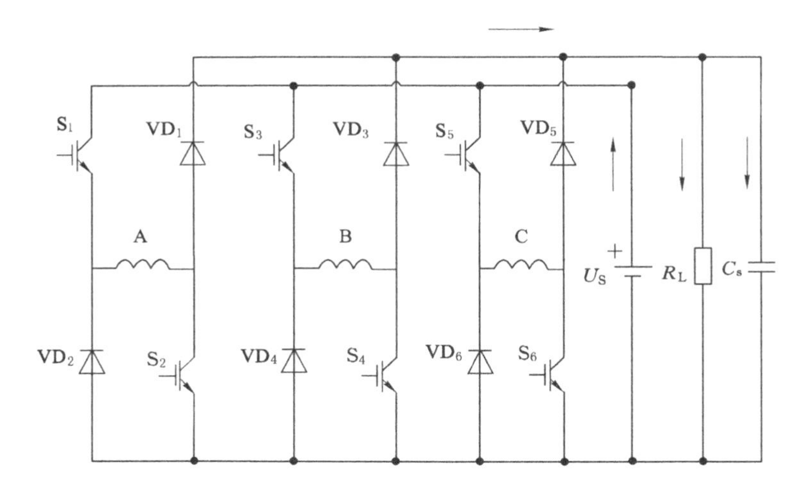

图 5-2 他励发电模式主电路

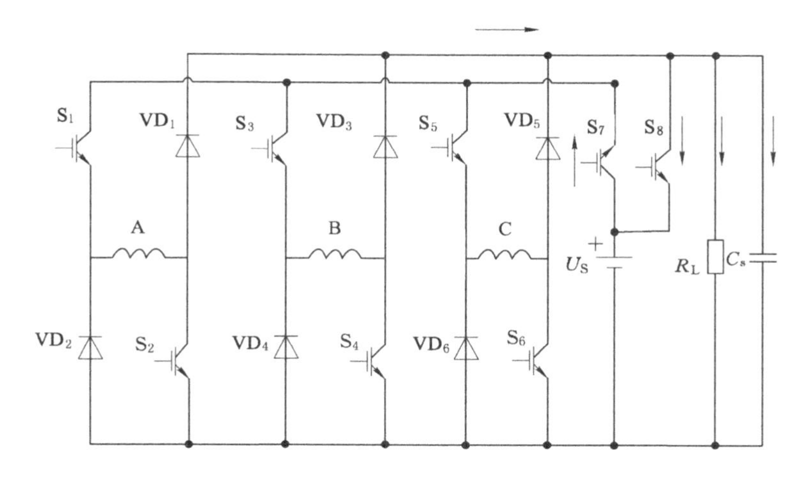

图 5-3 可切换励磁模式主电路

5.3 开关磁阻发电机发电性能分析与角度优化

SRG 控制灵活，可以通过控制开通角、关断角、绕组电压和电流来调节输出电压。根据控制参数的不同，主要可以分为电流斩波控制、电压 PWM 控制和角度位置控制三种方法[87-88]。

通常电流斩波控制固定开通角和关断角，利用主开关管的开通和关断将电流限制在设定的范围之内。电流斩波控制主要有两种方法：限制电流的上下限值法和控制电流上限与恒定主开关关断时间方法。电流斩波控制适用于转速较低的情况，但是电流斩波控制在转速较大时效果并不明显，而且其动态响应较慢，在发电性能要求较高的系统中不太适用。

角度位置控制通过改变主开关器件的开通角和关断角来调节发电电流，实现发电闭环控制。一般在转速较高时，旋转电动势比较大，绕组电流较小，比较适合采用角度位置控制发电方法。通常有固定开通角调节关断角控制方法、固定关断角调节开通角控制方法、同时调节开通角和关断角的方法。为了控制方便，一般采用优化一种角度，实时调节另外一种角度的方法。角度位置控制一般只适合高速状态。

电压 PWM 控制方法一般是固定开通角和关断角，通过调节绕组两端的励磁电压来控制发电输出。电压 PWM 控制方法可控性能高，在高速和低速时都实用。通常有斩双管和斩单管两种控制方法。斩单管控制方法下，发电的噪声、振动和功率损耗都比斩双管要低，因此一般都采用斩单管的方法。电压 PWM 控制方法实现简单，实际采用得较多。

本书采用的是一种不同速度段采用不同的经过优化开通角和关断角的电压 PWM 斩波控制发电方法。通过角度优化提高了发电的效率，而 PWM 电压控制方法可控性能好，利于优化控制得到较好的发电性能。

5.3.1 基于输出功率最大的开通角和关断角优化

同样的励磁电压下，不同的开通角和关断角，输出的发电电流形状是不一样的，对 SRG 的发电功率影响较大。为了获得不同转速下功率最大的开通角和关断角度，本书在开关磁阻启动/发电系统仿真模型的基础之上建立了发电功率计算模块，如图 5-4 所示。其中包括励磁功率计算模块、机械输入功率计算模块和发电功率计算模块。励磁功率计算模块采用励磁电流的有限值和励磁电源的电压的乘积，机械功率计算模块采用系统机械转矩和转速的乘积，发电功率计算模块采用发电电压的平均值和发电电流的有效值的乘积。

为了获得整个速度段功率最大开通角和关断角的优化值，对速度从 100 r/min到速度 2 000 r/min 的发电功率进行了仿真。仿真模型电机为 12/8 结构 3 相开关磁阻电机，负载电阻取 2 Ω，功率 500 W。图 5-5 所示为固定开通角 15°，关断角从 20°到 29°，转速分别为 400 r/min、800 r/min、1 200 r/min 和 1 600 r/min的输出功率仿真结果。可以看出：关断角存在着功率最大优化值，在这个值附近，功率是整个开通角范围最大的，而且随着转速变化最优关断角逐渐变大，这是由于随着转速的升高，需要延长励磁时间来增大励磁电流，从而使

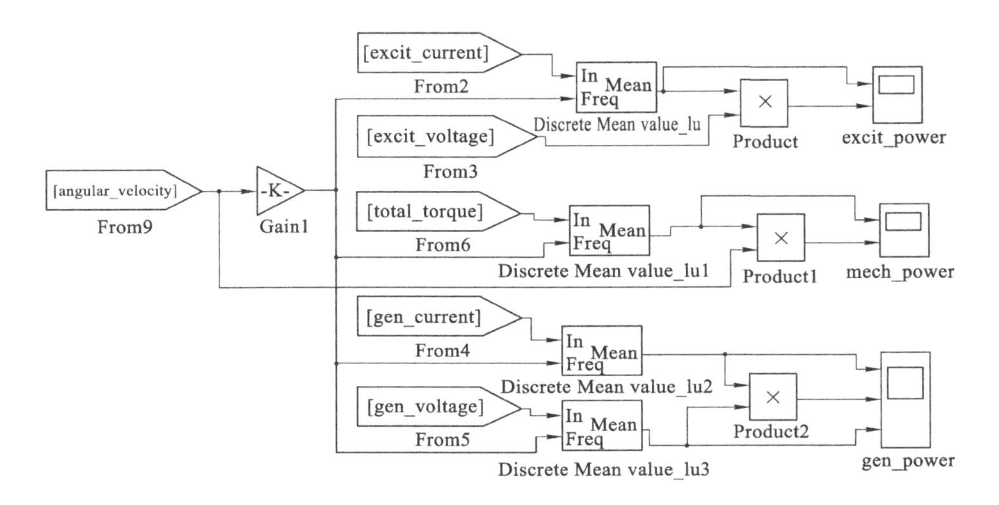

图 5-4　发电功率计算模块

得输出功率增大。图 5-6 所示为固定关断角 28°，开通角从 15°到 20°，转速分别为 400 r/min、800 r/min、1 200 r/min 和 1 600 r/min 的输出功率仿真结果。可以看出：输出功率随着开通角的增大而基本上呈线性减小。随着开通角的变大，绕组励磁时间变短，磁链电流变小，因此发电电流也随着开通角的增大而变小，系统发电功率也随着变小。在同样的开通角和关断角之下，随着转速的升高，发电功率随着转速的上升而变大。

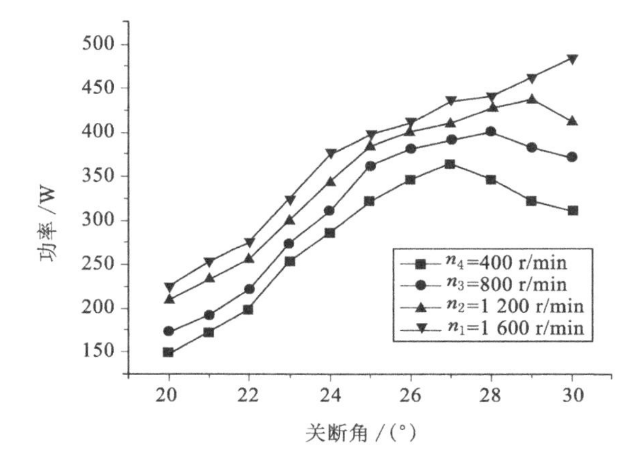

图 5-5　发电功率随转速和关断角变化图

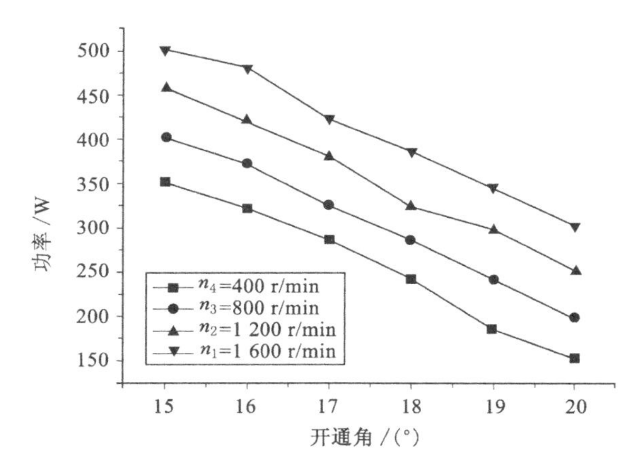

图 5-6 发电功率随转速和开通角变化图

开关磁阻发电机发电效率如果忽略铜耗、铁耗等损耗,可以根据式(5-8)来计算。

$$\eta=\frac{P_{e}}{P_{e}+P_{mec}+P_{exc}}\times 100\% \tag{5-8}$$

式中 P_e——发电功率;

P_{mec}——输入机械功率;

P_{exc}——励磁功率。

为了获得效率最大情况下的开通角和关断角优化值,同样仿照功率最大的开通角和关断角的范围,对速度从 100 r/min 到速度 2 000 r/min 的发电效率情况进行了仿真。图 5-7 所示为固定开通角 15°,关断角从 20°到 29°,转速分别为 400 r/min、800 r/min、1 200 r/min 和 1 600 r/min 的发电效率仿真结果。可以看出在同一速度情况下,发电效率随着关断角的不同变化并不大,基本呈一条直线,随着转速的升高,发电效率也逐渐变大。图 5-8 所示为固定关断角 28°,开通角从 15°到 20°,转速分别为 400 r/min、800 r/min、1 200 r/min 和 1 600 r/min 的发电效率仿真结果。

由仿真结果可以看出,在同一速度情况下,发电效率随着开通角的不同变化也不大,基本呈一条直线,随着转速的升高,发电效率也逐渐变大。所以在功率最大输出一定的范围之内,开关磁阻发电机的发电效率随着开通角、关断角的不同变化并不大,完全可以按照功率最大输出来确定优化的开通角和关断角。

所以,根据功率最大输出和效率最优的仿真结果,我们确定最优的开通角和关断角见表 5-1。

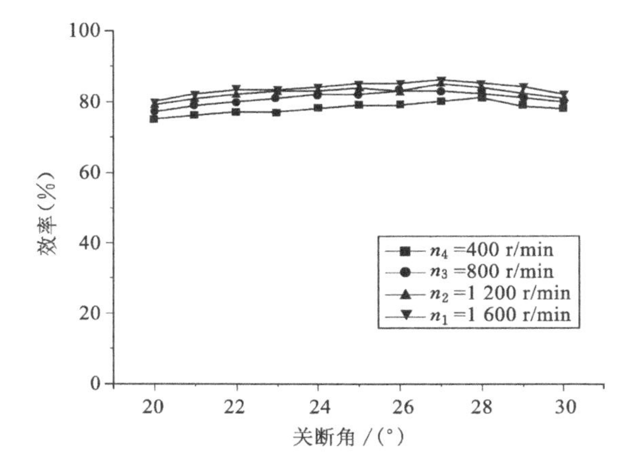

图 5-7 发电效率随转速和关断角变化图

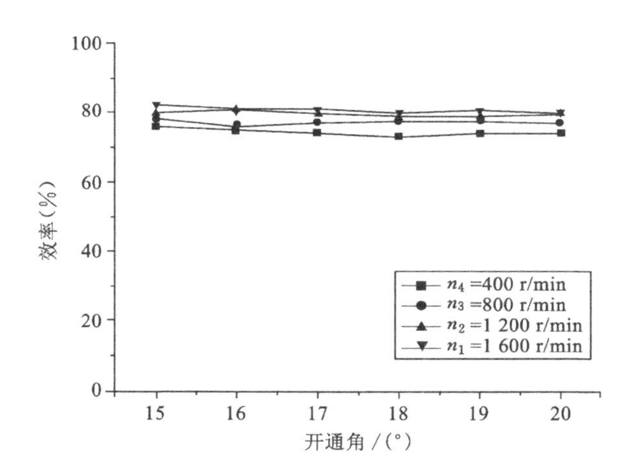

图 5-8 输出效率随转速和开通角变化图

表 5-1 发电最优开通角和关断角

转速/($r \cdot min^{-1}$)	最优开通角/(°)	最优关断角/(°)
200	17	26
400	17	26
600	17	27
800	16	27
1 000	16	28
1 200	16	28

表 5-1(续)

转速/(r·min^{-1})	最优开通角/(°)	最优关断角/(°)
1 400	15	29
1 600	15	29
1 800	15	30
2 000	15	30

5.4 基于内模 PI 控制的启动/发电系统发电设计

根据 SRG 系统严重非线性的特点，本节利用内模控制的原理，对该系统进行了电压闭合控制的设计。

5.4.1 内模控制原理

内模控制(IMC,Internal Model Control)[89]是最近几十年发展起来的一种基于过程数学模型的新型控制器。它在 20 世纪 80 年代初首次提出，由于其不需要被控对象精确的数学模型、结构简单、实现难度小、鲁棒性强、抗干扰能力强而受到研究者的重视。

基于内模控制的诸多优点，本书采用内模控制器的基本原理来设计 PI 算法，将内模控制器 c 设计成 PI 形式[90-91]。内模 PI 控制基本的结构如图 5-9 所示。P 表示实际对象 $P(S)$的简写，p 为对象模型，r 为输入给定，y 为过程输出，$\tilde{y}$ 为模型输出，μ 为过程输入，d 为过程输出上的扰动。通过将对被控对象与其模型相并联，内模控制器逼近控制对象模型的动态逆模型来消除外部扰动，通常还采用一个低通滤波器来提高被控对象的鲁棒性。采用内模控制方法设计的控制系统只有一个需要调节的滤波器参数，比传统的 PI 控制器多个相互关联的参数调节方便很多。

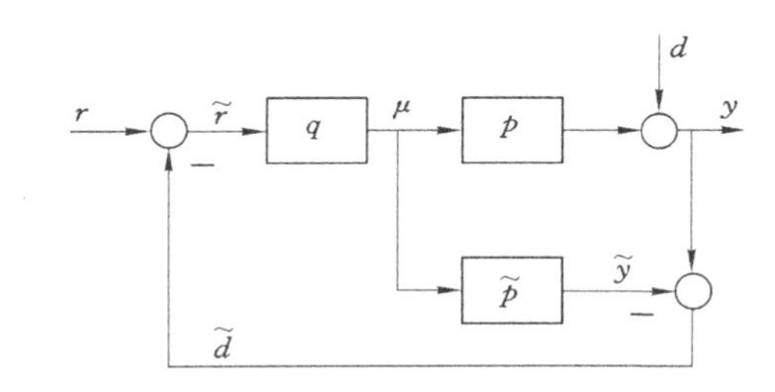

图 5-9 内模控制结构

内模控制结构可以等效变换为图 5-10 的形式，图中虚线包围的部分将 q 和 $\tilde{p}$ 组合成 c，得到一个经典的反馈控制系统 $c=\dfrac{q}{1-\tilde{p}q}$。如果将控制器 c 设计成 PI 形式的控制器，那么就可以实现内模—PI 的设计。因此本书采用内模控制和 PI 相结合的算法，用内模原理来设计传统的 PI 算法，以达到两者的控制优点[5][6]。

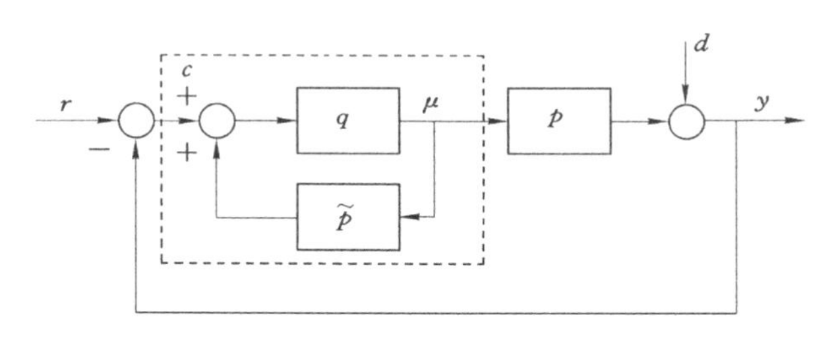

图 5-10 IMC 等效变换图

5.4.2 基于内模 PI 控制的启动/发电系统发电控制器设计

启动/发电系统由于采用双凸极结构、脉冲电流的供电方式存在严重的非线性，很难得到精确的数学模型以及传递函数。而在内模 PI 的设计的中，需要实际控制对象的模型。因此，通过小信号模型的方法来得到近似启动/发电系统的发电模型。

根据 SRG 功率变换器的电路，我们可以得到励磁和发电状态的绕组电压方程：

$$u_{dc}=R_a i+\frac{dL(\theta,t)i}{dt}=R_a i+i\omega K+L\frac{di}{dt} \tag{5-9}$$

$$-u_{out}=R_a i+\frac{dL(\theta,t)i}{dt}=R_a i+i\omega K+L\frac{di}{dt} \tag{5-10}$$

式中 u_{dc}——蓄电池励磁电压；

R_a——绕组电阻；

L——绕组电感；

ω——转速；

K——电感随位置变化的斜率；

i——绕组电流。

为了研究方便，采用小信号模型方法取静态绕组端电压 U_{out}、绕组电流 I 附近的小信号 i、$\hat{u}_{out}$，即

$$u_{\text{out}} = U_{\text{out}} + \hat{u}_{\text{out}} \tag{5-11}$$

$$i = I + \hat{i} \tag{5-12}$$

将式(5-11)、式(5-12)代入式(5-10)可以得到

$$-(U_{\text{out}} + \hat{u}_{\text{out}}) = R_{\text{a}}(I + \hat{i}) + (I + \hat{i})\omega K + L\frac{\mathrm{d}(I + \hat{i})}{\mathrm{d}t} \tag{5-13}$$

去掉静态平衡等式可得

$$-\hat{u}_{\text{out}} = R_{\text{a}}\hat{i} + \hat{i}\omega K + L\frac{\mathrm{d}\hat{i}}{\mathrm{d}t} = R_{\text{a}}\hat{i} + \hat{i}\omega K + Ls\hat{i} \tag{5-14}$$

所以发电电压和发电电流之间传递函数可以表示为

$$G_{i\text{u}} = \frac{\hat{u}_{\text{out}}}{\hat{i}} = -(R_{\text{a}} + \omega K + Ls) \tag{5-15}$$

若把电压斩波控制看成对控制信号的(调节器输出)Δi 的采样过程，并具有放大系数 K_{C} 则可得出电压斩波传递函数，T_{c} 为采样频率。

$$G_{\text{ccc}} = \frac{i}{\Delta i} = K_{\text{C}}\frac{1 - e^{-T_{\text{c}}s}}{s} \tag{5-16}$$

式(5-16)可以采用一小惯性环节来等效，

$$G_{\text{ccc}} = \frac{i}{\Delta i} = K_{\text{C}}\frac{T_{\text{C}}}{1 + T_{\text{C}}s} \tag{5-17}$$

电压采样反馈环节一般也可以用一小惯性环节来等效

$$G_{\text{f}} = K_{\text{f}}\frac{T_{\text{f}}}{1 + T_{\text{f}}s} \tag{5-18}$$

所以开关磁阻启动/发电系统发电开环传递函数可以表示为

$$\begin{aligned} G &= G_{\text{ccc}}G_{i\text{u}}G_{\text{f}} = -K_{\text{C}}\frac{T_{\text{c}}}{1 + T_{\text{c}}s}\cdot(R_{\text{a}} + \omega K + Ls)\cdot K_{\text{f}}\frac{T_{\text{f}}}{1 + T_{\text{f}}s} \\ &= \frac{-K_{\text{C}}T_{\text{c}}K_{\text{f}}T_{\text{f}}\cdot(R_{\text{a}} + \omega K + Ls)}{(1 + T_{\text{c}}s)(1 + T_{\text{f}}s)} = \frac{K_{0}(T_{\text{n}}s + 1)}{(1 + T_{\text{c}}s)(1 + T_{\text{f}}s)} \end{aligned} \tag{5-19}$$

其中 $K_{\text{o}} = -K_{\text{C}}T_{\text{c}}K_{\text{f}}T_{\text{f}}(R_{\text{a}} + \omega K)$，$T_{\text{n}} = \dfrac{1}{R_{\text{a}} + \omega K}$。

在此基础上，采用内模－PI 的方法对开关磁阻 ISG 系统的发电部分进行设计。

因为启动/发电系统的发电传递函数 G 有零点无法直接取逆，因此将 G 分为可逆和不可逆的两部分：

可逆部分

$$G_{-}=\frac{K_{o}}{(1+T_{c}s)(1+T_{f}s)} \tag{5-20}$$

不可逆部分

$$G_{+}=(T_{n}s+1) \tag{5-21}$$

构成加滤波器的理想控制器

$$q(s)=\tilde{q}(s)f(s)=G_{-}^{-1}f(s)=\frac{(T_{c}s+1)(T_{f}s+1)}{K_{o}}\frac{1}{(\lambda s+1)} \tag{5-22}$$

$$c(s)=\frac{q(s)}{1-\tilde{p}(s)q(s)}=\frac{G_{-}^{-1}f(s)}{1-G_{-}G_{+}G_{-}^{-1}f(s)}=\frac{G_{-}^{-1}f(s)}{1-G_{+}f(s)}$$
$$=\frac{\dfrac{(T_{c}s+1)(T_{f}s+1)}{K_{o}}\dfrac{1}{(\lambda s+1)}}{1-(T_{n}s+1)(\dfrac{1}{\lambda s+1})}=\frac{T_{c}T_{f}s^{2}+(T_{c}+T_{f})s+1}{K_{o}(\lambda-T_{n})s} \tag{5-23}$$

传统的 PI 控制器的传递函数为

$$g_{c}(s)=K_{c}[\frac{\tau_{I}\tau_{D}s^{2}+\tau_{I}s+1}{\tau_{I}s}] \tag{5-24}$$

将式(5-23) 重组成式(5-23) 形式,然后乘以$(T_{c}+T_{f}/(T_{c}+T_{f}))$得到

$$c(s)=[\frac{T_{c}+T_{f}}{K_{p}(\lambda-T_{n})}][\frac{T_{c}T_{f}s^{2}+(T_{c}+T_{f})s+1}{(T_{c}+T_{fe})s}] \tag{5-25}$$

$$\tau_{P}=\frac{T_{c}+T_{f}}{K_{p}(\lambda-T_{n})} \tag{5-26}$$

$$\tau_{I}=T_{c}+T_{f} \tag{5-27}$$

根据启动/发电系统的发电小信号模型关系,利用内模控制方法设计出了一个启动/发电系统电压闭环控制器 c_{s}。该控制器与普通的 PI 控制器相比较,内模 PI 控制器只需要调整一个滤波器参数 λ。由于滤波器参数 λ 与控制系统的动静态性能关系密切,比较容易进行滤波器参数 λ 的调节。同时由于内模控制实际上是控制对象逆模型反馈,启动/发电系统在内模控制下,其抗外部和内部的干扰能力很强。

具体的基于内模 PI 控制的开关磁阻启动/发电系统发电电压闭环控制如图 5-11 所示。控制器首先对输出的发电电压进行采样,将输出发电电压和给定发电电压进行比较,得出内模控制器的输入电压差值;内模 PI 控制器根据电压差值得出电压 PWM 控制的占空比,输出到驱动放大电路,并综合经过优化的开通关断角对功率开关管进行控制,调节励磁电流的大小,最终实现对输出电压的控制。

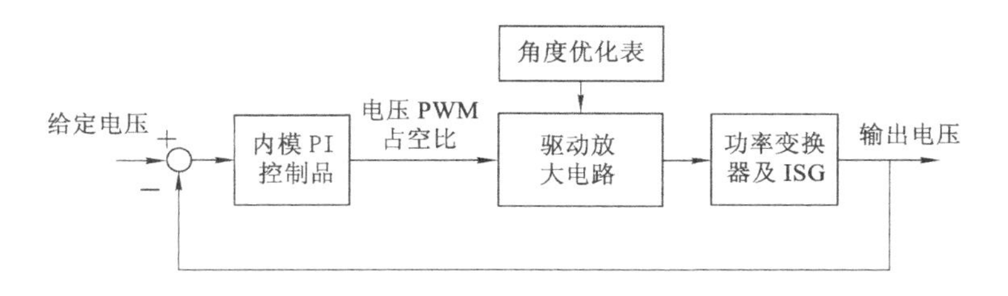

图5-11　基于内模PI控制的开关磁阻启动/发电系统

5.5　基于单神经元PI控制的启动/发电系统发电设计

智能神经网络控制和传统的PI控制相结合的方法，是提高PI控制的控制效果、扩大PI控制在非线性控制中的应用范围的一种行之有效的方法。通常有BP神经网络和PI结合，RBF神经网络和PI结合等方法。为了方便实现控制，本节采用单神经元PI控制方法对开关磁阻发电机系统进行电压闭合控制设计。单神经元PI控制将具有自学习、自适应能力的单神经元和PI控制器结合到一起，综合了传统PI控制和神经网络算法的优点[92-94]。单神经元PI控制算法根据控制参数状态的变化，及时调整加权系数，可以实现控制系统的自组织、自适应功能，具有很强的鲁棒性。将单神经元PI控制算法应用到开关磁阻发电机系统控中，可以提高发电的品质，适应负载的多变性。本书为了实时计算的方便，先对单神经元的神经元个数和神经元的权值进行了优化，简化了实际控制对控制参数实时的修改。

基于单神经元PI控制的启动/发电系统电压闭合控制系统如图5-12所示。单神经元PI控制器是一个具有自学习能力的多输入单输出的非线性处理单元。由图5-12可以看出，给定电压和实际发电电压的差值$z(k)=r(k)-y(k)$是单神经元PI控制器的输入，经过参数转化变成了两个输入x_1和x_2，分别对应PI控制中的比例参数K_P和积分参数K_i，见式(5-28)：

$$\begin{cases} x_1(k)=e(k) \\ x_2(k)=e(k)-e(k-1)=De(k) \end{cases} \tag{5-28}$$

两个输入x_1和x_2经过加权系数w_1、w_2和神经元的比例系数K后，最终变成了单神经元控制器输出，见式(5-29)。

$$u(k)=u(k-1)+K\sum_{i=1}^{2}w'_i(k)x_1(k) \tag{5-29}$$

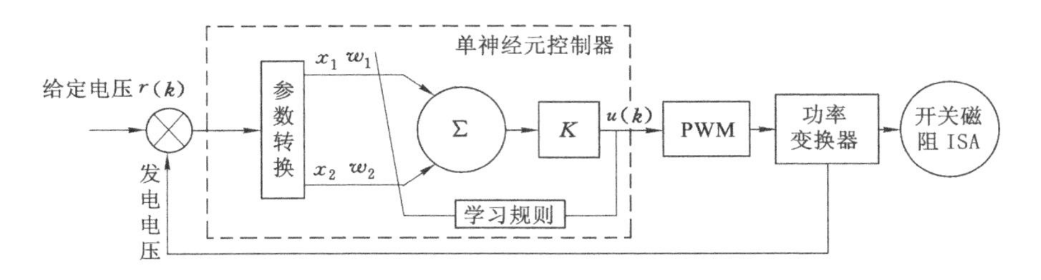

图 5-12　单神经元 PI 控制器结构

其中，$\Delta u(k)=K\sum_{i=1}^{2}w'_i(k)x_1(k)$，是控制器的增量，$w'_i(k)=w_i(k)/\sum_{i=1}^{2}|w_i(k)|$，$w_1$ 和 w_2 分别是 x_1 和 x_2 的权系数，K 为神经元比例系数。

单神经元 PI 控制器通过权系数的自调整、自优化的能力来调整最终的输出结果。因此，权系数的学习规则尤其重要。为了能够迅速、准确地调整权系统，本书采用了最优理论中的二次型性能指标来计算控制率。在加权系数的调整中，加入二次型性能指标，使得输出电压误差和控制增量的加权平方和为最小来调整权系数，从而实现输出误差和控制增量的双重调整。

取性能指标为：

$$E(k)=[P\cdot(r(k)-y(k))^2+Q\Delta^2u(k)]/2 \tag{5-30}$$

其中，P 为输出误差的加权系数，Q 为控制参数增量的加权系数。

w_1 和 w_2 根据学习规则可以得出：

$$\begin{cases}w_1(k)=w_1(k-1)+\eta_1K\left[Pb_0z(k)x_1(k)-QK\sum_{i=1}^{2}w_i(k)x_i(k)x_1(k)\right]\\ w_2(k)=w_2(k-1)+\eta_2K\left[Pb_1z(k)x_2(k)-QK\sum_{i=1}^{2}w_i(k)x_i(k)x_2(k)\right]\end{cases} \tag{5-31}$$

其中，η 为学习率，η 越大学习速度越快，η 越小学习速度越小。

单神经元自适应 PI 控制器算法如图 5-13 所示，单神经元 PI 控制器采用学习规则后，根据被控对象的状态变化，可以自动地调整神经元系数，相当于一个变系数的自适应 PI 控制器。此时，系统的动静态性能只依赖于输入输出信号，受系统模型和参数变化的影响较小。

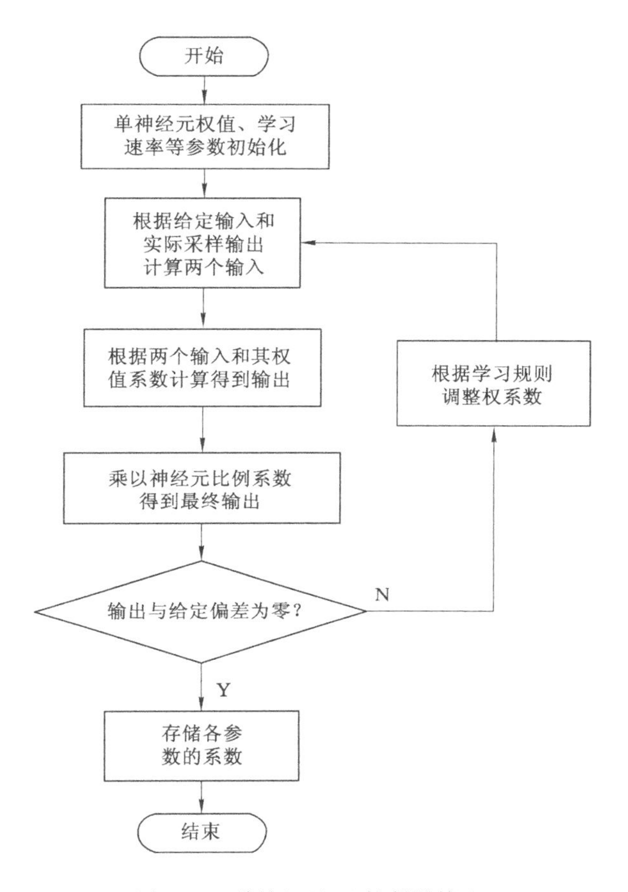

图 5-13 单神经元 PI 控制器算法

5.6 仿真结果分析

上面两节分别设计了基于内模 PI 控制和基于单神经元 PI 控制的 SRG 电压闭环控制系统。为了验证所设计的控制器的性能，本节采用建立好的一体化仿真模型，分别对内模 PI 控制、单神经元 PI 和传统的数字 PI 控制进行了发电仿真研究。电机为 12/8 结构的开关磁阻电机，额定功率 500 W。为了方便对比，分别对三种控制器下的建压情况、突加突卸负载情况、内部扰动情况进行了仿真。

5.6.1 建压情况仿真

SGS/G 系统中，电动运行和发电运行的切换频繁。根据车载设备的要求，从开始发电到输出稳定的电压必须时间短、超调小、稳态静差小和稳态波动小。本节利用提出的一体化仿真模型对内模 PI 控制、单神经元 PI 控制下和传统数字 PI 控制的启动/发电系统的发电建压情况分别进行了仿真。

图 5-14 至图 5-16 分别是转速 800 r/min，负载为 200 W 时三种控制方法下的发电建压和电流仿真结果。

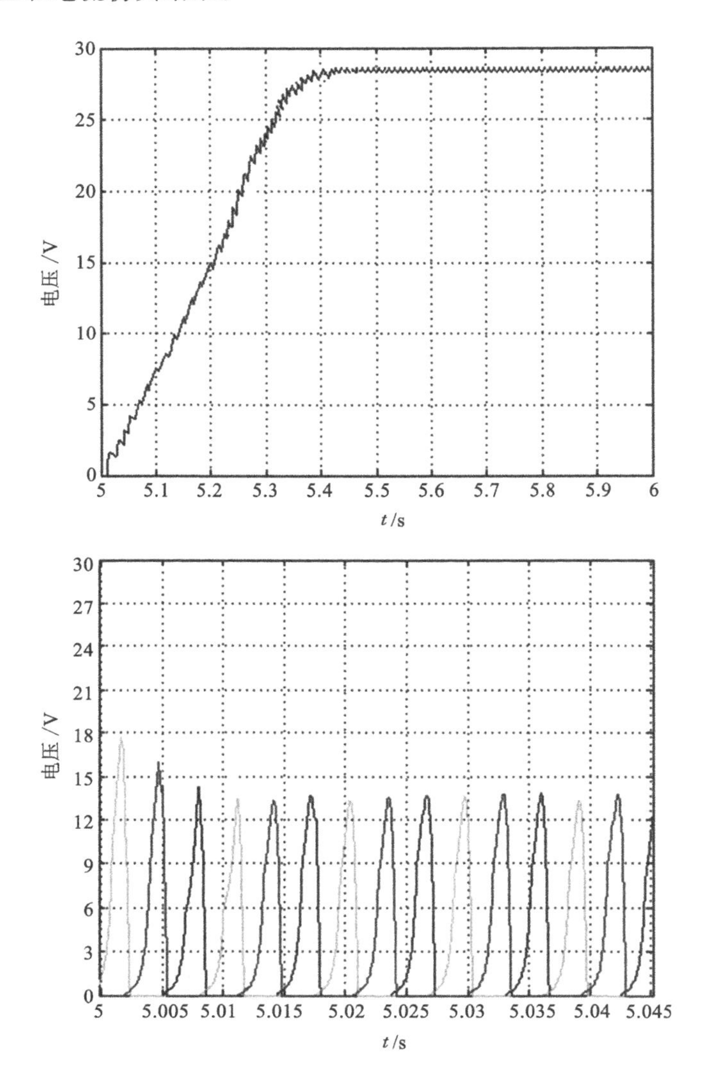

图 5-14　800 r/min 基于内模 PI 控制的发电仿真结果

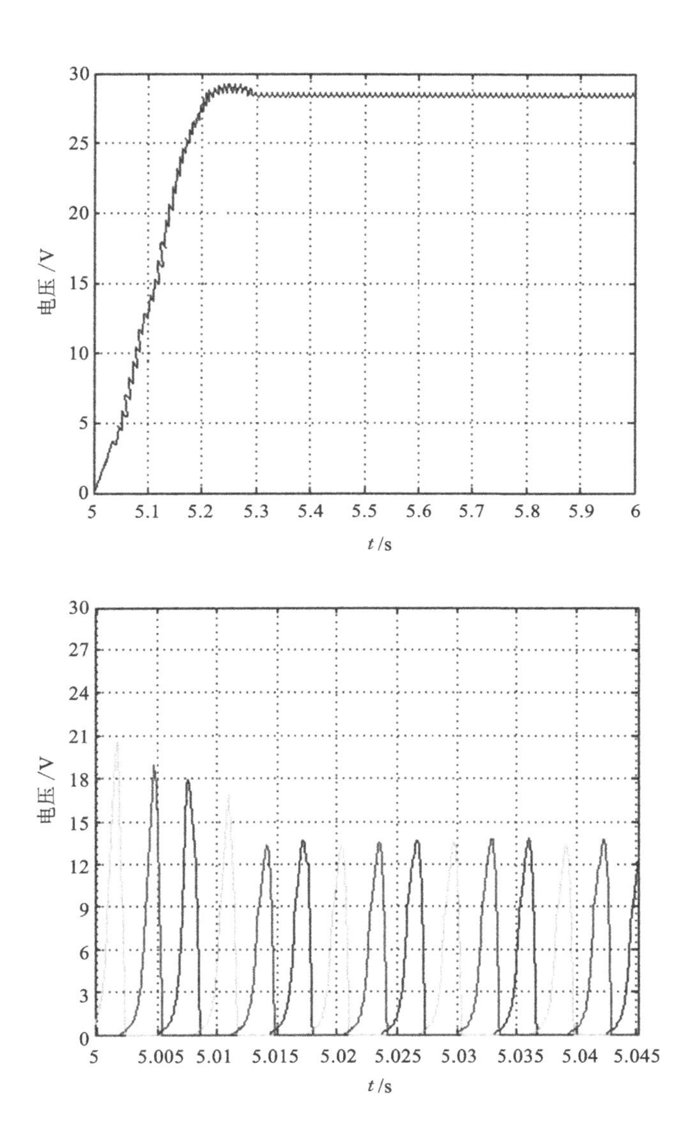

图 5-15　800 r/min 基于单神经元 PI 控制的发电仿真结果

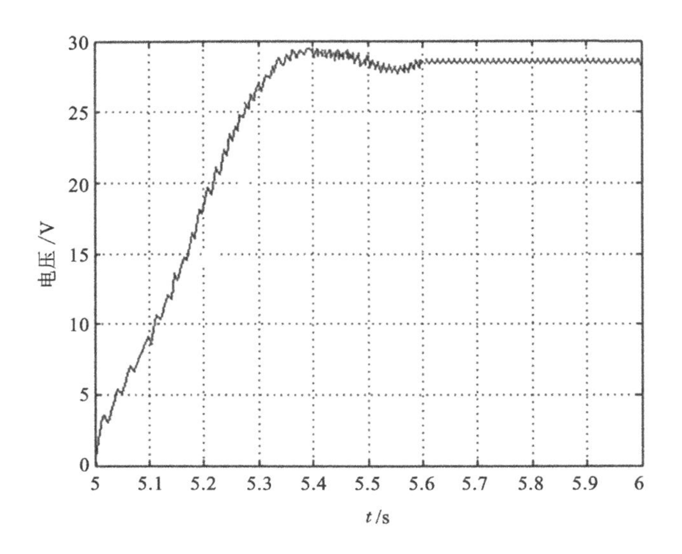

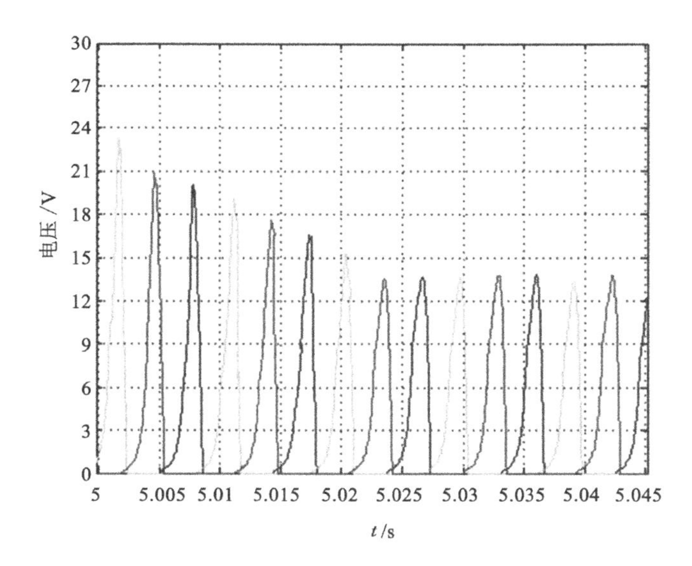

图 5-16　800 r/min 普通数字 PI 控制的发电仿真结果

图 5-17 到图 5-19 分别是转速 600 r/min,负载为 200 W 时三种控制方法下的发电建压和电流仿真结果。

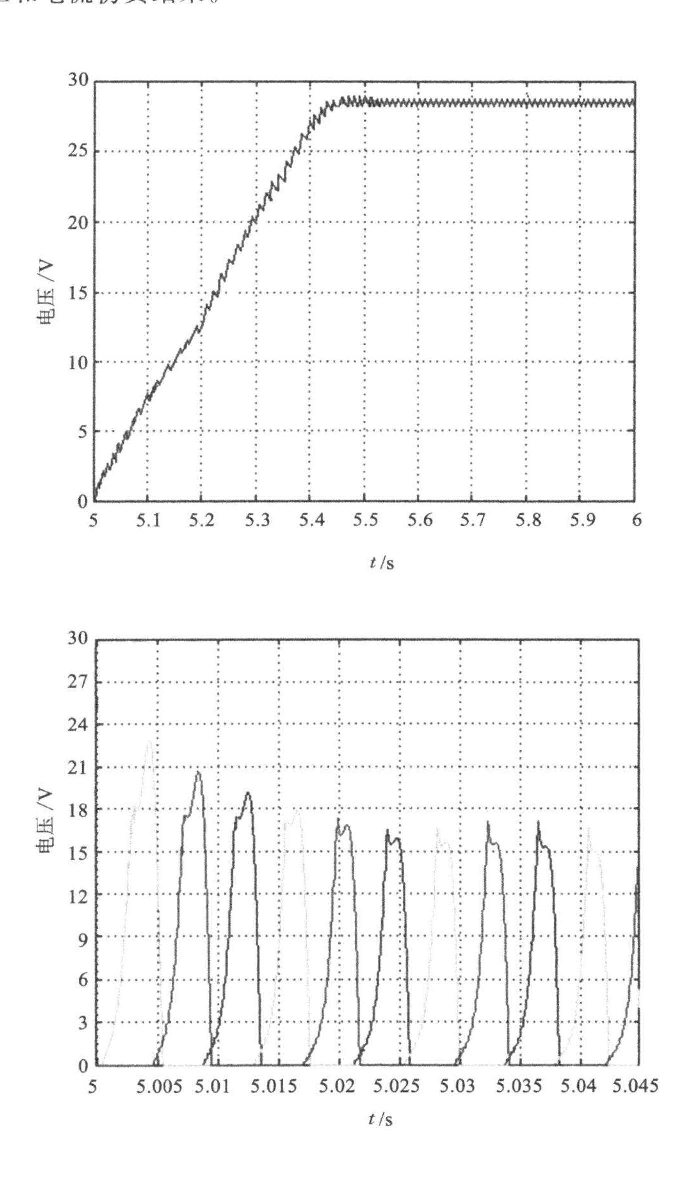

图 5-17　600 r/min 基于内模控制的发电仿真结果

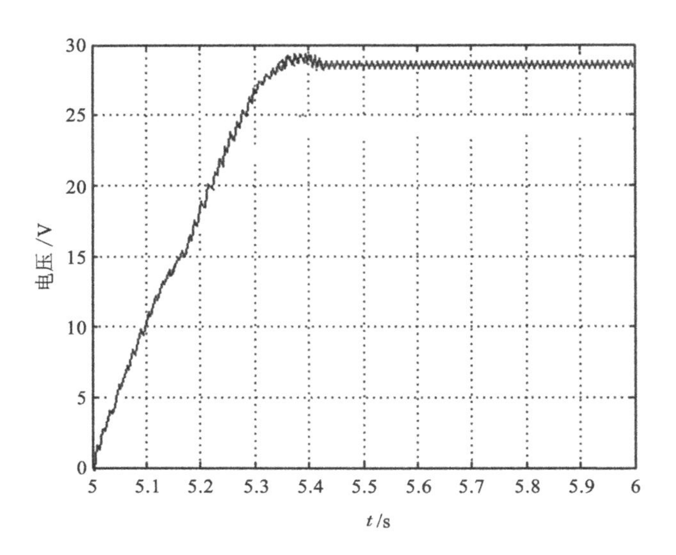

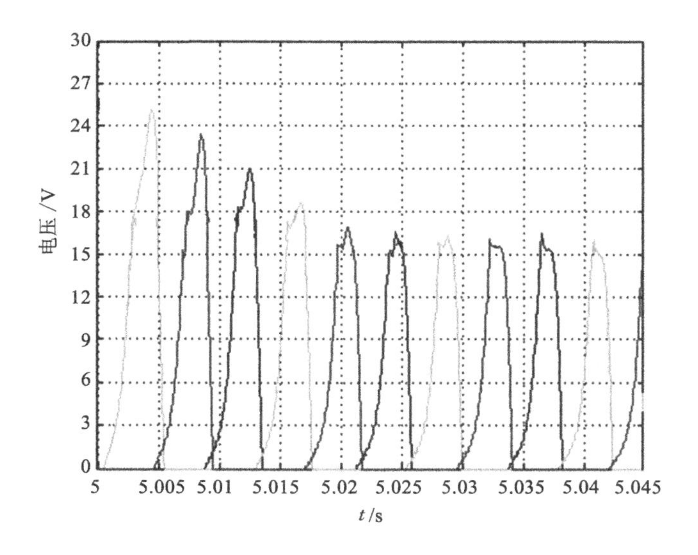

图 5-18　600 r/min 基于单神经元 PI 控制的发电仿真结果

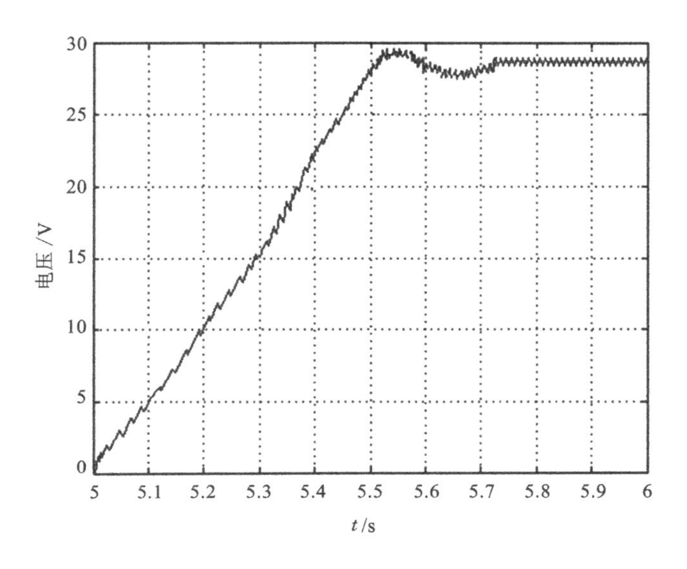

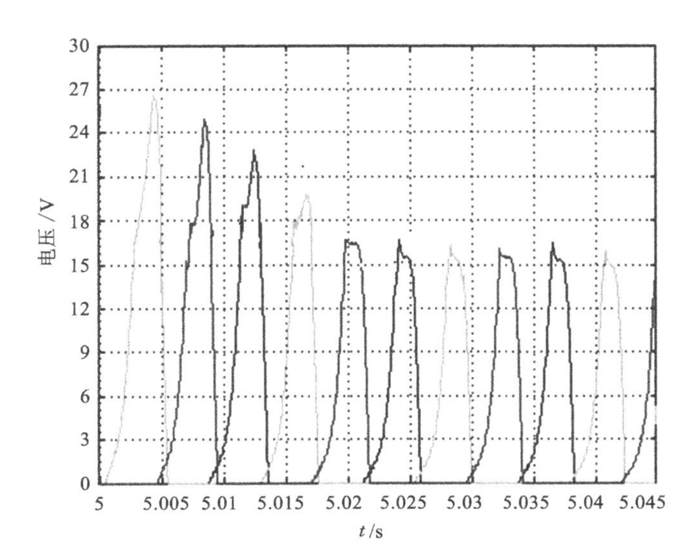

图 5-19　600 r/min 普通数字 PI 控制的发电仿真结果

图 5-20 到图 5-22 分别是发电速度 400 r/min，发电负载为 200 W 时三种控制方法下的发电建压和电流仿真结果。

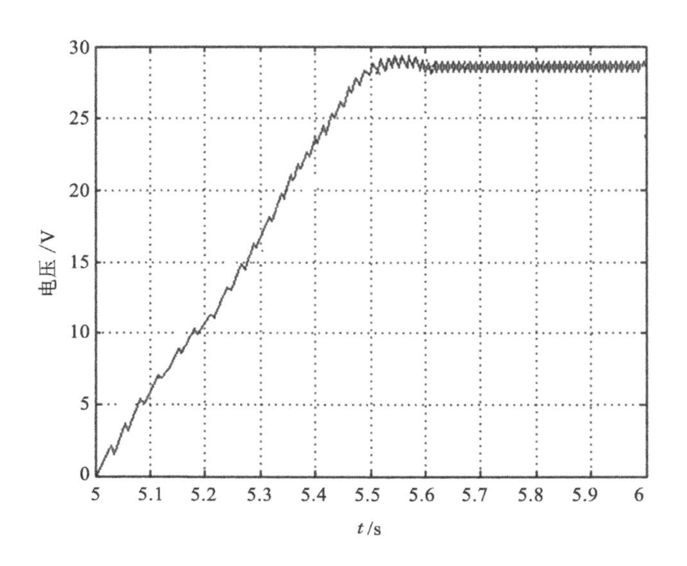

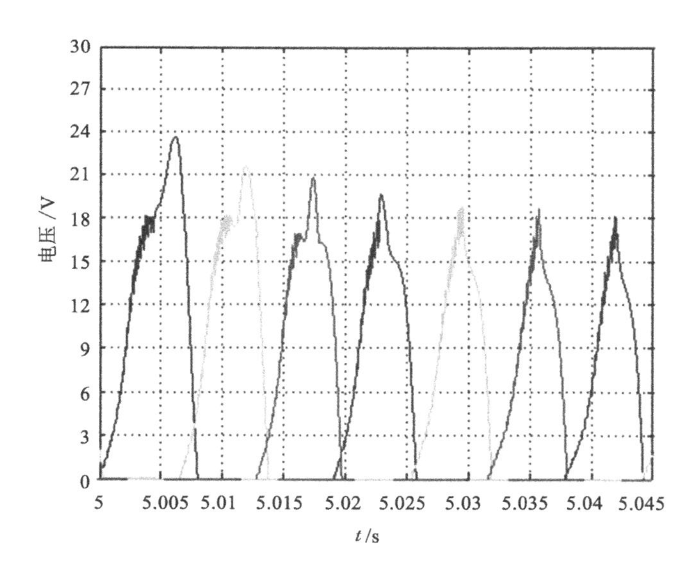

图 5-20　400 r/min 基于内模控制的发电仿真结果

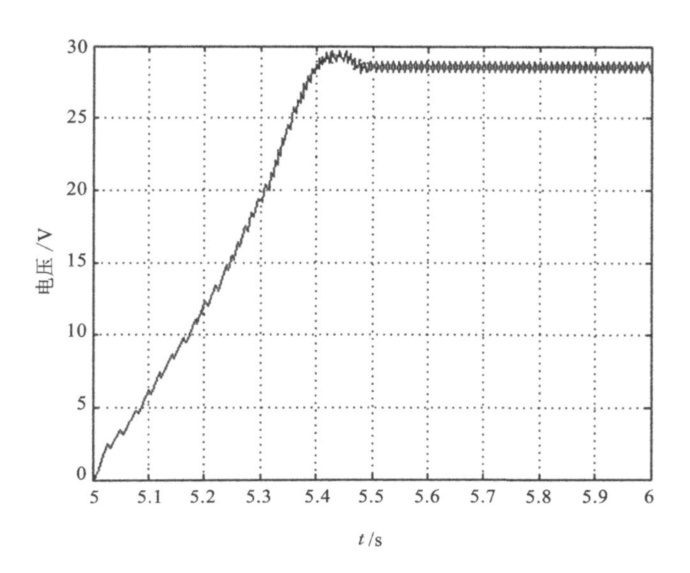

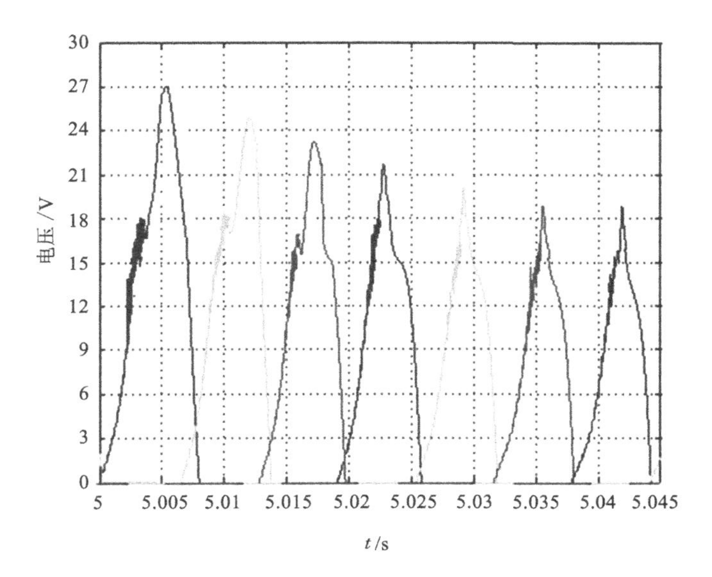

图 5-21　400 r/min 基于单神经元 PI 控制的发电仿真结果

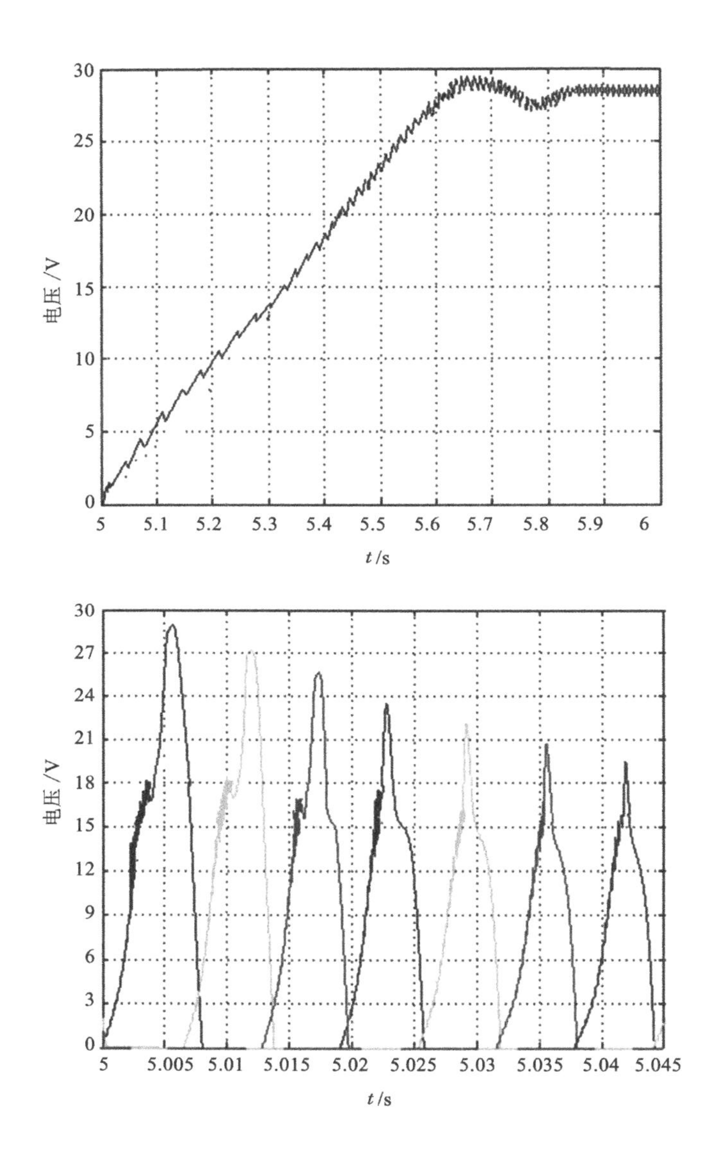

图 5-22　400 r/min 普通数字 PI 控制的发电仿真结果

转速从 200 r/min 到 1 000 r/min，负载分别为 200 W 和 400 W，内模 PI 控制方法、单神经元 PI 控制方法和数字 PI 控制方法下的发电建压仿真结果见表 5-2、表 5-3 和表 5-4。

表 5-2 内模 PI 控制发电仿真结果

发电转速/(r·min⁻¹)	负载 200 W			负载 400 W		
	建压时间/s	超调/%	波动/V	建压时间/s	超调/%	波动/V
200	0.83	3.5	±0.31	1.01	3.9	±0.32
300	0.74	3.3	±0.29	0.91	3.5	±0.31
400	0.65	2.9	±0.25	0.73	3.3	±0.26
500	0.60	2.6	±0.23	0.67	2.9	±0.24
600	0.57	2.3	±0.21	0.63	2.6	±0.23
700	0.51	1.1	±0.19	0.57	1.5	±0.21
800	0.43	0	±0.18	0.54	1.1	±0.19
900	0.37	0	±0.17	0.49	0	±0.17
1 000	0.31	0	±0.15	0.46	0	±0.16

表 5-3 单神经元 PI 控制发电仿真结果

发电转速/(r·min⁻¹)	负载 200 W			负载 400 W		
	建压时间/s	超调/%	波动/V	建压时间/s	超调/%	波动/V
200	0.68	5.4	±0.34	0.75	5.7	±0.32
300	0.57	5.1	±0.26	0.63	5.5	±0.31
400	0.43	4.5	±0.25	0.55	4.6	±0.29
500	0.42	3.2	±0.24	0.49	3.9	±0.26
600	0.41	3.5	±0.22	0.45	3.6	±0.23
700	0.35	3.3	±0.19	0.43	3.4	±0.21
800	0.32	3.2	±0.18	0.43	3.5	±0.19
900	0.28	2.5	±0.17	0.39	2.8	±0.17
1 000	0.25	4.6	±0.14	0.34	4.2	±0.15

表 5-4 数字 PI 控制发电仿真结果

发电转速/(r·min⁻¹)	负载 200 W			负载 400 W		
	建压时间/s	超调/%	波动/V	建压时间/s	超调/%	波动/V
200	1.32	12.3	±0.33	1.43	12.9	±0.35
300	1.02	11.6	±0.27	1.21	12.2	±0.29
400	0.83	10.3	±0.24	0.98	11.3	±0.26
500	0.81	9.2	±0.23	0.89	9.9	±0.22
600	0.72	8.3	±0.21	0.84	8.8	±0.21
700	0.61	6.8	±0.21	0.74	7.2	±0.21

表 5-4(续)

发电转速 /(r·min^{-1})	负载 200 W			负载 400 W		
	建压时间/s	超调/%	波动/V	建压时间/s	超调/%	波动/V
800	0.58	5.2	±0.18	0.69	6.1	±0.19
900	0.48	4.6	±0.15	0.56	5.3	±0.19
1 000	0.42	4.2	±0.13	0.45	4.9	±0.15

根据仿真结果可以得到以下规律：

(1) 三种控制方法下，内模 PI 控制和单神经元 PI 控制下的发电建压时间、超调和电压波动都要比普通的数字 PI 控制下的情况要好，如图 5-23 至图 5-25 所示。

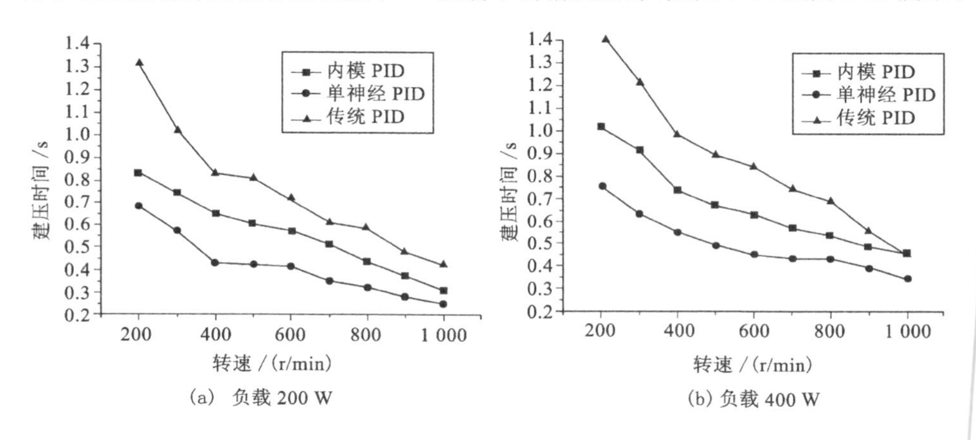

(a) 负载 200 W (b) 负载 400 W

图 5-23 三种控制方法下的建压仿真结果比较

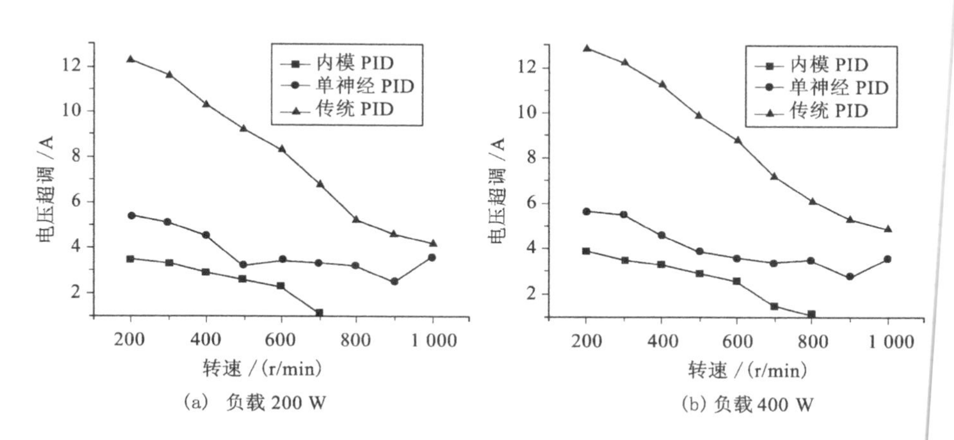

(a) 负载 200 W (b) 负载 400 W

图 5-24 三种控制方法下的电压超调仿真结果比较

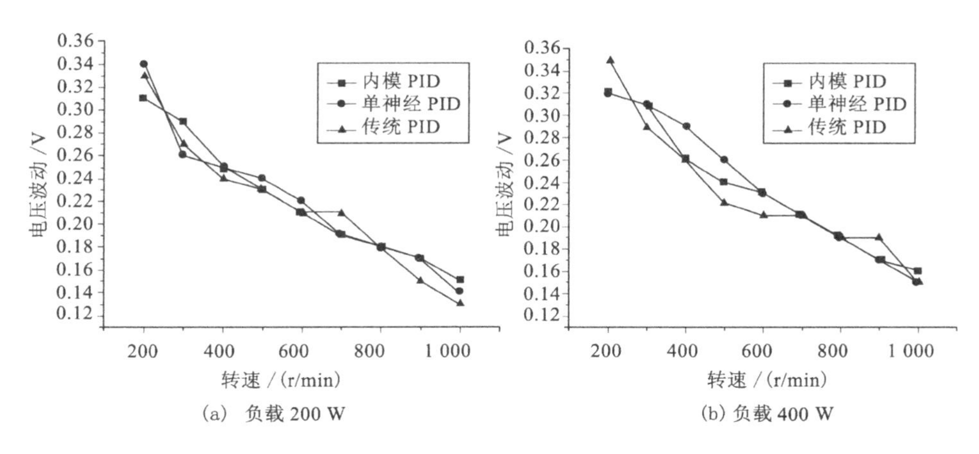

(a) 负载 200 W　　(b) 负载 400 W

图 5-25　三种控制方法下的稳态电压波动仿真结果比较

(2) 单神经元 PI 控制下发电建压性能最好，其发电建压时间最短，电压超调和内模 PI 控制下的电压超调相近，都比普通的数字 PI 控制下的电压超调要小得多。因此，单神经元 PI 控制比较合适发电切换比较频繁的环境。

(3) 三种控制方法下，发电建压时间随着发电转速的降低而逐渐变长，发电超调随着发电转速的降低而逐渐变小，这是因为转速变低，机械能输入变慢，带动同样的负载需要更长的建压时间。发电建压时间随着负载的增大而变长，发电超调随着负载的增大而变小。这是因为同样的转速下，负载越大，输入机械能越大，时间越长。电压波动随着转速的降低逐渐变大。这是因为 SRG 发电输出的是脉冲电流，随着转速的降低，电流变大、相电流之间的时间间隔变大。因此输出发电电流的脉动也越大。同样转速和负载情况下，不同的控制方法对输出电压波动影响不大。300 r/min 以上，电压波动都在 0.3 V 以内，符合启动机的国标要求。这是因为电流之间的间隔主要和发电转速有关，同样的负载下电流的大小也相近，因此不管什么控制方法最终 PWM 输出的占空比大小相近，电压波动也就差不多。

5.6.2　负载扰动情况仿真

随着汽车工业和电子技术的发展，现在各种各样的车载用电设备得到越来越多的应用，如车载导航系统、音响系统、数字影院等。这些车载设备不定时处于切换之中，对车载发电机的品质要求更高。因此，为了获得合格的输出电能，须对启动/发电系统的负载抗扰动性进行不同负载情况下的测试。

为了验证前面两节所提出的内模 PI 控制和单神经元 PI 控制的抗干扰能力，本节利用第 2 章所建立的启动/发电系统一体化仿真平台，分别对两种提出的控制方法和传统的数字 PI 控制下的发电系统突加突卸负载情况进行了抗干扰能力的仿真。图 5-26、图 5-27 和图 5-28 分别是转速 800 r/min 时，内模 PI 控制、单神经元 PI 控制和数字 PI 控制下的突加突卸 200 W 负载时的仿真电压电流图。

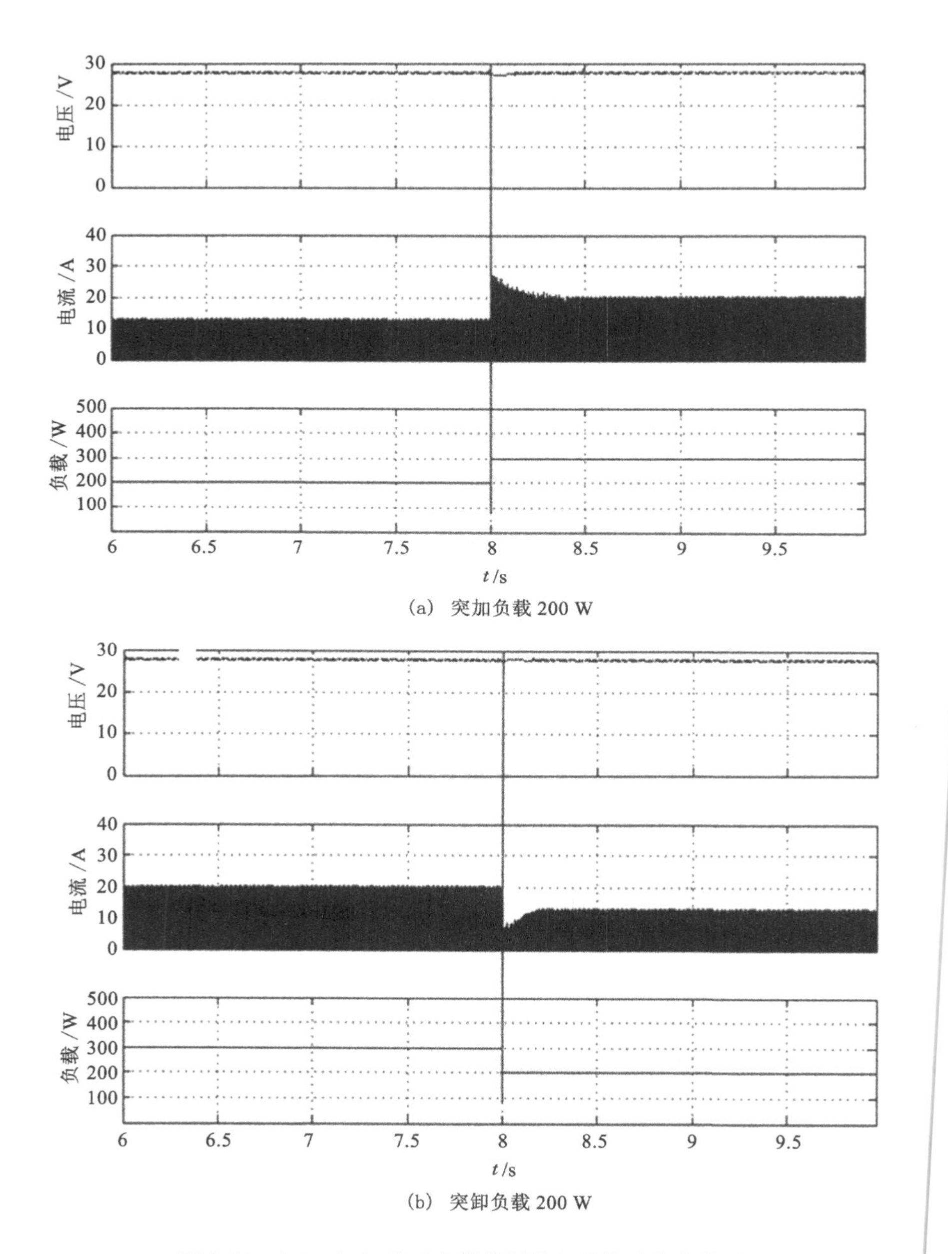

(a) 突加负载 200 W

(b) 突卸负载 200 W

图 5-26 800 r/min 基于内模控制的负载扰动仿真波形

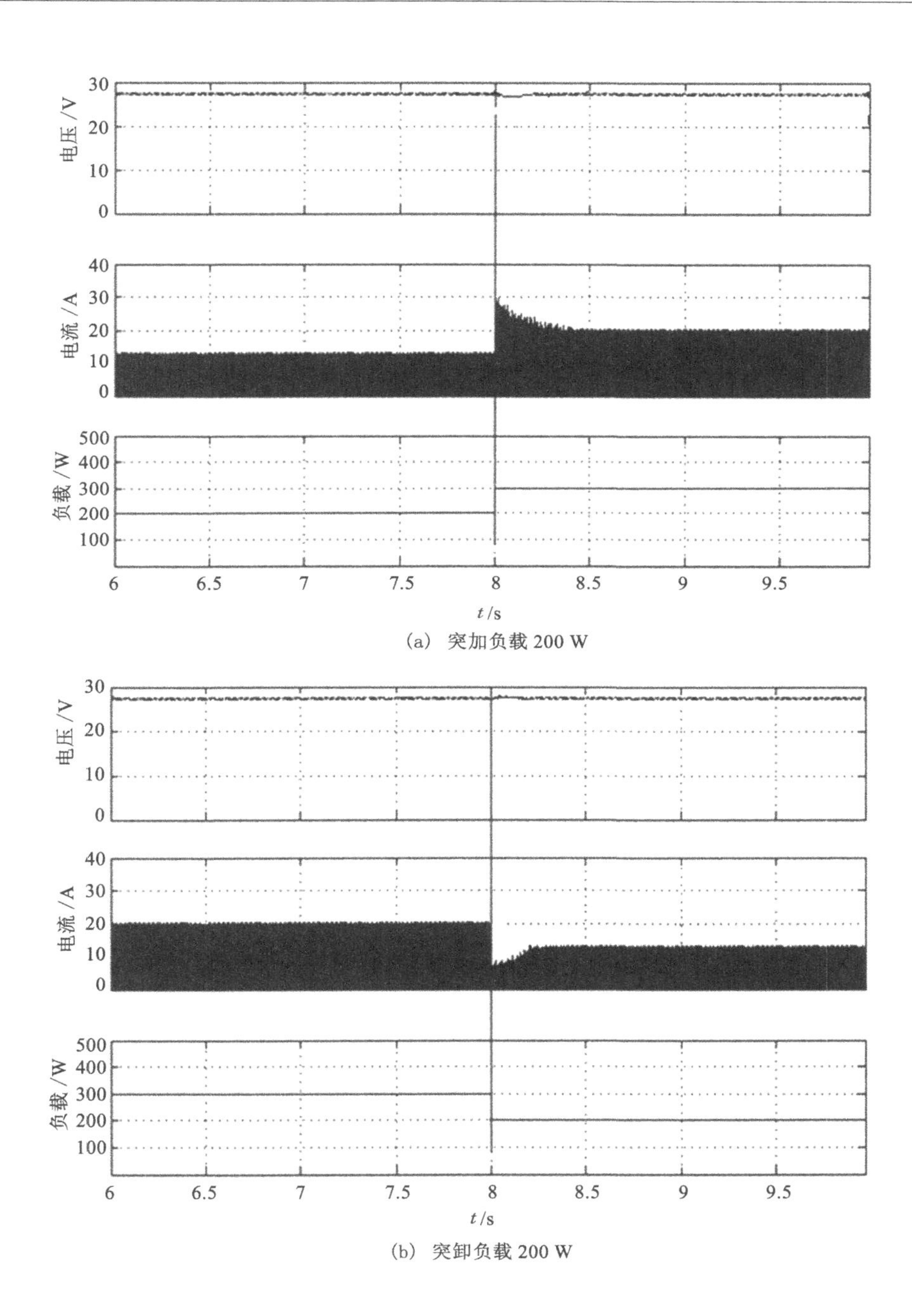

(a) 突加负载 200 W

(b) 突卸负载 200 W

图 5-27 800 r/min 基于单神经元 PI 控制的突加突卸负载仿真波形

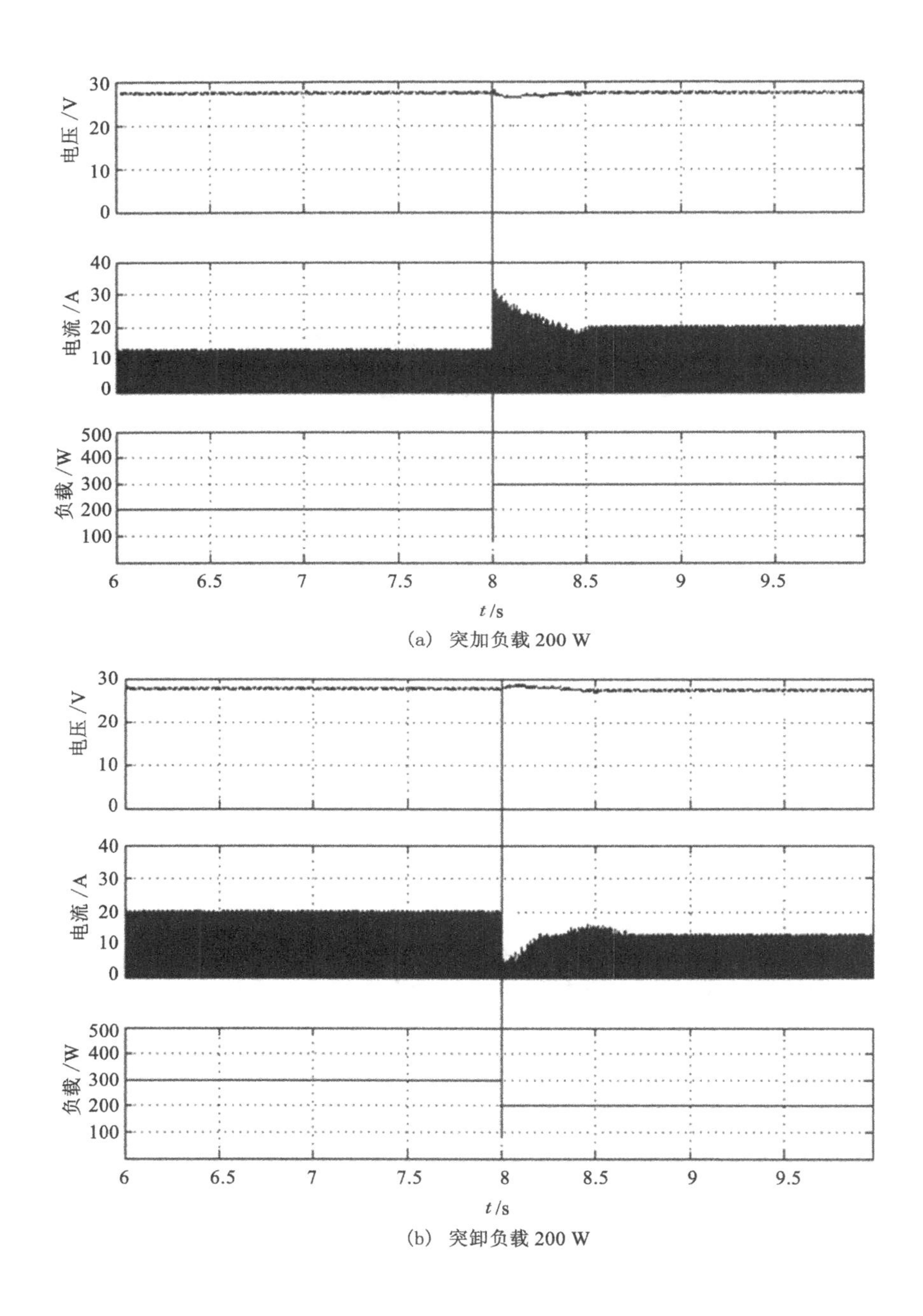

图 5-28 800 r/min 普通数字 PI 控制的突加突卸负载仿真波形

图 5-29、图 5-30 和图 5-31 分别是转速 600 r/min 时，三种控制方法下的突加突卸 200 W 负载时的仿真电压电流图。

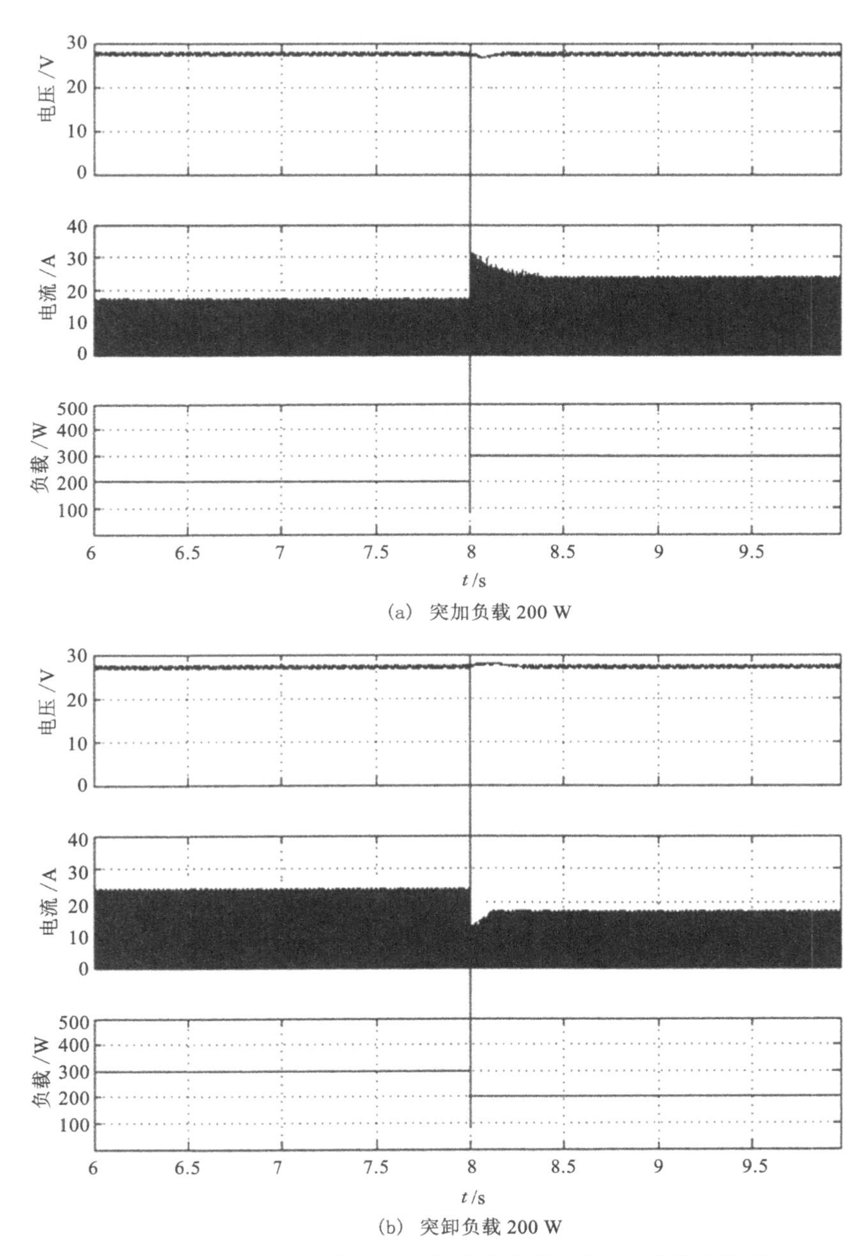

(a) 突加负载 200 W

(b) 突卸负载 200 W

图 5-29　600 r/min 基于内模 PI 控制的突加突卸负载仿真波形

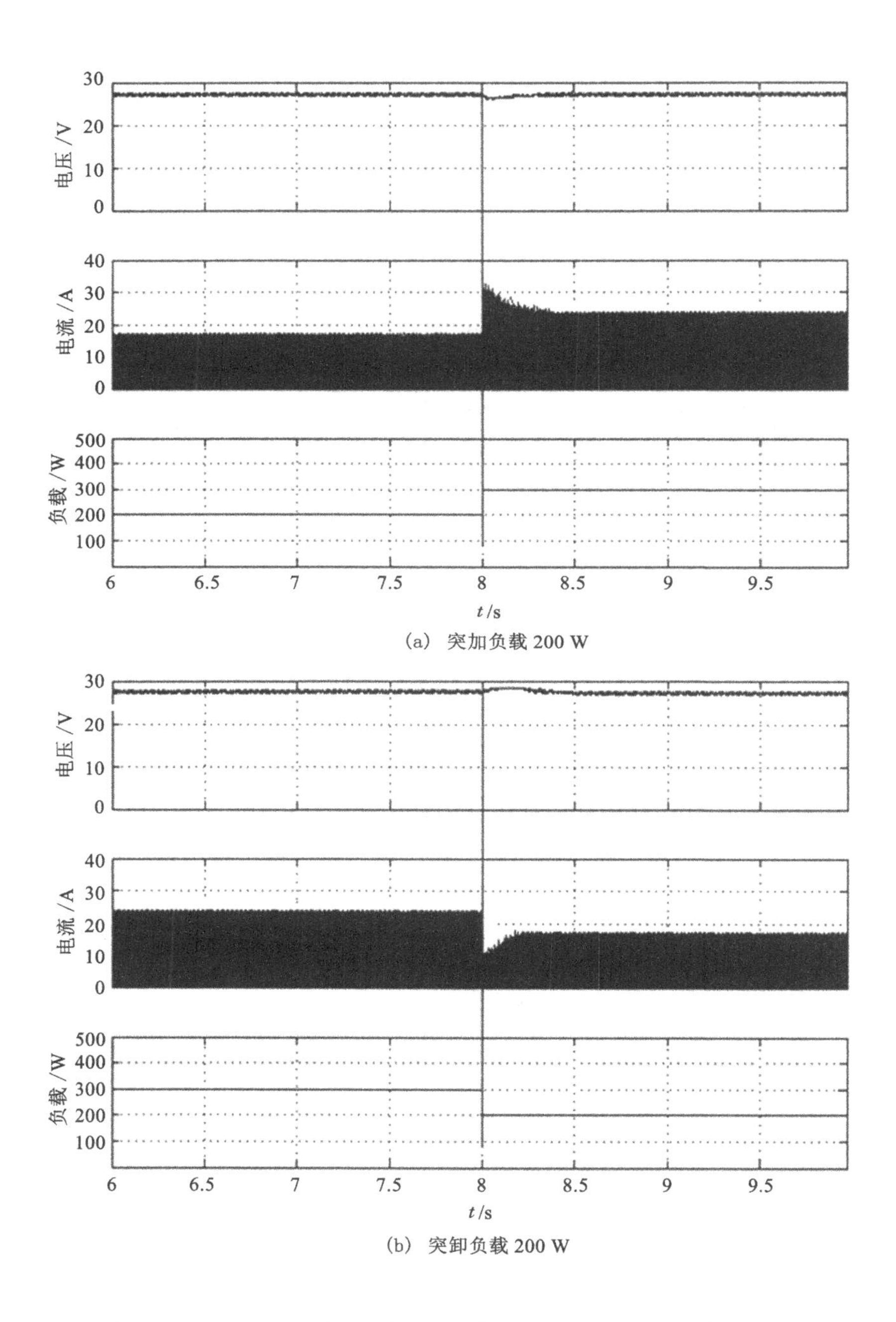

(a) 突加负载 200 W

(b) 突卸负载 200 W

图 5-30 600 r/min 基于单神经元 PI 控制的突加突卸负载仿真波形

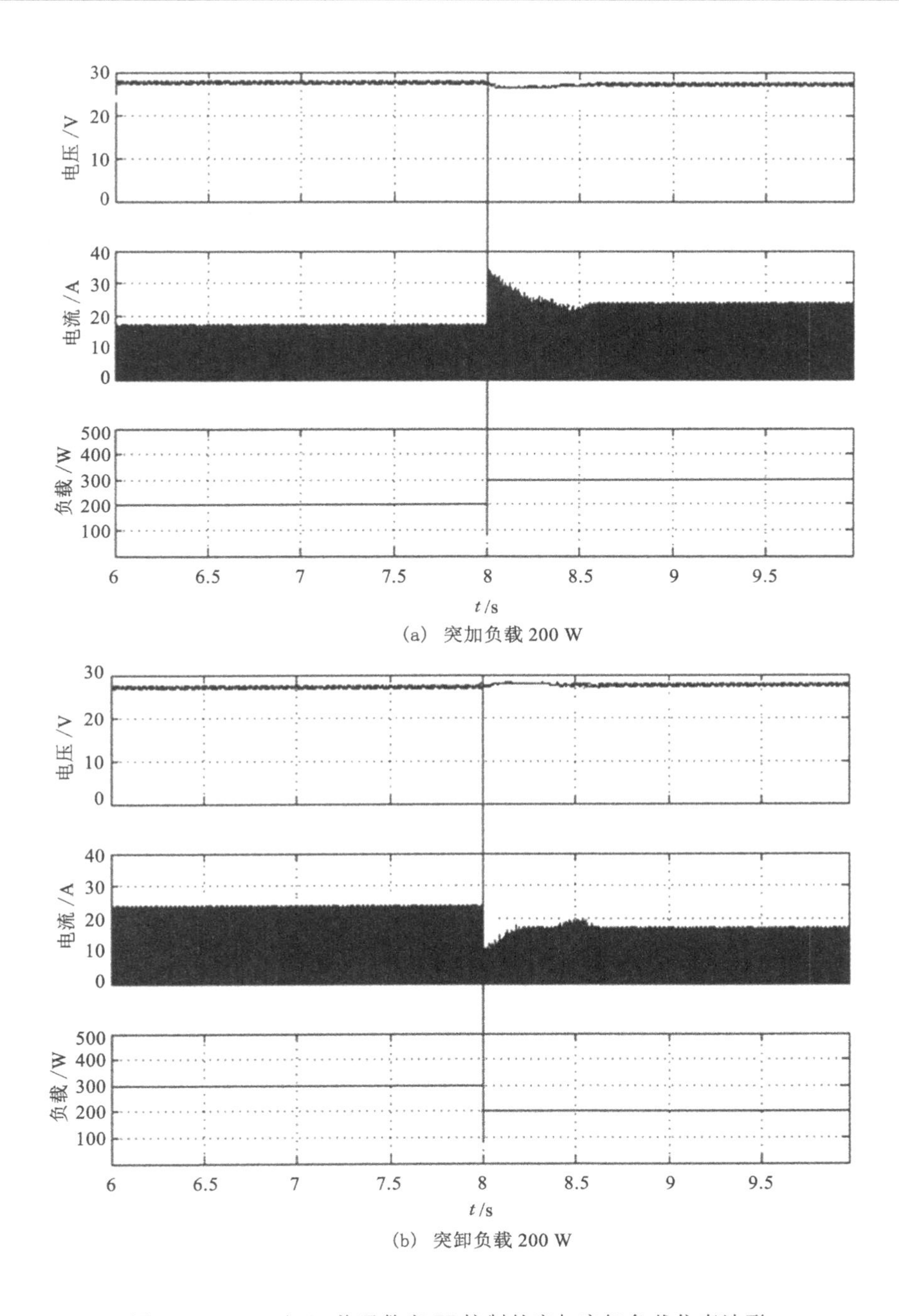

(a)　突加负载 200 W

(b)　突卸负载 200 W

图 5-31　600 r/min 普通数字 PI 控制的突加突卸负载仿真波形

图 5-32、图 5-33 和图 5-34 分别是转速 400 r/min 时，三种控制方法下的突加突卸 200 W 负载时的仿真电压电流图。

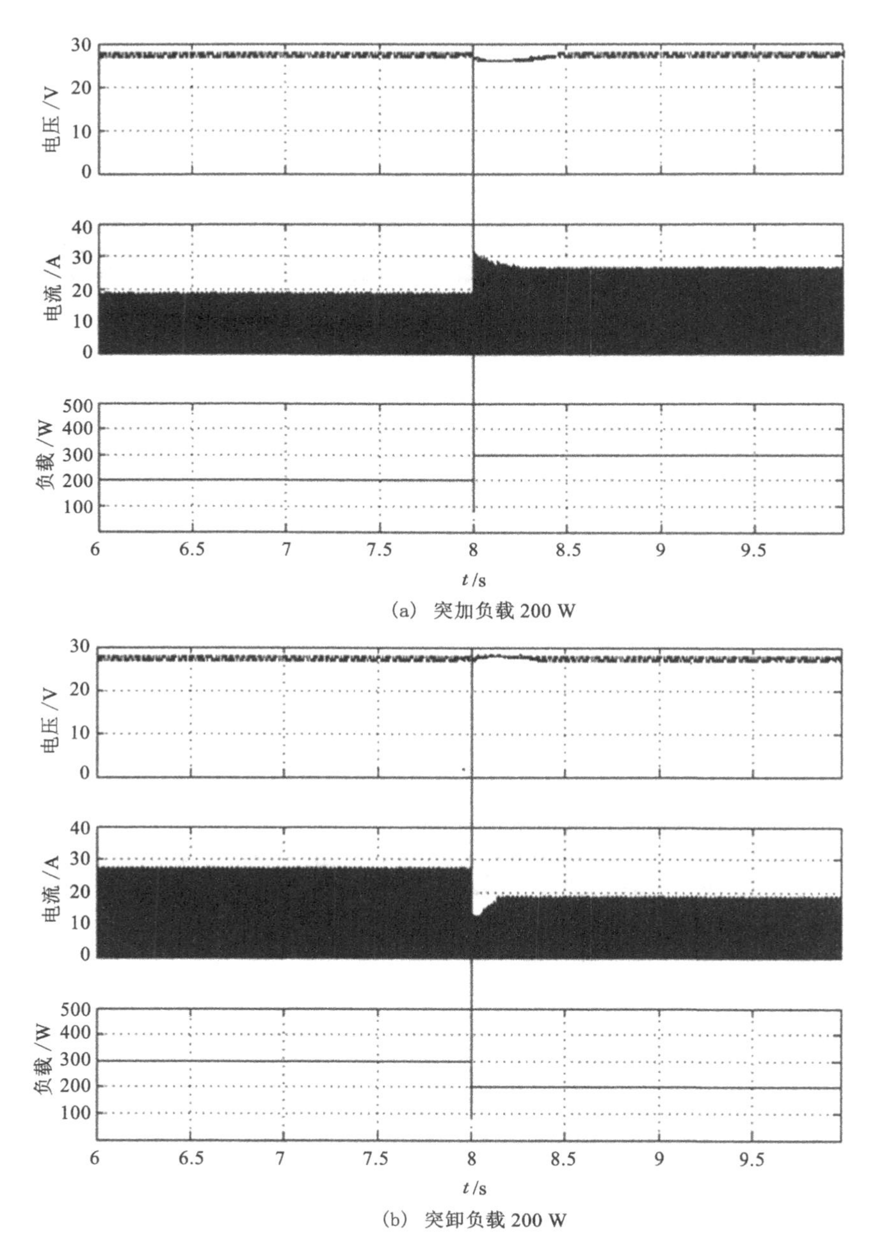

(a) 突加负载 200 W

(b) 突卸负载 200 W

图 5-32 400 r/min 基于内模 PI 控制的突加突卸负载仿真波形

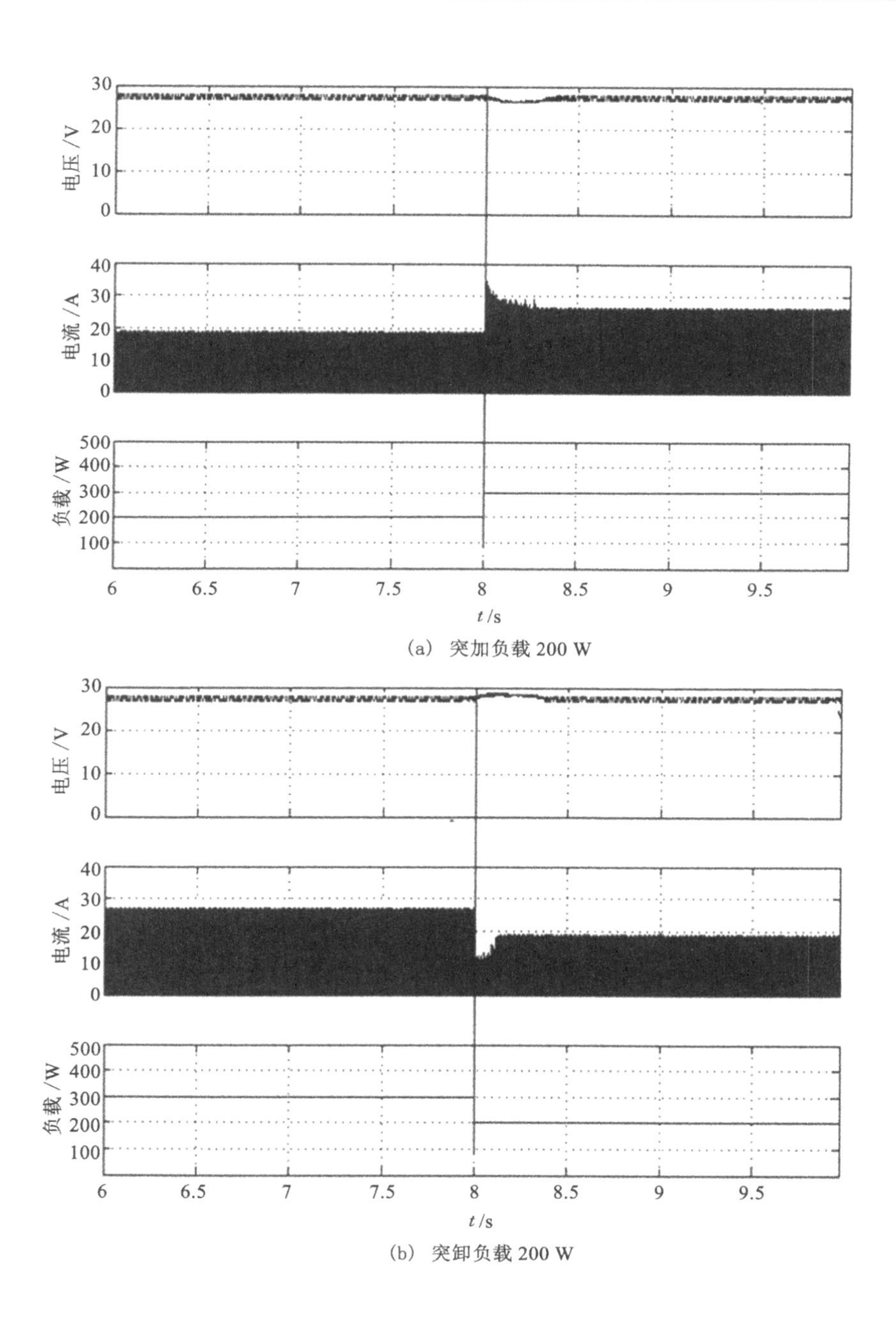

图 5-33 400 r/min 基于单神经元 PI 控制的突加突卸负载仿真波形

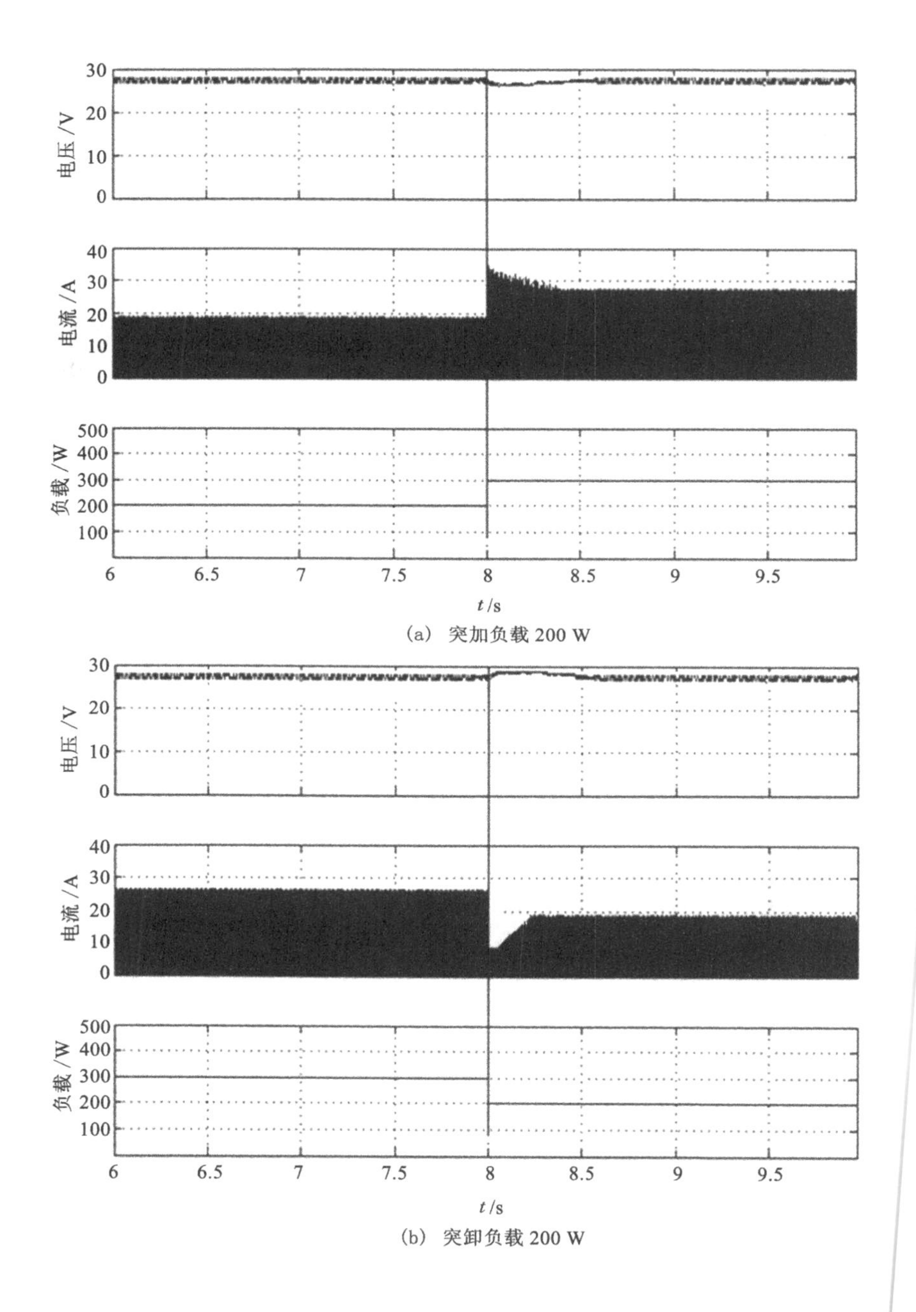

图 5-34 400 r/min 普通数字 PI 控制的突加突卸负载仿真波形

三种控制策略下，转速从 200 r/min 到 900 r/min 的突加突卸负载 200 W 和 400 W 负载情况下的仿真结果见表 5-5、表 5-6 和表 5-7。

表 5-5　不同转速内模 PI 控制下突加突卸负载仿真结果

发电转速/(r·min⁻¹)	突加负载 200 W		突卸负载 200 W		突加负载 400 W		突卸负载 400 W	
	电压恢复时间/s	电压波动/V	电压恢复时间/s	电压波动/V	电压恢复时间/s	电压波动/V	电压恢复时间/s	电压波动/V
200	0.36	0.51	0.39	0.53	0.37	0.61	0.43	0.63
300	0.34	0.46	0.36	0.51	0.31	0.48	0.33	0.51
400	0.31	0.43	0.35	0.45	0.26	0.46	0.31	0.47
500	0.21	0.38	0.25	0.41	0.25	0.41	0.27	0.44
600	0.19	0.32	0.26	0.37	0.23	0.36	0.28	0.37
700	0.16	0.26	0.23	0.28	0.22	0.31	0.25	0.36
800	0.15	0.23	0.18	0.26	0.19	0.28	0.25	0.33
900	0.14	0.21	0.17	0.24	0.17	0.25	0.23	0.28

表 5-6　不同转速单神经元 PI 控制下突加突卸负载仿真结果

发电转速/(r·min⁻¹)	突加负载 200 W		突卸负载 200 W		突加负载 400 W		突卸负载 400 W	
	电压恢复时间/s	电压波动/V	电压恢复时间/s	电压波动/V	电压恢复时间/s	电压波动/V	电压恢复时间/s	电压波动/V
200	0.51	0.55	0.56	0.58	0.57	0.65	0.61	0.67
300	0.46	0.49	0.52	0.53	0.51	0.56	0.55	0.58
400	0.46	0.46	0.49	0.47	0.46	0.48	0.51	0.49
500	0.35	0.42	0.45	0.45	0.38	0.45	0.47	0.48
600	0.32	0.36	0.42	0.41	0.35	0.41	0.45	0.43
700	0.31	0.32	0.41	0.35	0.35	0.37	0.46	0.39
800	0.30	0.28	0.43	0.31	0.34	0.33	0.45	0.37
900	0.26	0.25	0.37	0.28	0.29	0.29	0.39	0.33

表 5-7 不同转速数字 PI 控制下突加突卸负载仿真结果

发电转速/($r \cdot min^{-1}$)	突加负载 200 W		突卸负载 200 W		突加负载 400 W		突卸负载 400 W	
	电压恢复时间/s	电压波动/V	电压恢复时间/s	电压波动/V	电压恢复时间/s	电压波动/V	电压恢复时间/s	电压波动/V
200	0.93	0.63	0.97	0.67	1.03	0.69	0.99	0.72
300	0.84	0.53	0.84	0.58	0.87	0.58	0.91	0.64
400	0.81	0.48	0.73	0.52	0.82	0.54	0.78	0.58
500	0.73	0.46	0.67	0.49	0.76	0.49	0.73	0.53
600	0.62	0.41	0.62	0.45	0.71	0.46	0.68	0.49
700	0.57	0.38	0.57	0.42	0.64	0.46	0.64	0.48
800	0.45	0.34	0.52	0.36	0.52	0.43	0.58	0.46
900	0.41	0.31	0.46	0.33	0.45	0.38	0.51	0.41

根据仿真结果可以得到以下规律：

（1）比较三种控制方法下发电系统突加突卸负载时的仿真结果可知内模PI控制下发电系统的电压恢复正常时间最短、电压波动最小；这主要是由于内模 PI 控制方法引入了系统的逆模型，对外部负载的干扰有着很好的鲁棒性，比单神经元 PI 和传统数字 PI 控制算法的抗扰性能更佳。如图 5-35 至图 5-38所示。

（2）三种控制方法下，随着转速的降低，突加突卸同样的负载，发电系统的电压恢复时间变长，电压波动变大。这主要因为 SRG 系统的发电性能随着转速的降低也变低。转速较低时，电流波动较大，输出电能波动也较大。因此，发电转速较高时，发电系统的抗干扰性能较好。在内模 PI 和单神经元 PI 控制算法下，转速在 300 r/min 以上时，电压突变都小于 0.5 V，符合车辆发电电压突变标准。

5.6.3 电机转速变化对发电电压扰动情况仿真

随着路况的不同，车辆发动机的转速时刻处于变化之中，也就是启动/发电系统的输入是时变的。而启动/发电系统的输出电压必须保持稳定，才能使得车辆用电设备正常运行。因此，测试启动/发电系统发电性能随着输入转速的变化是十分必要的。

利用启动/发电系统的一体化仿真模型，对发动机转速从 400 r/min 变化到 800 r/min 和从 800 r/min 变化到 400 r/min 两种情况下的内模 PI 控制、单神经元控制和数字 PI 控制下的三种发电电压闭环控制情况进行了仿真。

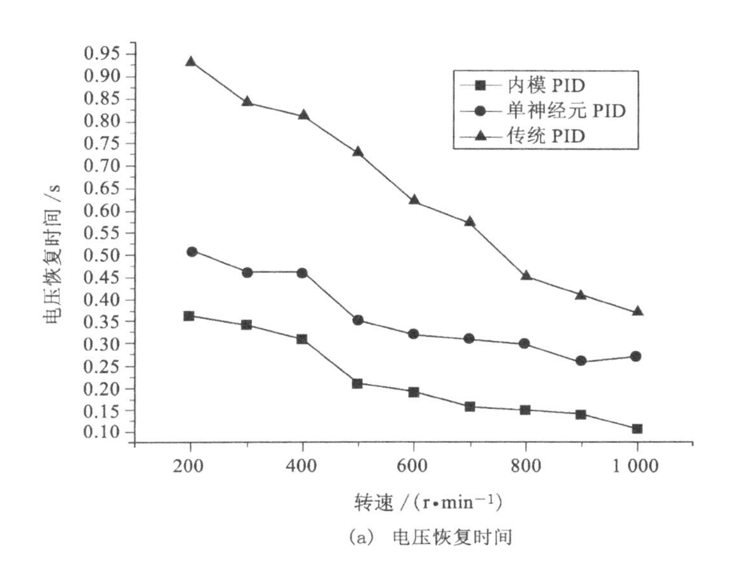

(a) 电压恢复时间

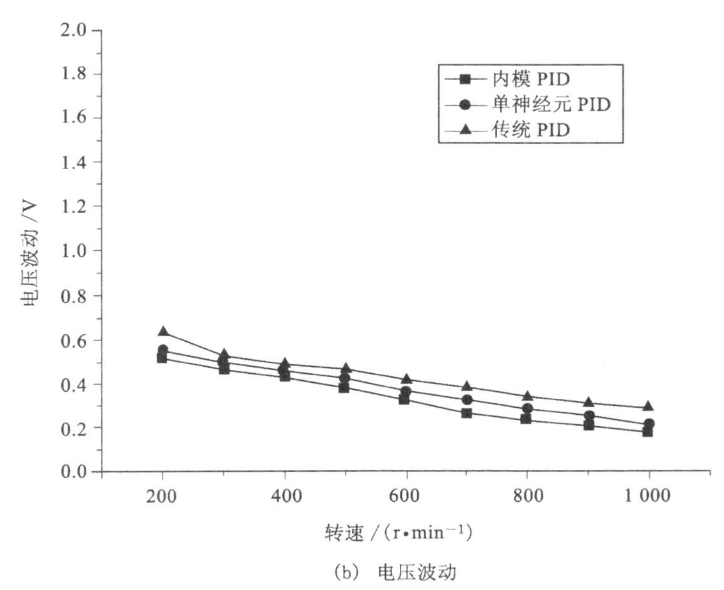

(b) 电压波动

图 5-35 突加负载 200 W 时三种控制方法仿真比较

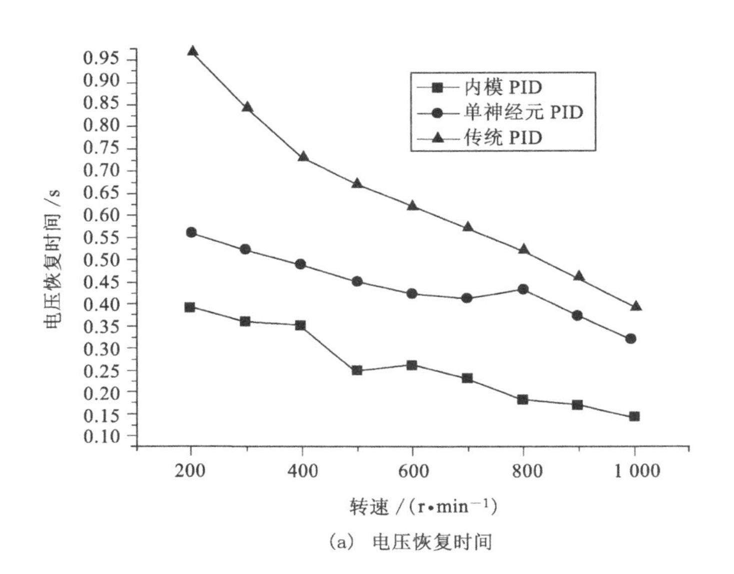

(a) 电压恢复时间

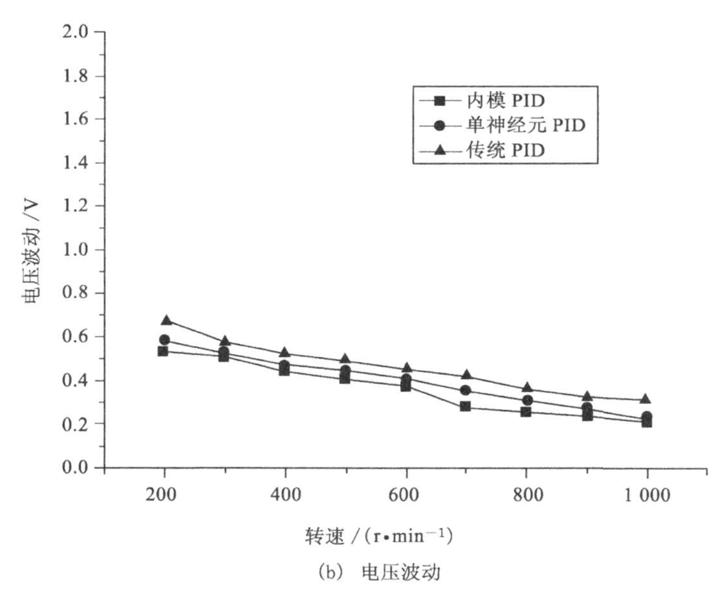

(b) 电压波动

图 5-36 突卸负载 200 W 时三种控制方法仿真比较

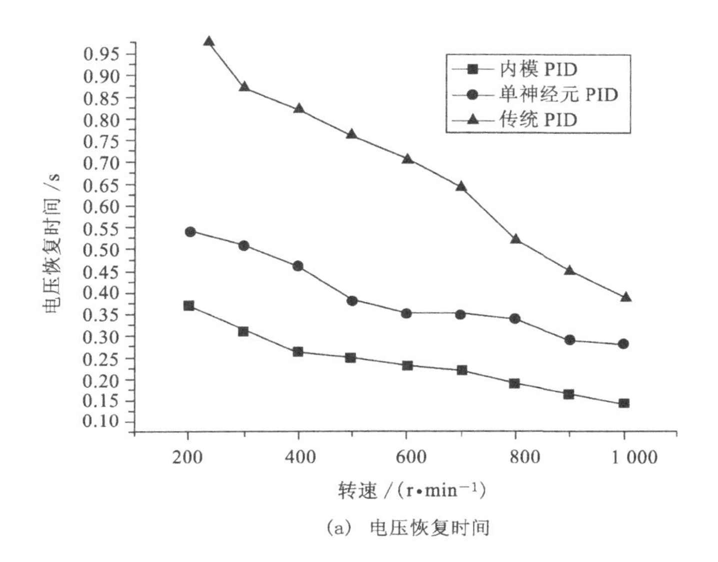

(a) 电压恢复时间

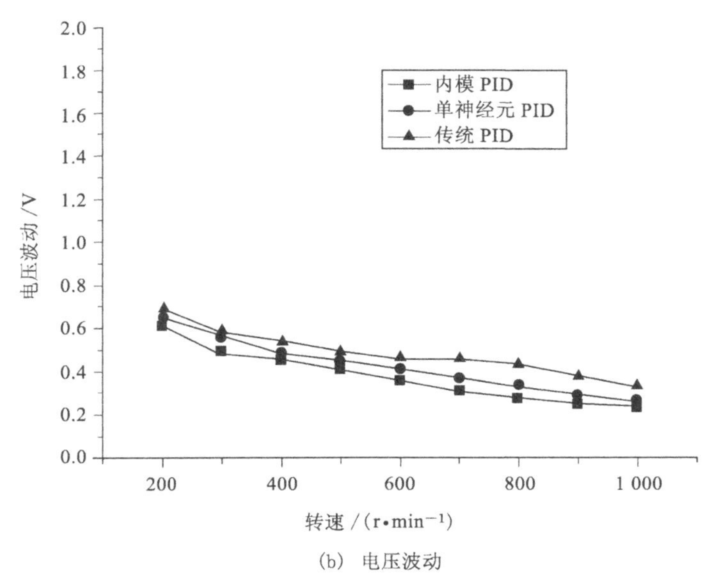

(b) 电压波动

图 5-37 突加负载 400 W 时三种控制方法仿真比较

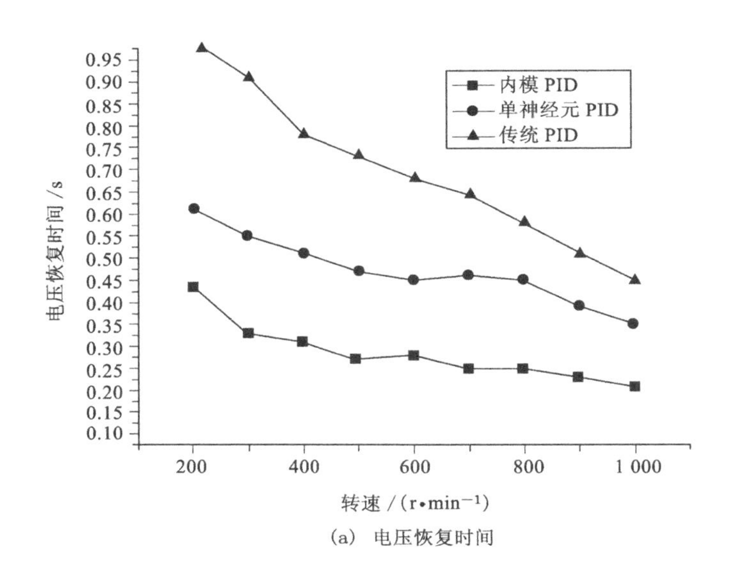

(a) 电压恢复时间

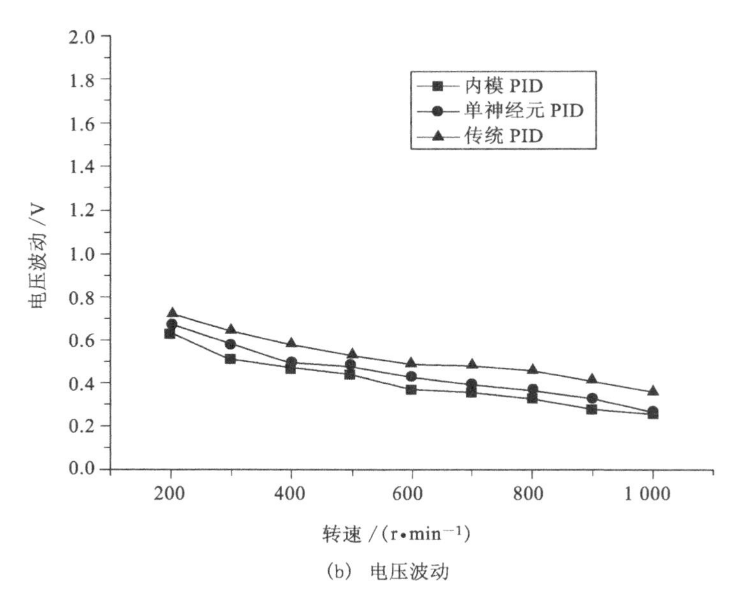

(b) 电压波动

图 5-38 突卸负载 400 W 时三种控制方法仿真比较

图 5-39 所示为转速从 400 r/min 变化到 800 r/min 时，三种控制策略下的电压变化仿真结果。由图可知，转速突变 400 r/min 时，内模 PI 控制、单神经元控制和数字 PI 控制下的电压波动分别为 0.19 V、0.22 V 和 0.24 V，电压波动时间分别为 0.34 s、0.42 s 和 0.47 s；三种控制方法下，随着转速的变大，电压输出变化很小，基本都在 0.30 V 以内，满足车辆发电机标准要求；内模 PI 控制下，随着转速的变化电压恢复时间最短，而数字 PI 控制下的电压恢复时间最长，内模 PI 控制的效果最好，验证了内模 PI 控制对外部干扰的鲁棒性很强。

图 5-40 所示为转速从 800 r/min 变化到 400 r/min 时，三种控制策略下的电压变化仿真结果。由图可知，转速突变 400 r/min 时，内模 PI 控制、单神经元控制和数字 PI 控制下的电压波动分别为 0.21 V、0.25 V 和 0.27 V，电压波动时间分别为 0.31 s、0.45 s 和 0.51 s；三种控制方法下，随着转速的变化，电压输出变化很小，基本都在 0.30 V 以内，满足车辆发电机标准要求；内模 PI 控制下，随着转速的变小，电压恢复时间最短，而数字 PI 控制下的电压恢复时间最长，内模 PI 控制的效果最好，验证了内模 PI 控制对外部干扰的鲁棒性很强。

5.6.4 电机绕组电阻变化扰动情况仿真

由于 SRG 结构和功率变换器的特点，难以获得精确的电机数学模型，而且随着运行状态的不同，SRG 模型的参数始终处于变化之中，是一个时变的严重非线性的控制系统。例如随着温度的变化，定子绕组的电阻会有一定的变化而影响到输出电能。本节根据定子绕组电阻的变化，对内模 PI 控制、单神经元 PI 和传统数字 PI 控制下的 SRG 发电性能影响情况进行了仿真。

图 5-41 所示为转速 400 r/min 时，定子绕组电阻由 $R=0.45\ \Omega$ 变化为 $R=0.55\ \Omega$ 时的 SRG 发电系统的发电电压、发电电流的仿真结果。

图 5-42 所示为转速 600 r/min 时，定子绕组电阻由 $R=0.45\ \Omega$ 变化为 $R=0.55\ \Omega$ 时的 SRG 发电系统的发电电压、发电电流的仿真结果。

图 5-43 所示为转速 800 r/min 时，定子绕组电阻由 $R=0.45\ \Omega$ 变化为 $R=0.55\ \Omega$ 时的 SRG 发电系统的发电电压、发电电流的仿真结果。

根据内模 PI 控制、单神经元 PI 控制和数字 PI 控制三种控制方法下，定子绕组电阻变化对发电电压影响的仿真结果，可以得到以下规律，如图 5-44 所示。

(1) 内模 PI 控制下，发电电压对定子绕组电阻变化最不敏感，可以迅速地

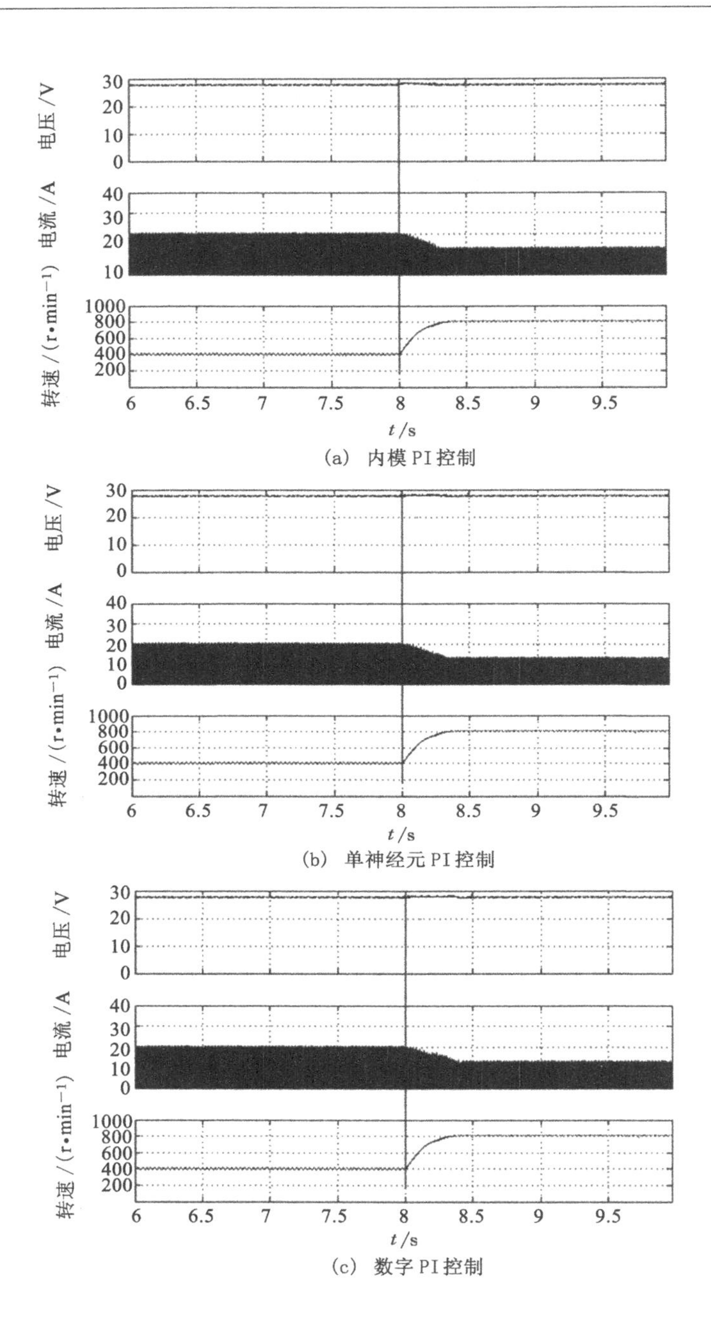

(a) 内模PI控制

(b) 单神经元PI控制

(c) 数字PI控制

图5-39 转速变化时,三种控制下的发电情况仿真结果

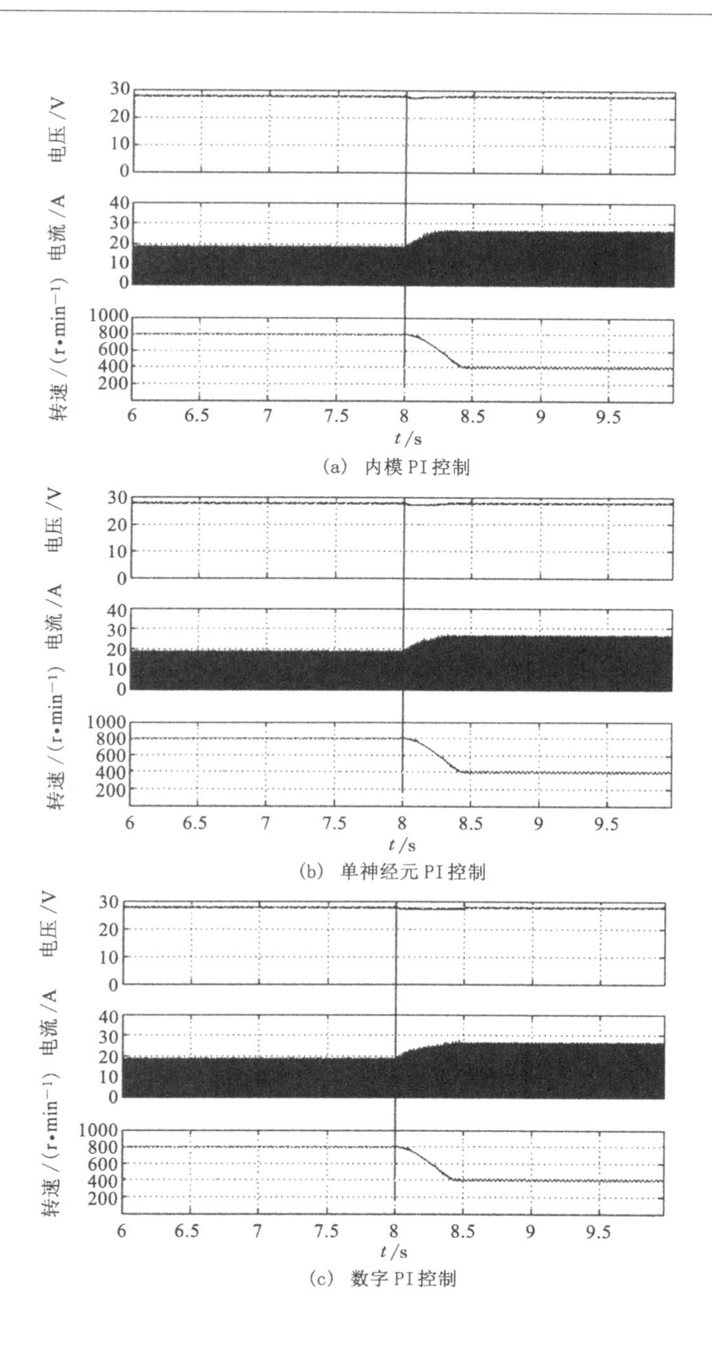

图 5-40 转速变化时,三种控制策略下的电压变化仿真结果

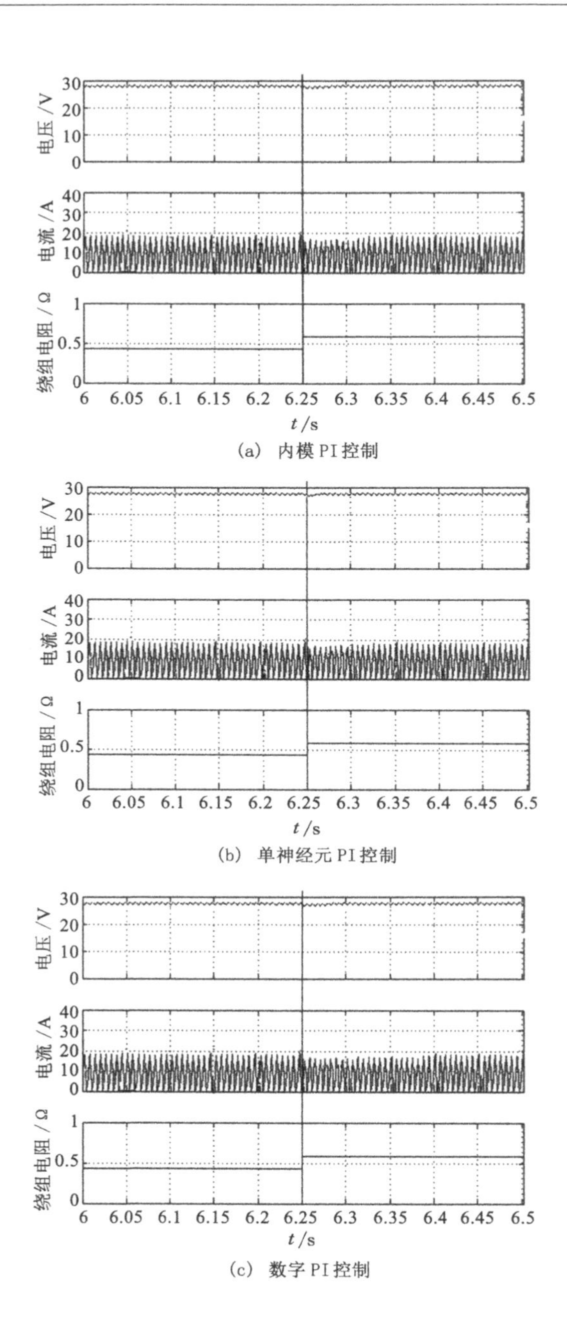

(a) 内模PI控制

(b) 单神经元PI控制

(c) 数字PI控制

图 5-41 400 r/min 定子绕组电阻变时，三种控制下的发电情况仿真结果

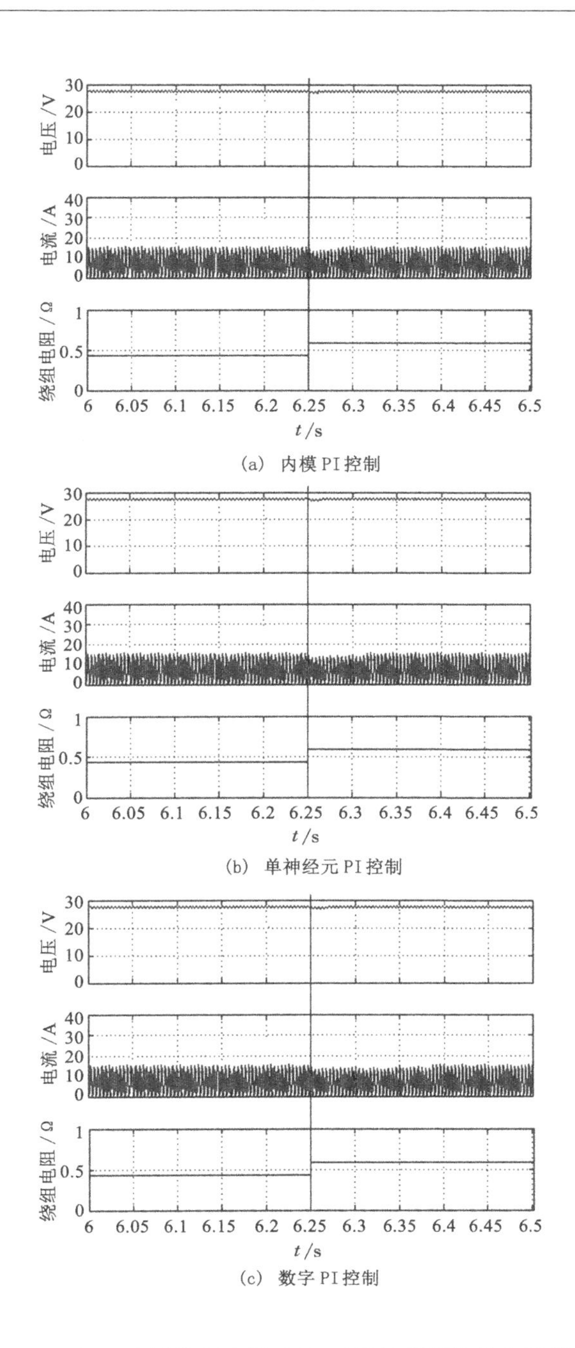

(a) 内模PI控制

(b) 单神经元PI控制

(c) 数字PI控制

图 5-42 600 r/min 定子绕组电阻变时,三种控制下的发电情况仿真结果

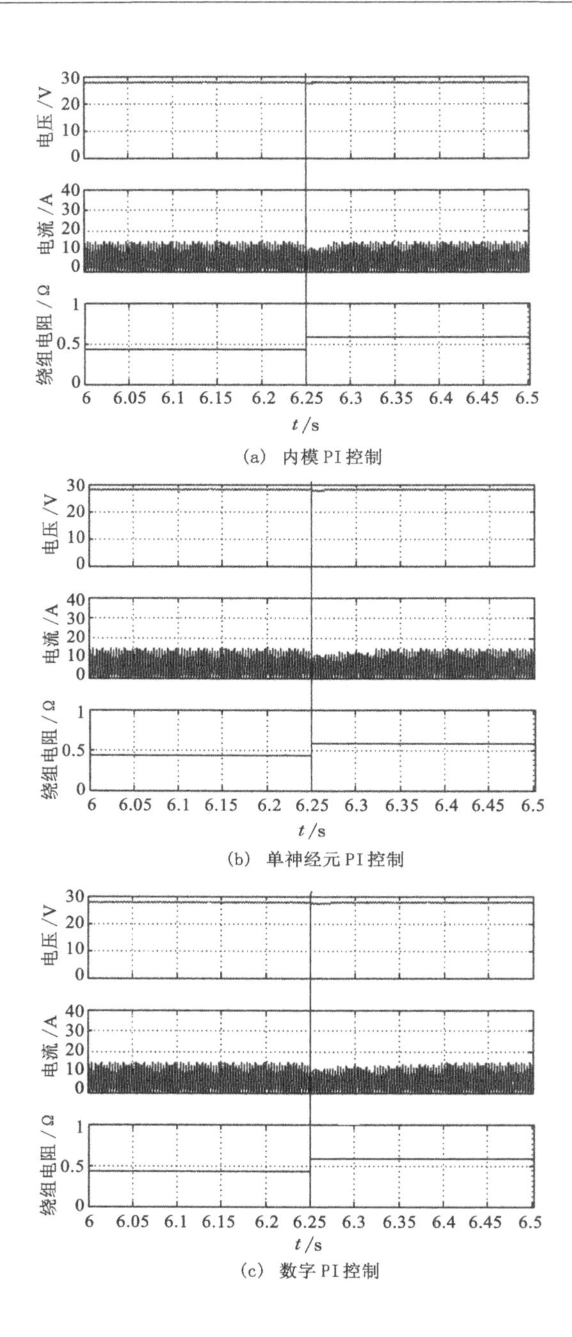

图 5-43 800 r/min 定子绕组电阻变时，三种控制下的发电情况仿真结果

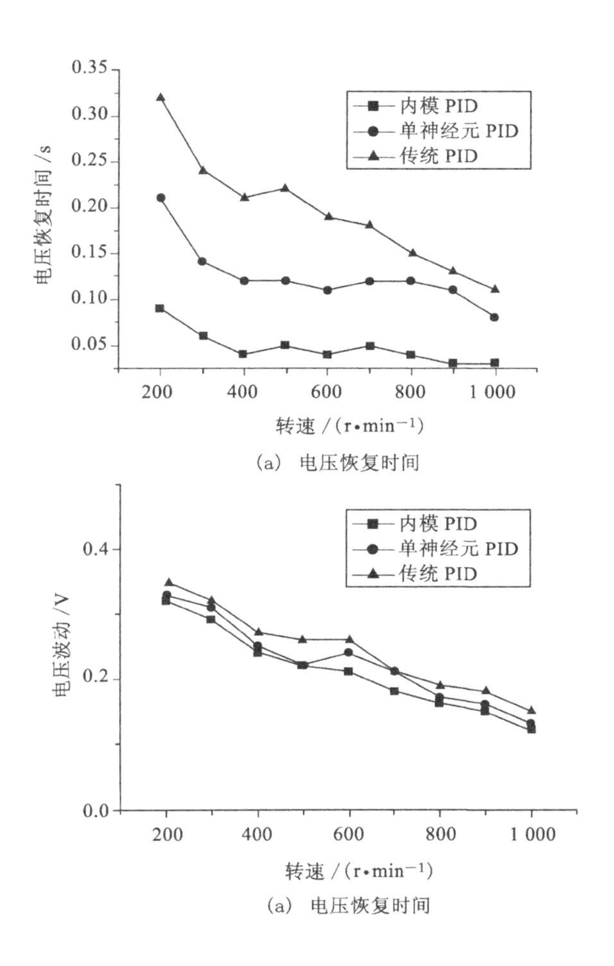

(a) 电压恢复时间

(a) 电压恢复时间

图 5-44　600 r/min 定子绕组电阻变时，三种控制下的发电情况仿真结果

调整到正常输出电能状态。这是因为内模控制并联了启动/发电系统的逆模型，所有的内部扰动都可以进行补偿输入，对内部模型的变化不敏感。因此，启动/发电系统模型内部模型参数的变化对内模控制下的系统输出电能影响不大。

(2) 随着转速的降低，三种控制方法下，电压恢复到正常的时间变长、电压波动变大。电机绕组变化时，三种控制方法都可以调整发电电压迅速回到要求的电压范围，满足电压突变小于 0.5 V，符合车辆发电电压突变标准。见表 5-8。

表 5-8　不同转速下定子绕组电阻变化发电仿真结果

发电转速/(r·min^{-1})	内模 PI		单神经元 PI		数字 PI	
	电压恢复时间/s	电压波动/V	电压恢复时间/s	电压波动/V	电压恢复时间/s	电压波动/V
200	0.09	0.32	0.21	0.33	0.32	0.35
300	0.06	0.29	0.14	0.31	0.24	0.32
400	0.04	0.24	0.12	0.25	0.21	0.27
500	0.05	0.22	0.12	0.22	0.22	0.26
600	0.04	0.21	0.11	0.24	0.19	0.26
700	0.05	0.18	0.12	0.21	0.18	0.21
800	0.04	0.16	0.12	0.17	0.15	0.19
900	0.03	0.15	0.11	0.16	0.13	0.18
1 000	0.03	0.12	0.08	0.13	0.11	0.15

5.7　样机实验结果分析

上一节对内模 PI 控制、单神经元 PI 控制和传统的数字 PI 控制下的 SRG 系统进行了发电性能仿真。仿真结果由于电机模型的误差、参数的理性化假设、机械传动系统的误差、采样信号的误差等和实际的启动/发电控制系统还有一定的差距。为了验证本章提出的内模 PI 和单神经元 PI 控制下 SRG 系统的实际发电性能，本节采用第 2 章所建立的启动/发电系统对发电建压情况、抗负载扰动情况等进行了实际的样机实验。

5.7.1　建压情况实验

为了与仿真结果相比较，分别采用三种控制方法，对转速从 200 r/min 到 1 000 r/min的发电建压情况进行了样机实验发电实验。样机发电负载为200 W 和 400 W。图 5-45 为转速 800 r/min 时，负载 200 W 三种控制方法下的样机建压波形，图 5-46 为转速 600 r/min 时，负载 200 W 三种控制方法下的样机建压波形，图 5-47 为转速 400 r/min 时，负载 200 W 三种控制方法下的样机建压波形。

同样，为了和仿真结果相对比，三种控制方法下样机建压实验结果见表 5-9、表 5-10 和表 5-11 所示，分别给出了建压时间、电压超调和稳定发电时电压的波动情况。

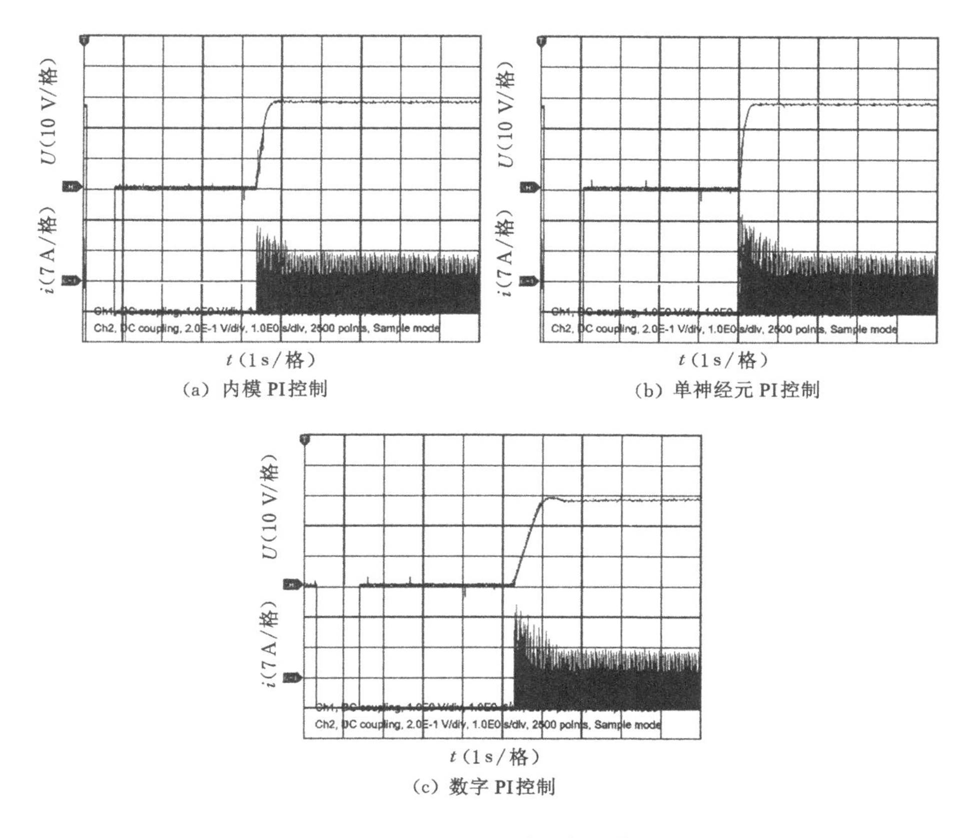

(a) 内模 PI控制

(b) 单神经元 PI控制

(c) 数字 PI控制

图 5-45　800 r/min 建压实验波形

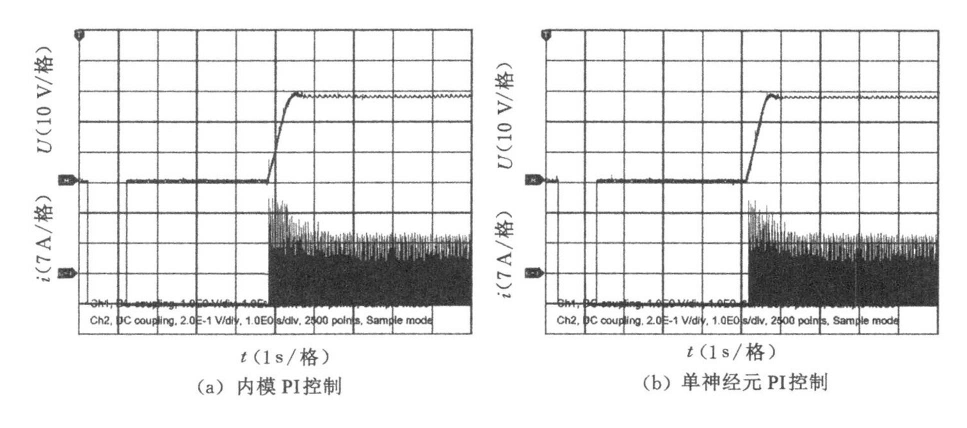

(a) 内模 PI控制

(b) 单神经元 PI控制

图 5-46　600 r/min 建压试验波形

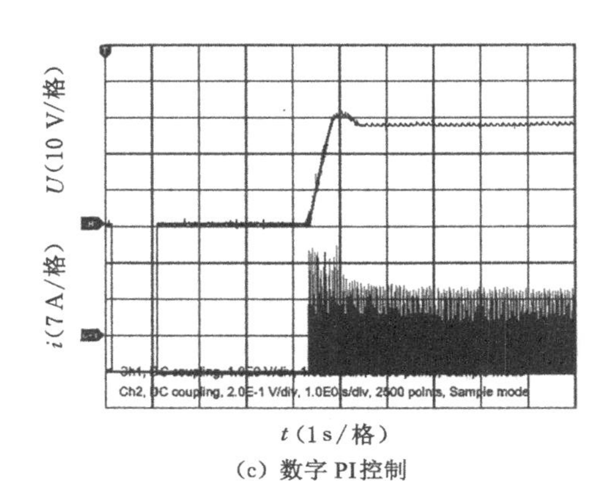

(c) 数字PI控制

图 5-46　600 r/min 建压试验波形(续 1)

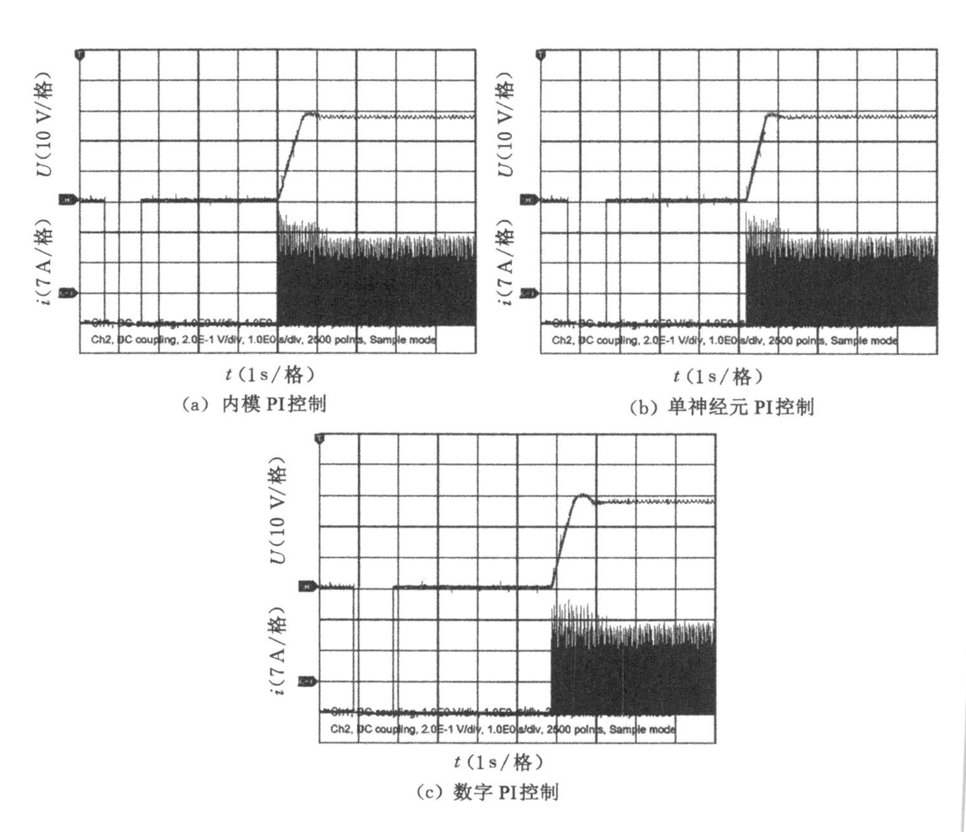

(a) 内模PI控制

(b) 单神经元PI控制

(c) 数字PI控制

图 5-47　400 r/min 建压试验波形

表 5-9 不同转速和负载下内模 PI 控制发电建压实验结果

发电转速/(r·min^{-1})	负载 200 W			负载 400 W		
	建压时间/s	超调/%	波动/V	建压时间/s	超调/%	波动/V
200	1.53	4.1	±0.43	1.31	4.6	±0.46
300	1.37	3.2	±0.29	1.11	3.5	±0.31
400	1.14	2.3	±0.27	0.93	2.6	±0.28
500	0.97	2.1	±0.25	0.85	2.4	±0.27
600	0.82	1.2	±0.24	0.73	1.5	±0.25
700	0.54	1.5	±0.22	0.67	1.6	±0.23
800	0.46	0	±0.21	0.54	1.1	±0.22
900	0.43	0	±0.19	0.49	0	±0.21
1 000	0.36	0	±0.16	0.43	0	±0.18

表 5-10 不同转速和负载下单神经元 PI 控制发电建压仿真结果

发电转速/(r·min^{-1})	负载 200 W			负载 400 W		
	建压时间/s	超调/%	波动/V	建压时间/s	超调/%	波动/V
200	1.38	2.6	±0.44	0.75	2.8	±0.48
300	1.27	2.5	±0.31	0.63	2.6	±0.33
400	0.83	2.4	±0.28	0.55	2.4	±0.29
500	0.68	2.3	±0.26	0.49	2.6	±0.28
600	0.62	2.1	±0.25	0.45	2.3	±0.26
700	0.48	1.7	±0.22	0.43	1.9	±0.25
800	0.38	1.6	±0.21	0.43	1.8	±0.24
900	0.33	1.5	±0.18	0.39	1.6	±0.23
1 000	0.28	1.1	±0.17	0.34	1.3	±0.19

表 5-11 不同转速和负载下数字 PI 控制发电建压仿真结果

发电转速/(r·min^{-1})	负载 200 W			负载 400 W		
	建压时间/s	超调/%	波动/V	建压时间/s	超调/%	波动/V
200	1.82	22.5	±0.47	1.93	23.5	±0.53
300	1.52	20.6	±0.33	1.71	21.6	±0.42
400	1.23	18.8	±0.29	1.38	19.8	±0.37
500	1.13	15.5	±0.28	0.89	16.5	±0.33

表 5-11(续)

发电转速/(r·min⁻¹)	负载 200 W			负载 400 W		
	建压时间/s	超调/%	波动/V	建压时间/s	超调/%	波动/V
600	0.96	15.1	±0.28	0.86	17.1	±0.31
700	0.88	11.5	±0.25	0.78	13.5	±0.27
800	0.84	8.2	±0.23	0.71	9.2	±0.25
900	0.73	6.5	±0.22	0.62	7.5	±0.23
1 000	0.61	5.2	±0.19	0.57	6.2	±0.19

图 5-48、图 5-49 和图 5-50 分别给出了三种控制方法下的建压时间、电压超调和电压波形的实验比较结果。

根据和仿真结果比较我们可以得出：

(1) 发电负载分别为 200 W 和负载 400 W 的情况下，采用三种控制方法的建压实验结果和上面的建压仿真结果的总的趋势是一致的。实验结果显示：单神经元 PI 控制在建压时间比另外两种控制方法都要短；单神经元 PI 控制下的电压超调要比内模控制下的电压超调稍大，但是这两种控制方法下的电压超调都要比单纯的数字 PI 控制要小得多，不到 30%；三种控制方法下，发电电压波动在相同的发电负载情况下，在同一转速情况下是差不多大小的，这和控制方法关系不大；电压波动随着转速的升高而变小，随着负载的变大而变大，这是由于电压波动主要与电流的大小、间隔有关，转速越大电流之间的间隔时间越小，发出的电压越平稳，而负载越大电流越大，同样转速下负载大的电流波动必然大于负载小的。

(2) 同样的条件之下，实验得出的建压时间无论何种控制方法都要比仿真情况下的建压时间要长，这和实际控制中的样机平台的机械反应延时、控制器计算的时间延时、采样系统的电信号延时有关系，仿真系统中这些延时都是可以忽略不计的。

(3) 样机系统中，三种控制方法下，电压波动都要比仿真实验中的电压波动小。这是由于实际样机系统中，采用滤波电容的容量比较大，而且在采样的时候又经过了隔离整形，电压波动较小。在转速 300 r/min 以上的时候，电压波动都小于 0.3 V，满足车辆发电机标准，这和仿真实验的结果是一致的。

5.7.2 负载扰动情况实验

为了和 SRG 系统发电抗负载扰动仿真结果相比较，本节利用启动/发电一体化样机实验平台，分别采用内模 PI、单神经元 PI 和数字 PI 三种控制方法，对转速从 200 r/min 到 1 000 r/min 的突加突卸负载情况进行了样机实

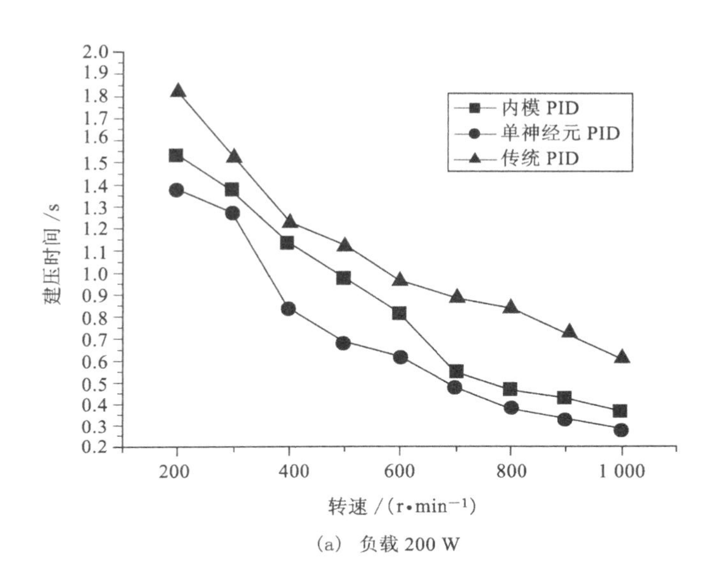

(a) 负载 200 W

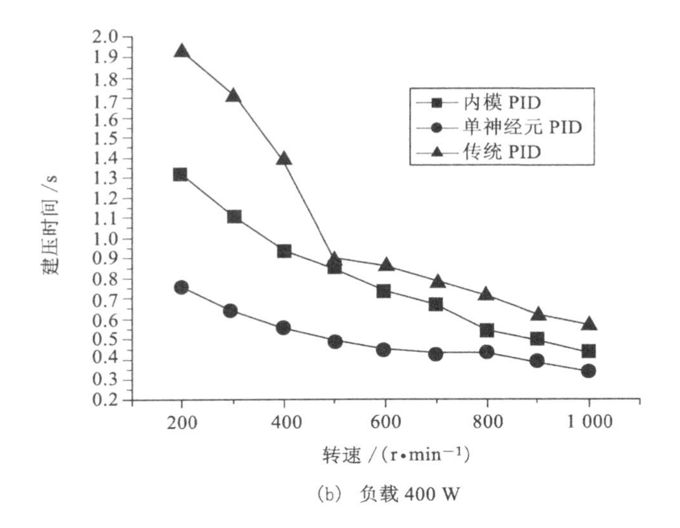

(b) 负载 400 W

图 5-48　三种控制方法下的建压时间实验结果比较

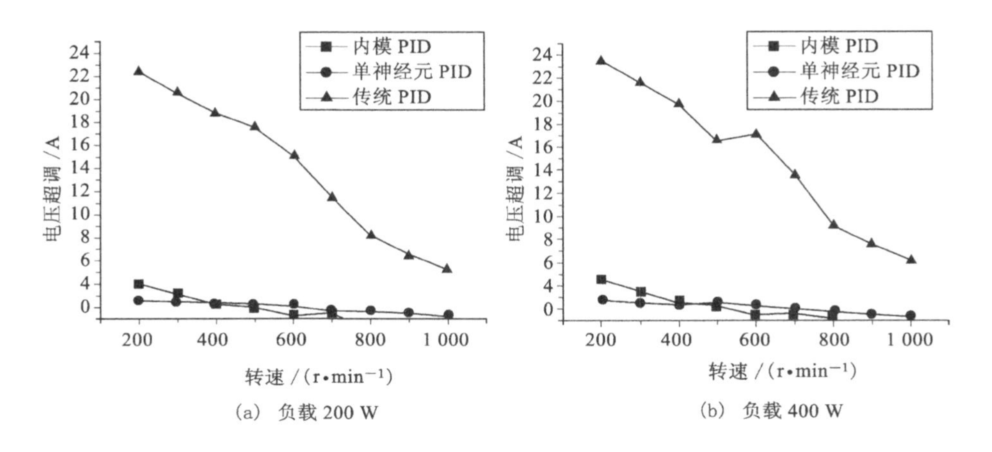

(a) 负载 200 W　　(b) 负载 400 W

图 5-49　三种控制方法下的电压超调实验结果比较

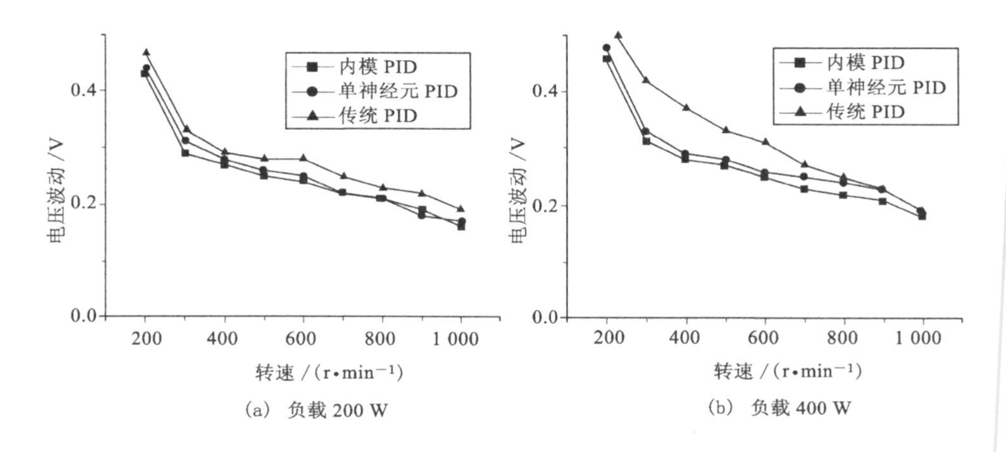

(a) 负载 200 W　　(b) 负载 400 W

图 5-50　三种控制方法下的电压波动实验结果比较

验。样机初始带负载 200 W 的发电负载，突加突卸负载分别为 200 W 和 400 W 的负载。

图 5-51、图 5-52 和图 5-53 分别给出了转速 800 r/min 时，分别采用内模 PI 控制、单神经元 PI 控制和单纯数字 PI 控制，突加突卸负载 200 W 时的实验电压和电流波形。

图 5-54、图 5-55 和图 5-56 分别给出了转速 600 r/min 时，分别采用内模 PI 控制、单神经元 PI 控制和单纯数字 PI 控制，突加突卸负载 200 W 时的实验电压和电流波形。

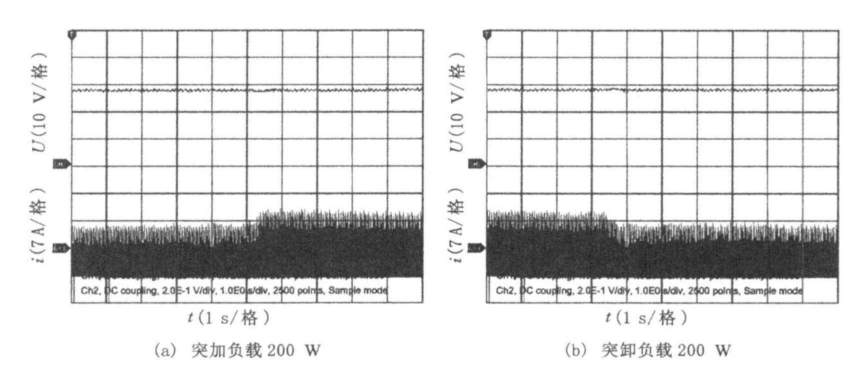

(a) 突加负载 200 W (b) 突卸负载 200 W

图 5-51 800 r/min 基于内模 PI 控制的突加突卸负载实验波形

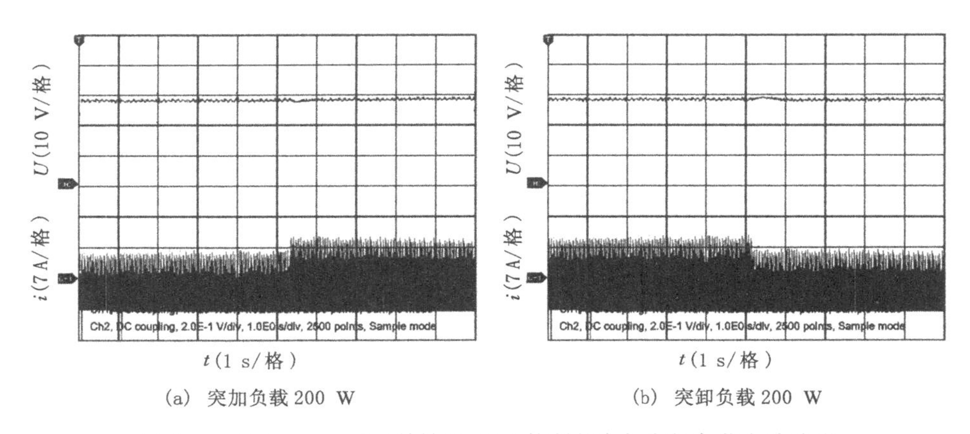

(a) 突加负载 200 W (b) 突卸负载 200 W

图 5-52 800 r/min 基于单神经元 PI 控制的突加突卸负载实验波形

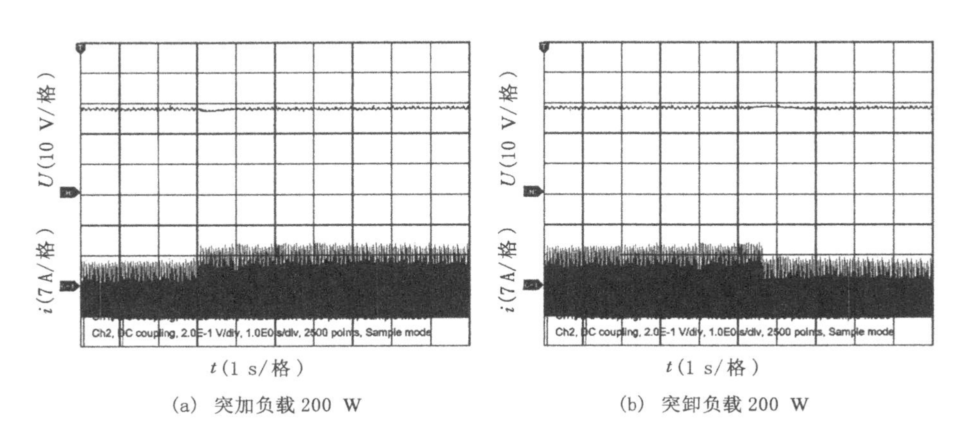

(a) 突加负载 200 W (b) 突卸负载 200 W

图 5-53 800 r/min 基于数字 PI 控制的突加突卸负载实验波形

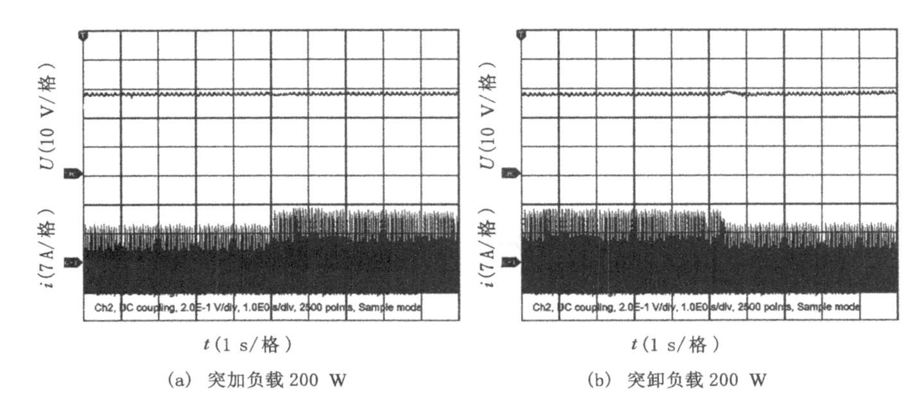

(a) 突加负载 200 W　　(b) 突卸负载 200 W

图 5-54　600 r/min 基于内模 PI 控制的突加突卸负载实验波形

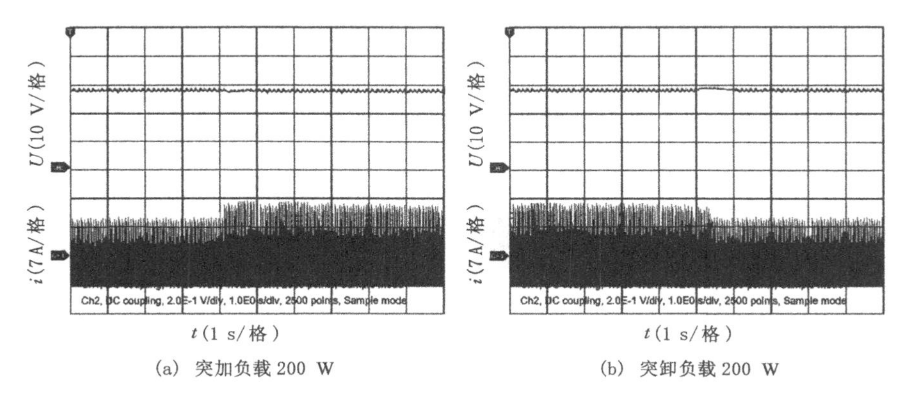

(a) 突加负载 200 W　　(b) 突卸负载 200 W

图 5-55　600 r/min 基于单神经元 PI 控制的突加突卸负载实验波形

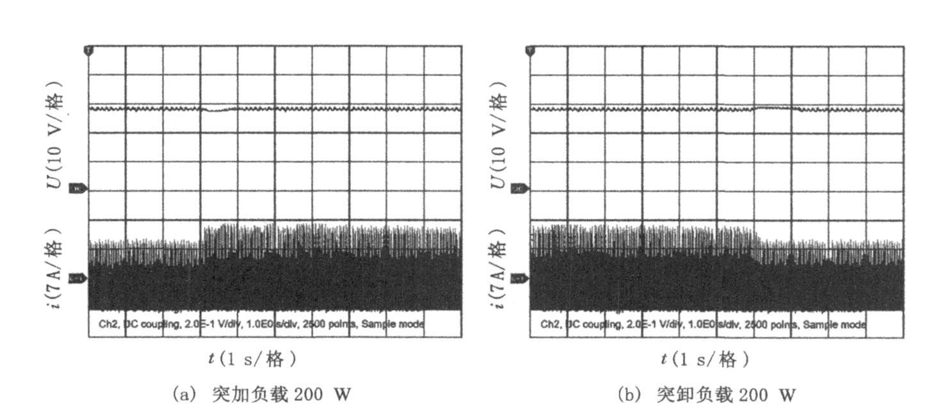

(a) 突加负载 200 W　　(b) 突卸负载 200 W

图 5-56　600 r/min 基于数字 PI 控制的突加突卸负载实验波形

图 5-57、图 5-58 和图 5-59 分别给出了转速 400 r/min 时，分别采用内模 PI 控制、单神经元 PI 控制和单纯数字 PI 控制，突加突卸负载 200 W 时的实验电压和电流波形。

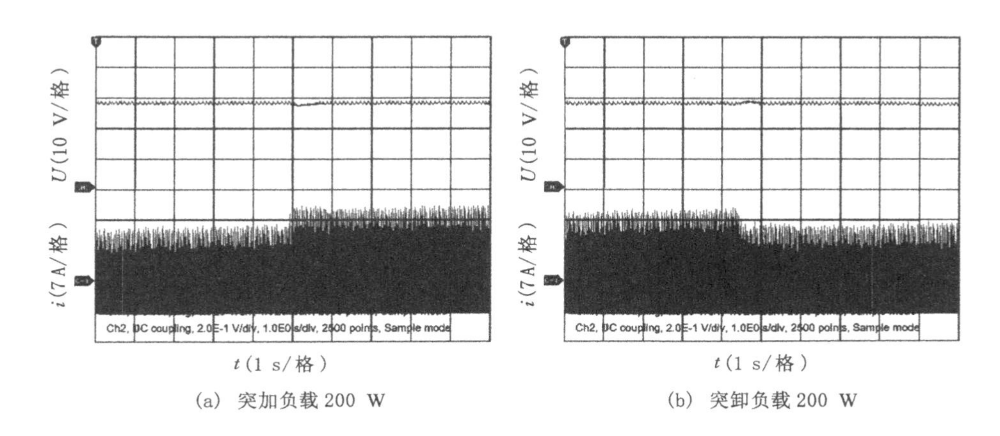

(a) 突加负载 200 W　　(b) 突卸负载 200 W

图 5-57　400 r/min 基于内模 PI 控制的突加突卸负载实验波形

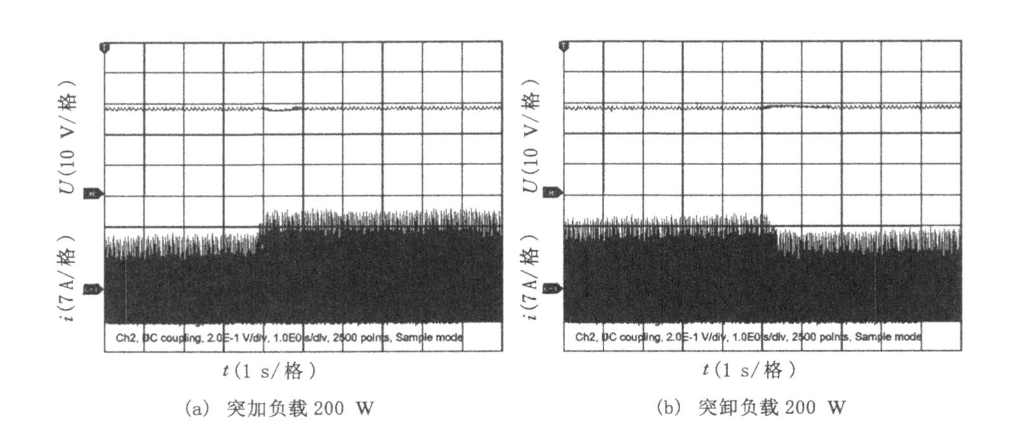

(a) 突加负载 200 W　　(b) 突卸负载 200 W

图 5-58　400 r/min 基于单神经元 PI 控制的突加突卸负载实验波形

表 5-12、表 5-13 和表 5-14 分别给出了转速从 200 r/min 到 1 000 r/min，突加突卸负载 200 W 和 400 W 时，三种控制方法下电压闭合抗负载干扰性能结果。

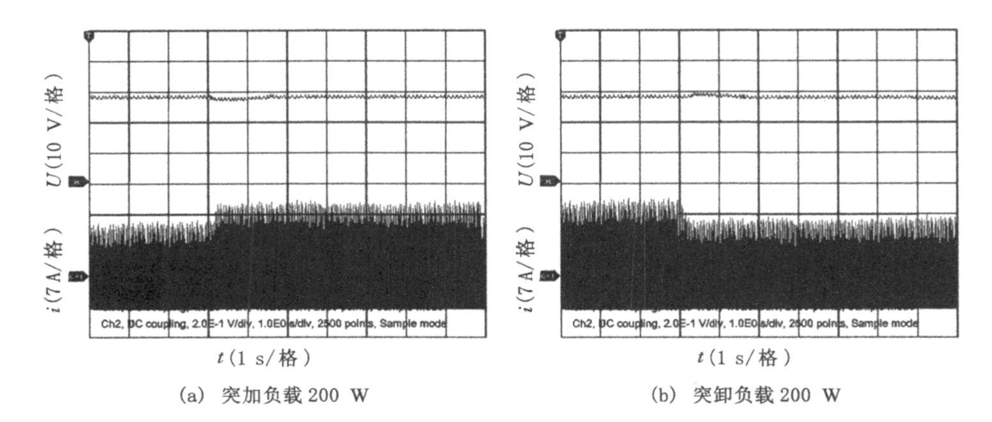

(a) 突加负载 200 W　　(b) 突卸负载 200 W

图 5-59　400 r/min 基于数字 PI 控制的突加突卸负载实验波形

表 5-12　不同转速内模 PI 控制下突加突卸负载实验结果

发电转速 /(r·min^{-1})	突加负载 200 W		突卸负载 200 W		突加负载 400 W		突卸负载 400 W	
	电压恢复时间/s	电压波动/V	电压恢复时间/s	电压波动/V	电压恢复时间/s	电压波动/V	电压恢复时间/s	电压波动/V
200	0.64	0.75	0.78	0.77	0.74	0.79	0.85	0.81
300	0.56	0.47	0.62	0.48	0.59	0.51	0.74	0.52
400	0.45	0.43	0.52	0.45	0.53	0.46	0.65	0.48
500	0.41	0.41	0.46	0.43	0.46	0.43	0.53	0.45
600	0.34	0.39	0.45	0.39	0.38	0.41	0.48	0.42
700	0.27	0.36	0.41	0.38	0.32	0.37	0.46	0.38
800	0.25	0.32	0.32	0.35	0.29	0.33	0.38	0.35
900	0.18	0.28	0.25	0.31	0.23	0.31	0.28	0.32
1 000	0.14	0.24	0.14	0.27	0.21	0.27	0.26	0.29

表 5-13　不同转速单神经元 PI 控制下突加突卸负载实验结果

发电转速 /(r·min^{-1})	突加负载 200 W		突卸负载 200 W		突加负载 400 W		突卸负载 400 W	
	电压恢复时间/s	电压波动/V	电压恢复时间/s	电压波动/V	电压恢复时间/s	电压波动/V	电压恢复时间/s	电压波动/V
200	1.61	0.77	1.86	0.81	1.71	0.83	1.86	0.86
300	1.24	0.49	1.52	0.51	1.44	0.50	1.52	0.55
400	0.93	0.45	1.12	0.48	1.13	0.47	1.12	0.48

表 5-13(续)

发电转速/(r·min^{-1})	突加负载 200 W		突卸负载 200 W		突加负载 400 W		突卸负载 400 W	
	电压恢复时间/s	电压波动/V	电压恢复时间/s	电压波动/V	电压恢复时间/s	电压波动/V	电压恢复时间/s	电压波动/V
500	0.88	0.44	1.05	0.45	0.98	0.45	1.05	0.48
600	0.85	0.41	0.92	0.42	0.89	0.44	0.92	0.45
700	0.64	0.38	0.76	0.41	0.72	0.38	0.76	0.41
800	0.50	0.35	0.63	0.37	0.60	0.35	0.63	0.37
900	0.45	0.32	0.53	0.35	0.54	0.33	0.53	0.36
1 000	0.35	0.28	0.42	0.31	0.45	0.28	0.42	0.31

表 5-14 不同转速数字 PI 控制下突加突卸负载实验结果

发电转速/(r·min^{-1})	突加负载 200 W		突卸负载 200 W		突加负载 400 W		突卸负载 400 W	
	电压恢复时间/s	电压波动/V	电压恢复时间/s	电压波动/V	电压恢复时间/s	电压波动/V	电压恢复时间/s	电压波动/V
200	1.77	0.81	1.93	0.85	1.97	0.85	2.13	0.87
300	1.54	0.62	1.88	0.65	1.64	0.66	1.94	0.69
400	1.41	0.48	1.58	0.52	1.71	0.54	1.65	0.58
500	1.25	0.46	1.31	0.48	1.45	0.51	1.51	0.54
600	1.02	0.43	1.16	0.45	1.22	0.47	1.26	0.49
700	0.98	0.41	1.09	0.43	1.12	0.44	0.92	0.47
800	0.93	0.37	1.02	0.38	0.82	0.41	0.64	0.43
900	0.84	0.35	0.84	0.37	0.65	0.37	0.58	0.39
1 000	0.67	0.31	0.71	0.33	0.53	0.33	0.45	0.36

为了方便对比三种控制方法下,发电抗干扰性能,图 5-60 到图 5-63 分别给出了各种情况下的三种控制方法性能对照图。根据实验结果我们可以知道:

(1) 三种控制方法实现的电压闭合控制中,内模 PI 控制的抗干扰性能比单神经元 PI 控制和单纯数字 PI 控制都要好。在内模 PI 控制下,发电在负载扰动下,其电压恢复时间比其他两种控制方法下的短,电压波动比较其他两种控制方法下的小。实验结果和仿真结果是一致的,内模 PI 控制中由于存在逆模型,对外部干扰不敏感,有着较好的鲁棒性能。

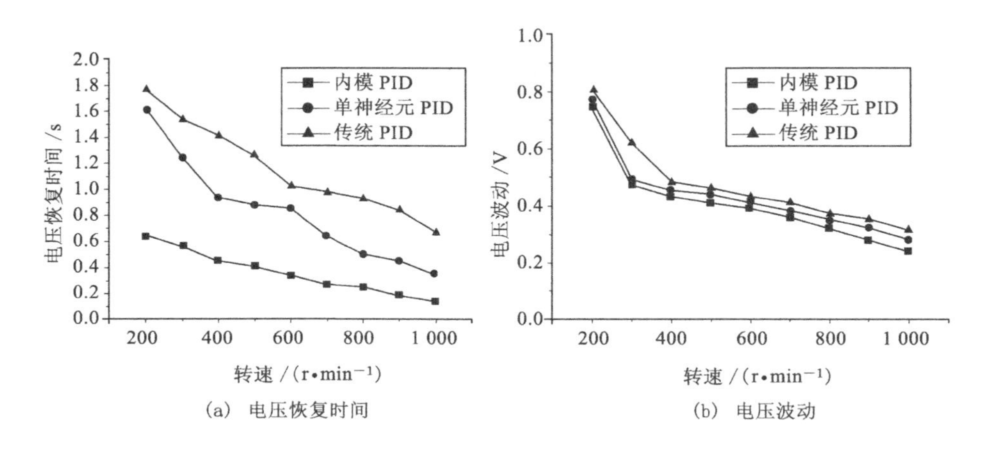

(a) 电压恢复时间　　(b) 电压波动

图 5-60　突加负载 200 W 时三种控制方法实验结果比较

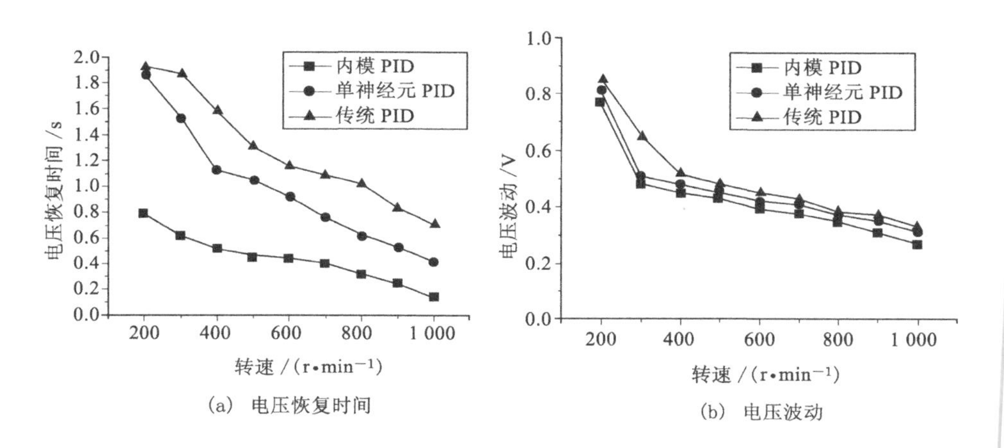

(a) 电压恢复时间　　(b) 电压波动

图 5-61　突卸负载 200 W 时三种控制方法实验结果比较

(2) 随着的转速的升高,不管是哪种控制方法,突加突卸负载的性能都比转速低的情况要好,这和仿真也是一致的。随着的转速的上升,输入机械功率变大,发电可控性能得到提高。同时高转速下,电流的最大值比低转速要小,而电流直接的间隔时间变短,输出脉冲电流的波动变小,最终的输出电能性能也有所提高。

(3) 内模 PI 控制和单神经元 PI 控制下,在转速 300 r/min 以上时,电压波动不超过 0.5 V,与仿真结果吻合,满足车辆发电机发电电压标准。

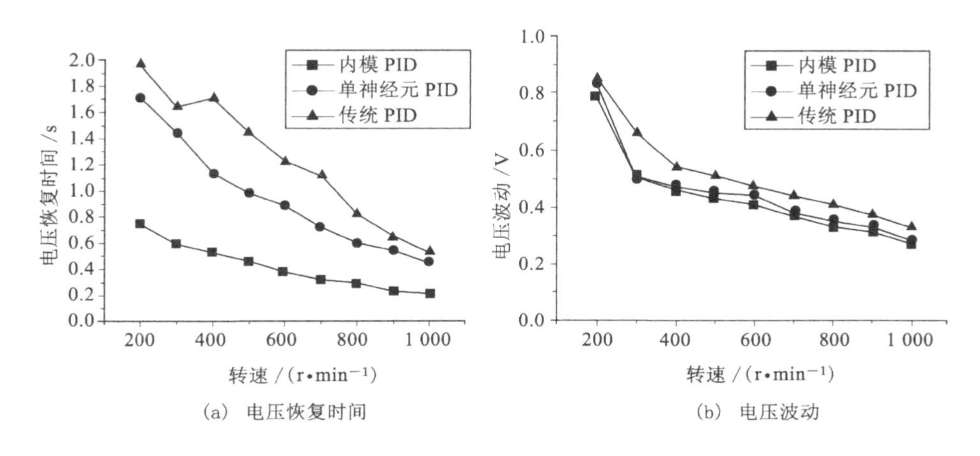

(a) 电压恢复时间 (b) 电压波动

图 5-62 突加负载 400 W 时三种控制方法实验结果比较

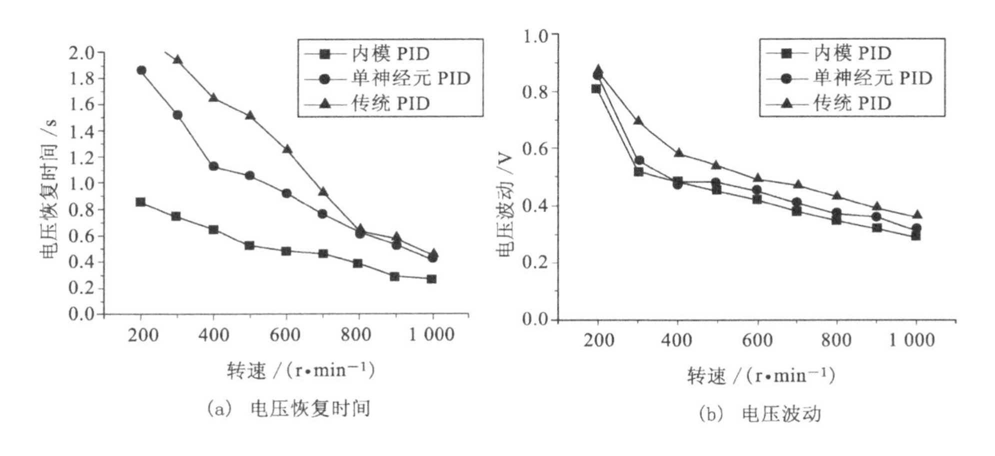

(a) 电压恢复时间 (b) 电压波动

图 5-63 突卸负载 400 W 时三种控制方法实验结果比较

5.7.3 转速变化发电情况实验

为了与仿真结果相比较，分别采用三种控制方法，对转速从 400 r/min 到 800 r/min 和转速从 800 r/min 到 400 r/min 变化时，启动/发电系统的输出电压变化情况进行了实验验证。

图 5-64 所示是转速从 400 r/min 变化到 800 r/min 时，三种控制策略下的电压变化实验结果。由图可知：转速突加 400 r/min 时，内模 PI 控制、单神经元控制和数字 PI 控制下的电压波动分别为 0.21 V、0.24 V 和 0.26 V，电压波动时

间分别为 0.35 s、0.46 s 和 0.48 s；三种控制方法下，随着转速的变大，电压输出变化很小，基本都在 0.30 V 以内，满足车辆发电机标准要求；内模 PI 控制下，随着转速的变化电压恢复时间最短，而数字 PI 控制下的电压恢复时间最长，这和仿真结果都是相符合的。

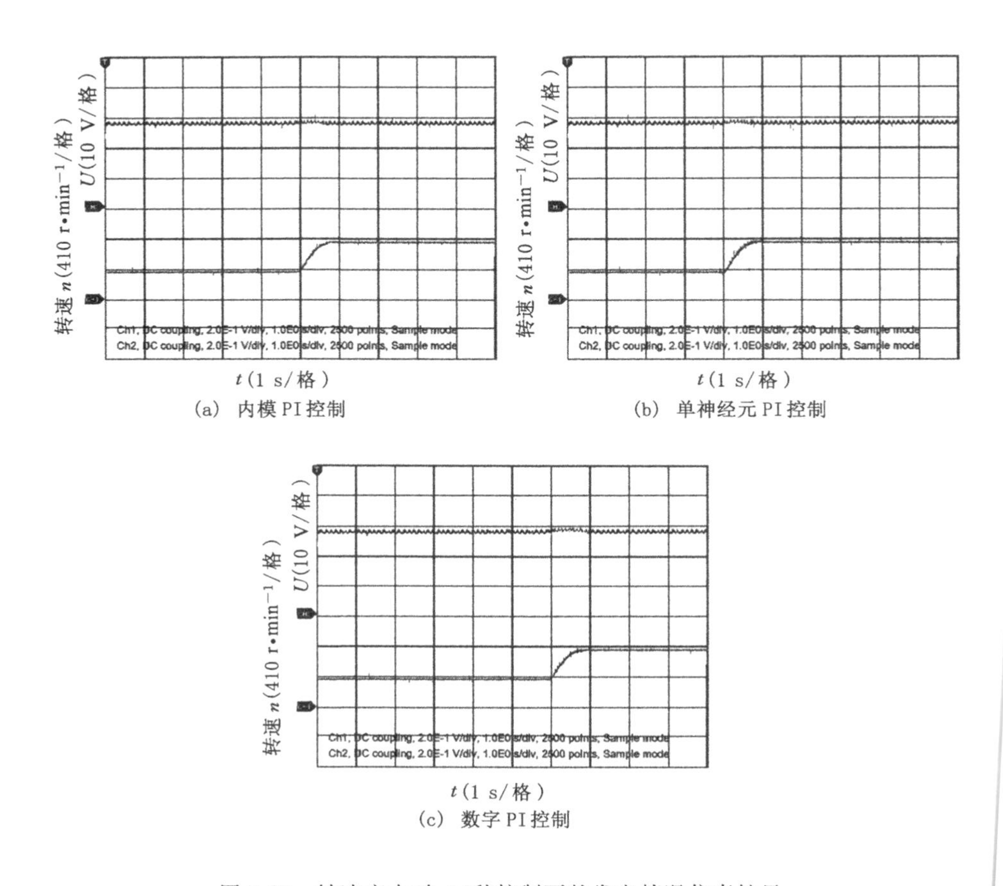

(a) 内模 PI 控制

(b) 单神经元 PI 控制

(c) 数字 PI 控制

图 5-64 转速变大时，三种控制下的发电情况仿真结果

如图 5-65 所示，当转速从 800 r/min 变化到 400 r/min 时，三种控制策略下的电压变化仿真结果。由图可知：转速突降 400 r/min 时，内模 PI 控制、单神经元控制和数字 PI 控制下的电压波动分别为 0.23 V、0.25 V 和 0.27 V，电压波动时间分别为 0.23 s、0.35 s 和 0.55 s；三种控制方法下，随着转速的变化，电压输出变化很小，基本都在 0.30 V 以内，满足车辆发电机标准要求。

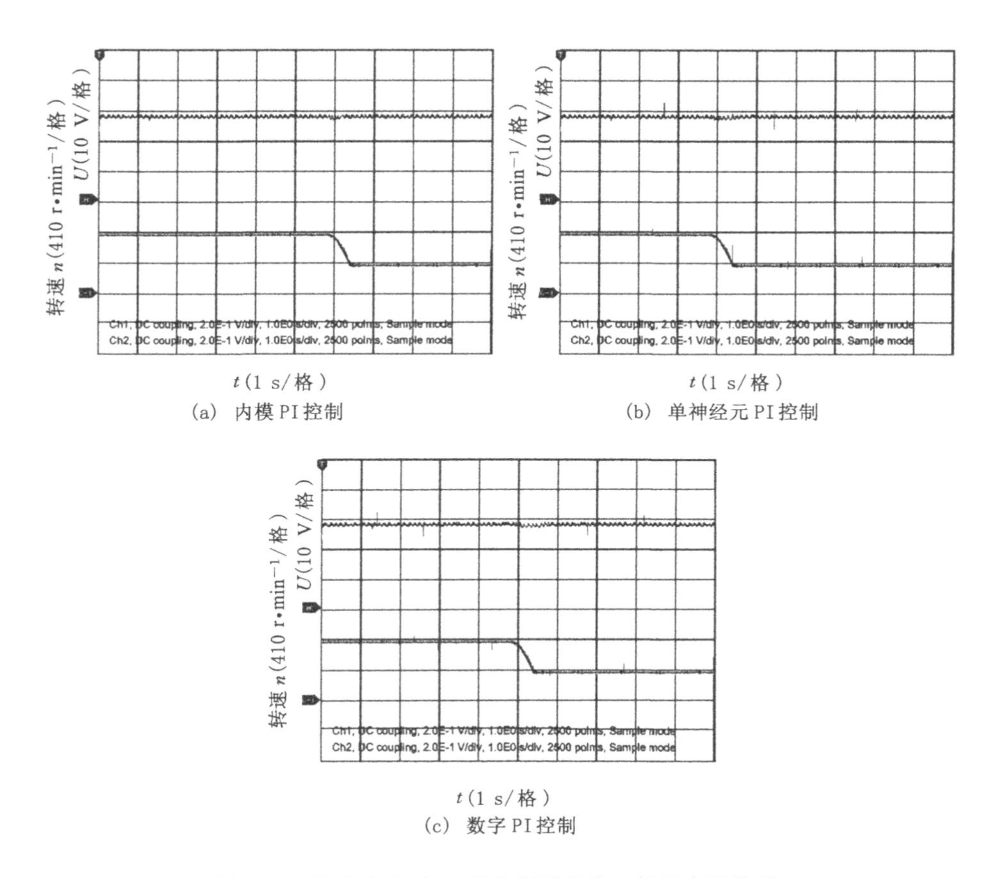

(a) 内模PI控制

(b) 单神经元PI控制

(c) 数字PI控制

图 5-65 转速变小时,三种控制下的发电情况实验结果

5.8 本章小结

本章首先对启动/发电系统的发电原理和励磁方式进行了分析,采用启动/发电一体化仿真模型,对输出功率最大和效率最优两种情况下的发电开通角和关断角进行了仿真优化,并给出不同转速下的优化角度。然后分别采用内模PI控制和单神经元PI控制方法对启动/发电系统进行了发电电压闭环控制设计,并对这两种控制方法下,启动/发电系统的发电建压情况、抗负载扰动情况、转速变化影响、绕组电阻变化等多种情况和数字PI控制下的情况进行了仿真和实验对比。仿真和实验结果表明,内模PI控制和单神经元PI控制都较传统的数字PI控制在发电闭合控制中有着更好的控制效果。这两种控制算法下的发电性

能在一定转速以上符合车辆发电机的发电电压品质的标准。内模 PI 控制在抗发电负载干扰和内部模型变化方面有着更好的表现,单神经元 PI 控制对电压的快速建立有着较好的表现;因此,可以根据实际应用情况的不同合理选择合适的控制方法。

6 启动/发电系统助力性能研究

6.1 引言

助力是启动/发电系统除启动和发电之外的另一种重要功能,车辆通过启动/发电系统的助力功能,可以提高系统的动力性能,减少尾气排放,提高燃油利用率[95-98]。车载启动/发电系统主要在两种情况下进行助力控制:一是在市区,红绿灯多、启动停止频繁的情况下,发动机不工作,车辆全靠启动/发电系统带动车辆低速运行,可以避免发动机低速运行时,燃油不完全、效率不高的缺点,同时由于启动/发电系统启停控制方便,提高了车辆低速运行的动力性能;二是在上坡或者负载较重的情况下,发动机负载过大,这时启动/发电系统进行助力,和发动机一起出力,提高车辆的负载能力。

助力控制时,启动/发电系统电动运行,提高其助力性能就是设计出高性能的转速闭环控制系统。本章为了获得助力控制系统的优良控制效果,引入了自抗扰控制方法,设计了启动/发电系统的助力控制转速闭环系统。

6.2 自抗扰控制的基本原理

传统的PI控制只对控制对象的输出误差进行削减控制,可以忽略控制对象的数学模型,实现简单,在调速、运动等控制领域得到广泛应用。但是PI控制是基于线性控制系统的一种控制策略,对于非线性控制系统难以获得令人满意的控制效果。启动/发电系统是一个时变参数和结构的系统,单一参数的PI控制很难在整个控制范围内得到理想的控制效果。因此,必须引入先进的控制方法,实现启动/发电这样一个非线性系统的有效控制。自抗扰控制是在吸取了传统的PI控制的优点,并且克服了PI控制缺点的基础上提出来的一种新型的控制策略[98-99]。它对控制系统的外部和内部扰动进行补偿,不依赖于被控对象精确数学模型,使得系统线性化为积分串联型结构,便于控制。

根据文献[100]自抗扰控制原理如图6-1所示,它由非线性跟踪微分器

(NTD,Nonlinear Tracking Differentiator)[101]、非线性状态误差反馈控制律(NLSEF,Nonlinear States Error Feed-back)[102]和扩张状态观测器(ESO,Extended State Observer)[103]三部分组成。非线性跟踪微分器可以避免经典PI控制中因给定的突变而造成的控制量的变化过大,最终输出量有着较大的超调的缺点。扩张状态观测器是自抗扰控制器的核心控制部分,它以控制对象的输入和输出量作为判断依据,估算出模型的误差变化以及外部扰动,并且将这些扰动变成补偿加入反馈中,从而稳定控制效果。非线性状态误差反馈控制律能使误差以指数形式成数量级减小,由于只用比例和微分环节设计控制器,避免了传统PI控制里积分的副作用。

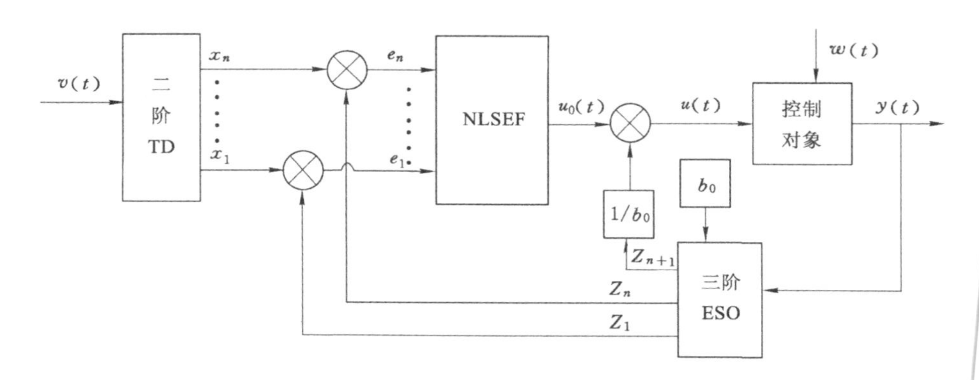

图 6-1　自抗扰控制原理图

6.3　基于自抗扰控制的启动/发电助力系统设计

本书以电机转速为控制量来进行自抗扰控制器的设计,由SRM机电联系方程可以得出:

$$\frac{\mathrm{d}\omega}{\mathrm{d}t}=\frac{T_{\mathrm{e}}}{J}-\frac{K}{J}\cdot\omega-\frac{T_{\mathrm{L}}}{J} \tag{6-1}$$

式(6-1)可以进一步变成:

$$\dot{\omega}=-\frac{K}{J}\cdot\omega-\frac{T_{\mathrm{L}}}{J}+\frac{1}{J}\cdot T_{\mathrm{e}}=a(t)+b_0u_{\mathrm{q}} \tag{6-2}$$

其中 $a(t)=-\dfrac{K}{J}\cdot\omega-\dfrac{T_{\mathrm{L}}}{J}$,$b_0=\dfrac{1}{J}$,$u_{\mathrm{q}}=T_{\mathrm{e}}$。

其中 $a(t)$ 包含了内部和外部的扰动,将 bu_{q} 作为控制量,如果 $a(t)$ 能够被自抗扰控制器精确的反馈,则开关磁阻电机系统则可以转换成一个一阶系统的控制问题。

在车载启动/发电助力控制系统中，随着车辆运行状况的不同，电机的转速给定是多变的，自抗扰控制器的TD模块可以让控制器的给定更加迅速地逼近实际要求的速度，并且过滤掉噪声的影响。为了简化控制结构，主要采用了一个二阶的ESO和一个一阶的NLSEF来进行启动/发电系统助力的自抗扰系控制器的设计，如图6-2所示。

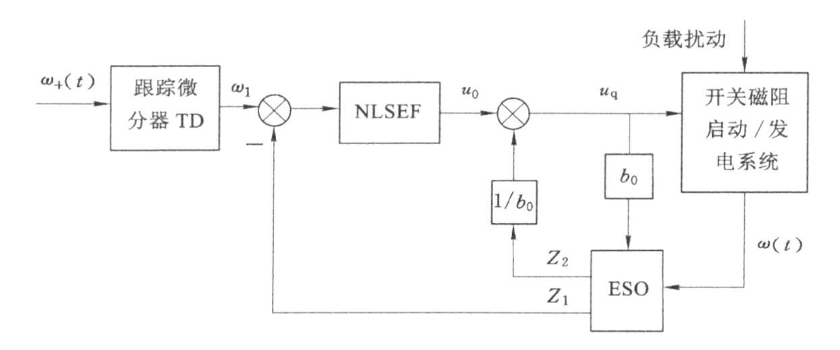

图6-2 基于自抗扰控制器的启动/发电助力系统

其中TD滤波器离散化后为：

$$\begin{cases} x_1(k+1)=x_1(k)+hx_2(k) \\ x_2(k+1)=x_2(k)+hfst(x_1(k)-v(t),x_2(k),r,h) \end{cases} \tag{6-3}$$

其中，$fst=\begin{cases} -r\dfrac{a}{d},|a|\leqslant d \\ r\mathrm{sign}(a),|a|>d \end{cases}$，$a=\begin{cases} x_2(k)+(x_1(k)+hx_2(k))/h,|x_1(k)+hx_2(k)|\leqslant d_0 \\ x_2(k)+(a_0-d)/2,|x_1(k)+hx_2(k)|>d_0 \end{cases}$

r 为跟踪速度参数，r 越大，x_1 越接近 v，跟踪越好；h 为积分步长，h 越大，滤波效果越好；fst 为离散时间系统最优控制函数

二阶ESO根据系统的实际测量电机速度 $\omega(t)$ 和系统电压PWM占空比的输出量 $u(t)$ 来估测系统总扰动的实时作用量 。ESO方程为：

$$\begin{cases} e=z_1-\omega \\ z_1=z_2=-\beta_1 fal(\varepsilon,\alpha_1,\delta_0)+u \\ z_2=-\beta_2 fal(\varepsilon,\alpha_2,\delta_0) \end{cases} \tag{6-4}$$

其中 $\beta_1,\beta_2,\alpha_1,\alpha_2,\delta_0$ 都是可调参数，$fal(\cdot)$ 为非线性函数：

$$fal(\varepsilon,\alpha,\delta)=\begin{cases} |\varepsilon|^{\alpha}\mathrm{sign}(\varepsilon),\ |\varepsilon|>\delta \\ \dfrac{\varepsilon}{\delta^{1-\alpha}},\ |\varepsilon|\leqslant\delta \end{cases} \tag{6-5}$$

当 ESO 最终收敛时，第二个输出 z_2 就可以跟踪包含了内部和外部的扰动$a(t)$。

输出控制量为：

$$u = u_0 - z_2/b_0 \tag{6-6}$$

其中 $u_0=\beta_0 fal(-y_1(t),\alpha_0,\delta_0)$ 为非线性反馈，$-z_2/b_0$ 为内部和外部的扰动的补偿。自抗扰控制器将内部模型和外部干扰及时进行估计并进行补偿，实现了高性能的抗干扰能力。实际控制中，可以不需要实际控制对象的精确模型，只要知道输入输出量就可以实现闭环控制。

一阶 NLSEF 为：

$$\begin{cases} u_0 = \beta_1 fal(e_1, a_1, \delta_0) \\ e_1 = \omega^* - z_1 \end{cases} \tag{6-7}$$

实际控制中，为了控制实现方便，对实际输出量取 PWM 控制的占空比。

6.4 启动/发电助力控制系统仿真结果

为了验证自抗扰控制在启动/发电助力控制系统转速控制中的效果，分别对系统的启动、突加突卸负载情况，内部定子绕组电阻变化，转速跟踪情况进行了仿真实验。并与相同情况下 PI 控制的启动、突加突卸负载情况进行了各方面的仿真结果比较。

6.4.1 启动仿真

启动/发电系统助力控制在车辆低速的时候，根据路况需要频繁启停电机。因此，启动/发电系统的启动性能十分重要。根据第 3 章提出的启动/发电系统的启动控制策略，在助力控制的时候，100 r/min 以下的时候认为是启动阶段，采用启动控制策略，而在 100 r/min 以上的时候，采用自抗扰控制进行助力控制。

如图 6-3、图 6-4 和图 6-5 所示，分别是启动转速 400 r/min、800 r/min 和 1 200 r/min 下，启动/发电系统带负载 5 N · m 启动的转速、电流和转矩变化仿真曲线。由仿真曲线我们可以看出：转速启动平稳而且启动时间短，目标转速 400 r/min 下启动时间 0.22 s，目标转速 800 r/min 下启动时间 0.29 s，目标转速 1 200 r/min 下启动时间 0.42 s 满足助力控制的启动速度快的要求；启动时基本无超调，稳定时间短；启动完成，稳定情况下转速波动小，目标转速 400 r/min 下转速波动为 5%左右，800 r/min 下转速波动为 2%左右，1 200 r/min 下转速波动为 1.5%左右。因此，自抗扰控制下，启动/发电助力控制系统能够及时启动并且迅速地稳定运行。

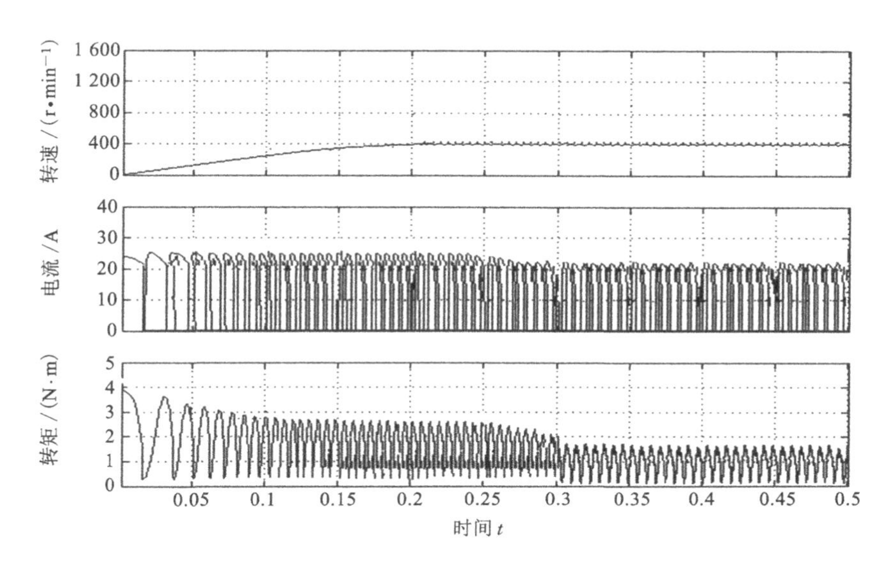

图 6-3 转速 400 r/min 启动仿真结果

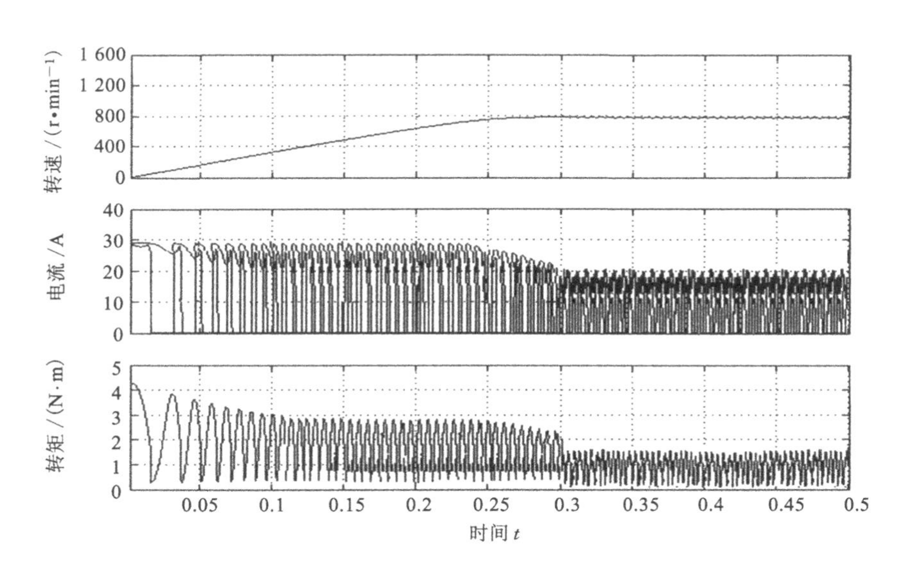

图 6-4 转速 800 r/min 启动仿真结果

6.4.2 负载扰动仿真

车辆在运行过程中，经常受到外部阻力的干扰，如上下乘客、搬运货物、上坡下坡、风的阻力等。要保持车辆的速度稳定，就需要助力控制器对启动/发电系

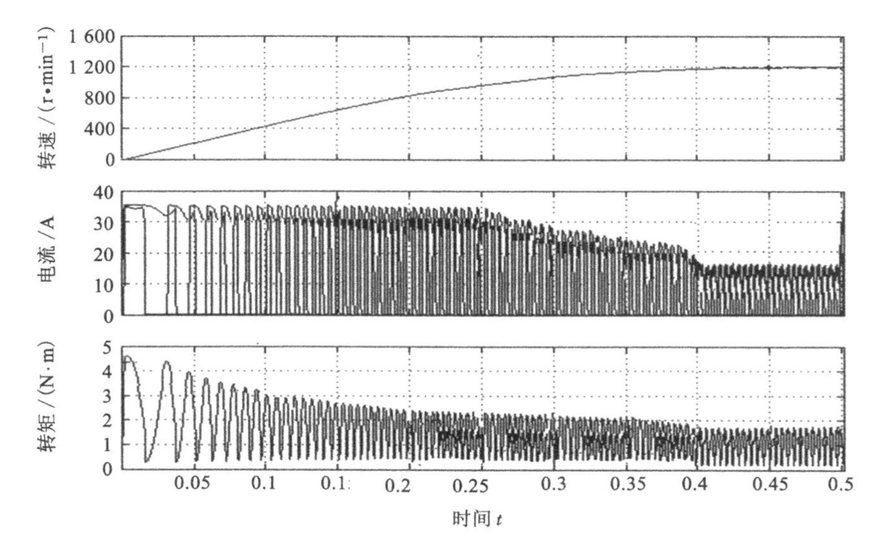

图 6-5 转速 1 200 r/min 启动仿真结果

统的转速闭合有着很好的控制。自抗扰控制器的优点是能够对负载扰动进行快速调节,对外部干扰有着良好的鲁棒性。为了测试自抗扰控制器的实际抗干扰能力,采用第 2 章建立的一体化仿真模型,对自抗扰控制下的助力控制系统进行不同转速下突加突卸负载的仿真实验。

如图 6-6、图 6-7 和图 6-8 所示,分别是 400 r/min、800 r/min 和 1 200 r/min 转速下,系统突加突卸负载时,转速、电流和转矩变化仿真结果。由图可以看出:转速 400 r/min 下,突加负载恢复时间 0.10 s、转速波动 10%,转速 800 r/min 下突加负载恢复时间 0.14 s、转速波动 8%,转速 1 200 r/min 下突加负载恢复时间 0.22 s、转速波动 6%;转速 400 r/min 下突卸负载恢复时间 0.11 s、转速波动 12%,转速 800 r/min 下突卸负载恢复时间 0.16 s、转速波动 11%,转速 1 200 r/min 下突卸负载恢复时间 0.24 s、转速波动 8%。在自抗扰控制下,启动/发电系统助力控制在负载扰动下,转速、转矩恢复正常时间短,速度快,能够满足车辆负载多变的特点。

6.4.3 模型内部参数变化仿真

由于结构特点,开关磁阻电机难以获得精确的电机数学模型,而且随着运行状态的不同,模型始终处于变化之中。随着温度的变化,定子绕组的电阻会有一定的变化。如图 6-9 为 400 r/min 设定定子绕组电阻 $R=0.55\ \Omega$ 下的启动情况,图 6-10、图 6-11 和图 6-12 分别为转速 1 200 r/min、800 r/min 和 400 r/min 时,在 1.5 s 的时候定子电阻由 $R=0.45\ \Omega$ 变化为 $R=0.55\ \Omega$ 时候的转速变化

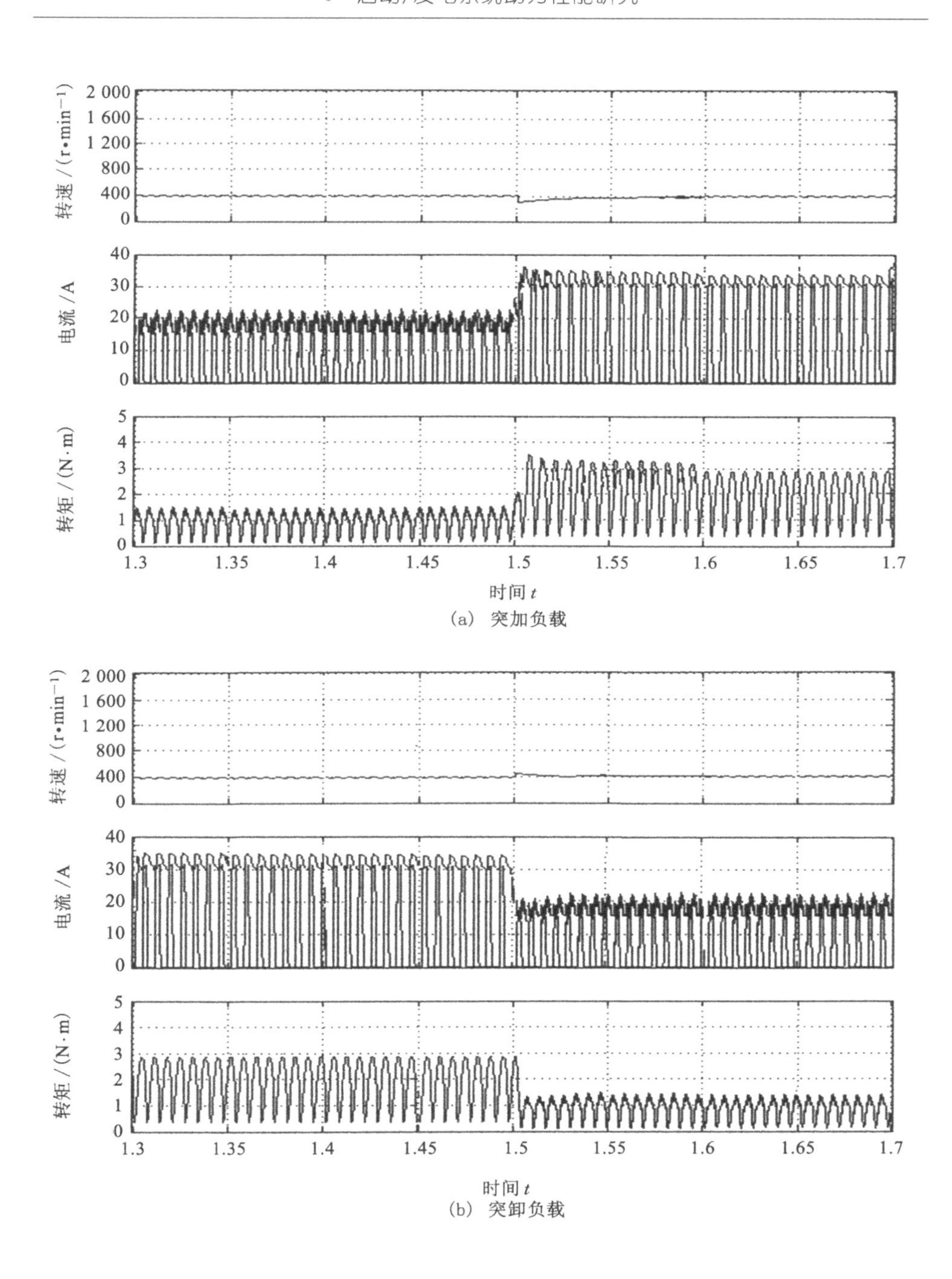

图 6-6 转速 400 r/min 转速抗负载干扰仿真结果

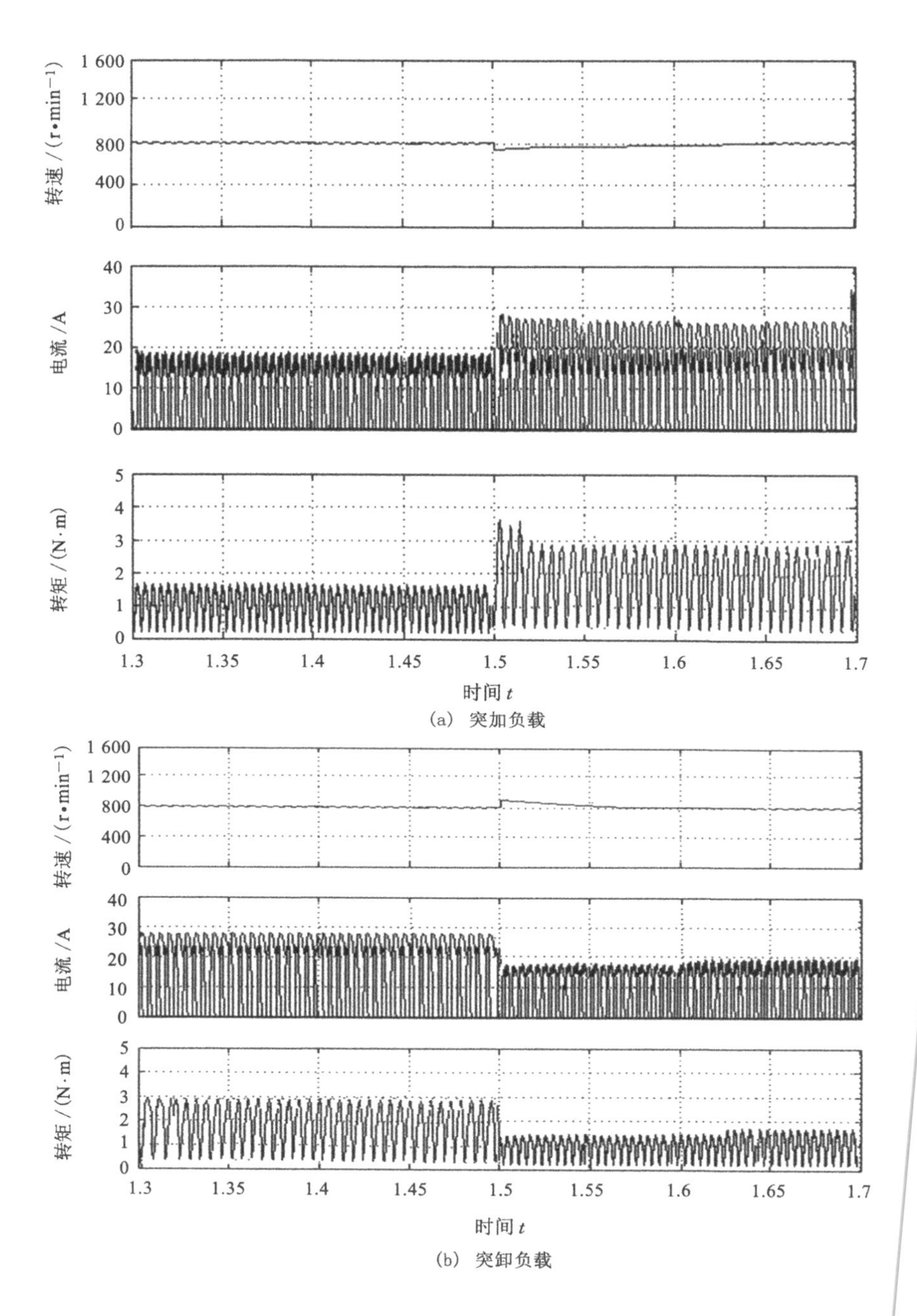

图 6-7　转速 800 r/min 转速抗负载干扰仿真结果

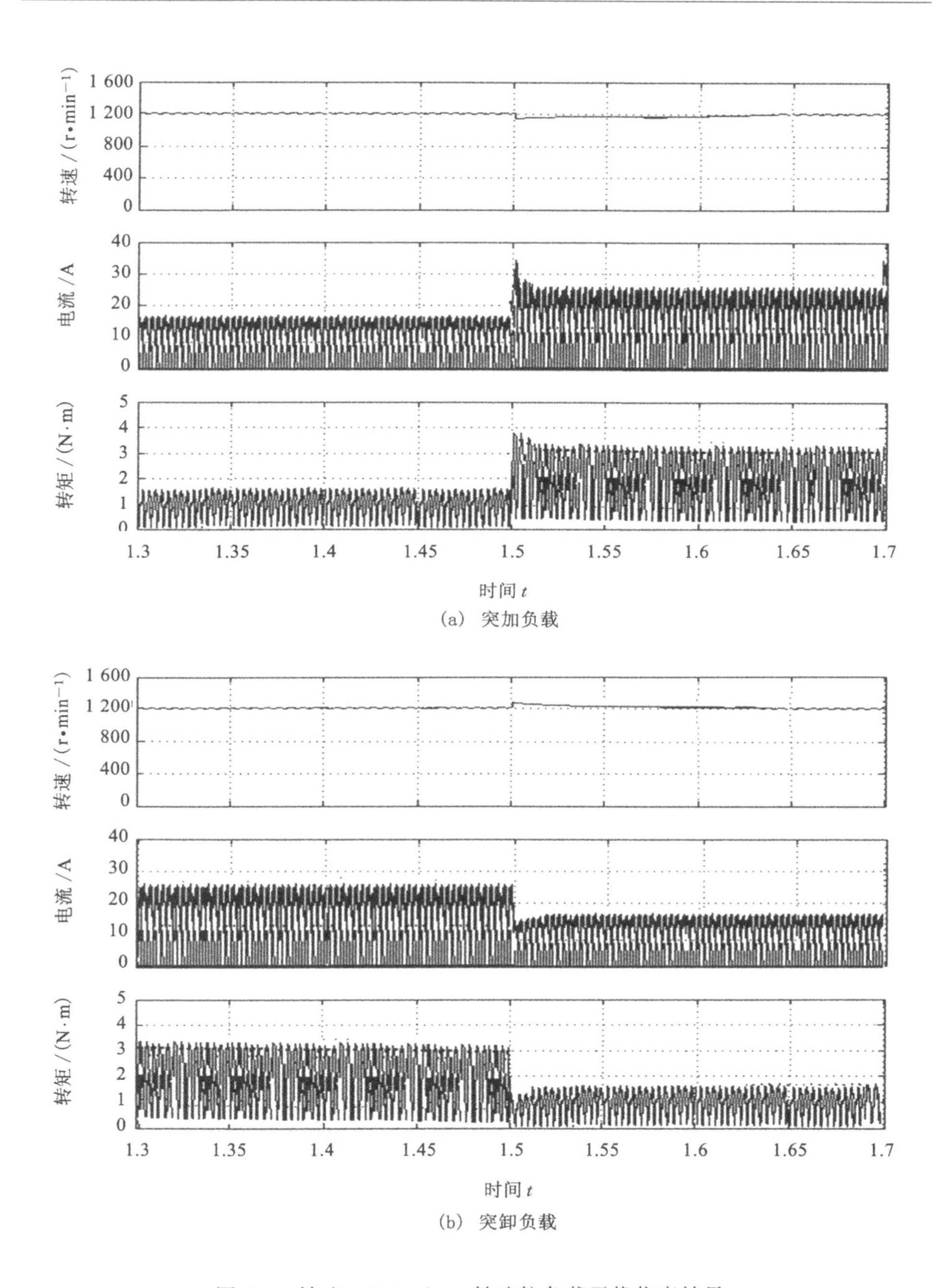

图 6-8 转速 1 200 r/min 转速抗负载干扰仿真结果

情况。由仿真结果可知:定子绕组电阻变化对系统的启动基本没有影响;转速400 r/min下,定子绕组电阻变化恢复时间0.02 s、转速波动2%,转速800 r/min下定子绕组电阻变化恢复时间0.04 s、转速波动3%,转速1 200 r/min下定子绕组电阻变化恢复时间0.05 s、转速波动3%;在自抗扰控制下,对于模型参数的变化带来的内部扰动有着很好的抵抗能力。

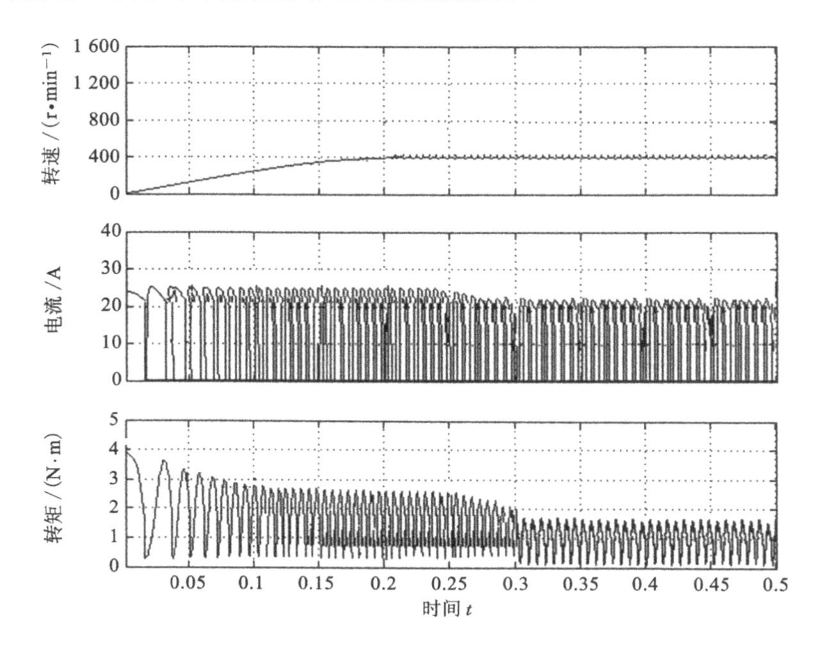

图 6-9 定子绕组电阻变化下 400 r/min 启动仿真

6.4.4 转速跟随性能仿真

车辆在运行时,转速是随着路况不断变化的,启动/发电助力系统必须能够迅速地跟随给定目标转速变化来控制电机转速的大小。图 6-13 和图 6-14 分别是转速从 200 r/min 到 600 r/min,再到 1 000 r/min 的转速给定递增 400 r/min 的转速跟随仿真结果和转速从 1 000 r/min 到 600 r/min,再到 200 r/min 的转速给定递减 400 r/min 的转速跟随仿真结果。

由仿真结果可以看出:给定转速变化时,电机转速能够迅速地跟随给定变化;在突加 400 r/min 转速下,转速在 0.3 s 左右跟随完成;突减 400 r/min 转速下,转速在 0.3 s 左右跟随完成。无论是加速转速跟随还是减速转速跟随,转速跟随给定转速精度高、稳定性好,可以满足车辆转速多变、快速的要求。

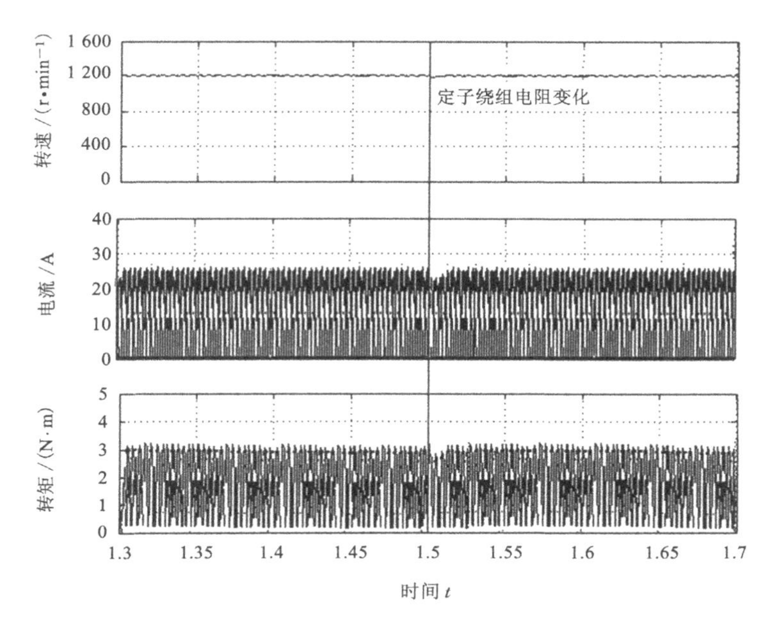

图 6-10 绕组电阻变化下 1 200 r/min 时转速仿真结果

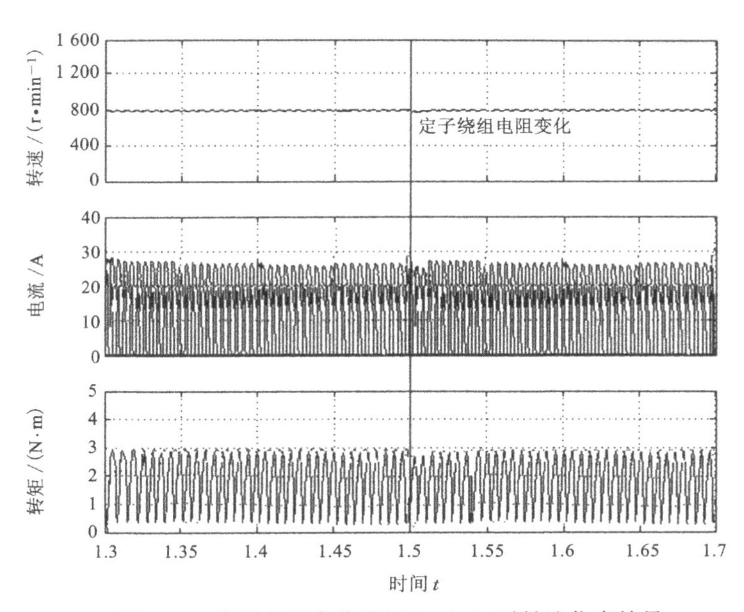

图 6-11 绕组电阻变化下 800 r/min 时转速仿真结果

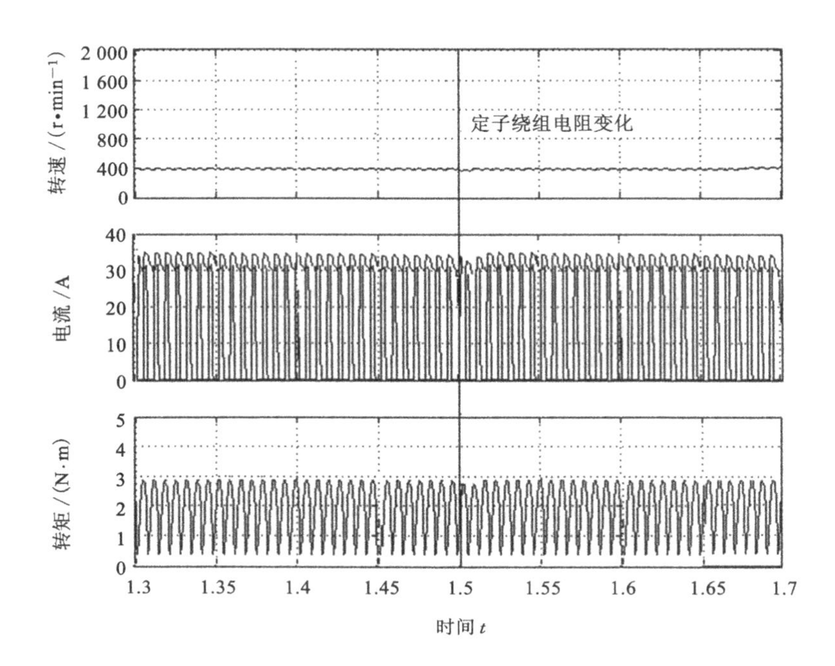

图 6-12　绕组电阻变化下 400 r/min 时转速仿真结果

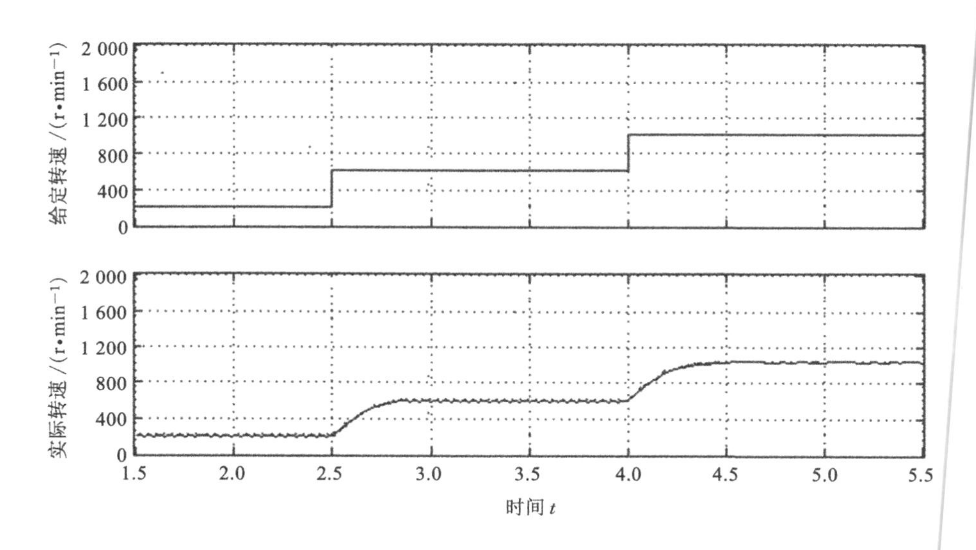

图 6-13　给定递增转速跟随性仿真结果

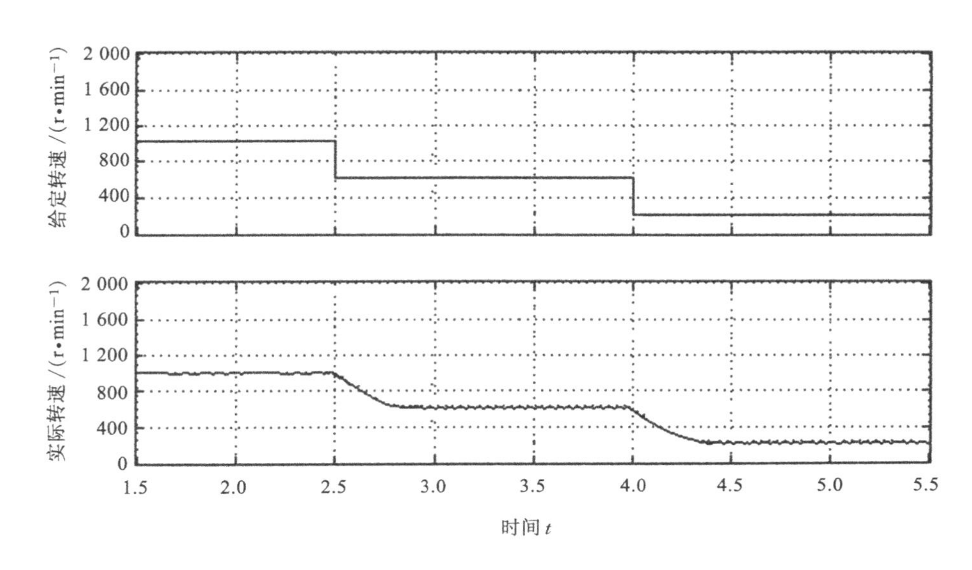

图 6-14　给定递减转速跟随性仿真结果

6.4.5　自抗扰控制与 PI 控制性能比较

为了对比自抗扰控制的控制效果，对同样负载条件下的 PI 控制的助力控制系统进行了仿真。为了方便对比，仿真分两种情况：调节 PI 参数，使得两种控制方法下的启动时间相同，见表 6-1；调节 PI 参数，使得两种控制方法下的启动超调为零，见表 6-2。同时对两种情况下的突加突卸负载情况进行了仿真对比。

表 6-1　相同启动时间下的仿真结果比较

转速 /(r·min^{-1})	控制方法	启动时间 /s	超调 /%	突加负载恢复时间 /s	突加负载转速突变 /(r·min^{-1})	突卸负载恢复时间 /s	突加负载转速突变 /(r·min^{-1})
200	PI	0.12	8	0.13	53	0.14	58
	自抗扰	0.10	2	0.07	40	0.09	43
400	PI	0.22	10	0.21	70	0.25	86
	自抗扰	0.22	1	0.11	30	0.14	48
600	PI	0.25	11	0.24	82	0.29	92
	自抗扰	0.26	2	0.14	34	0.17	42

表 6-1(续)

转速 /(r·min^{-1})	控制方法	启动时间 /s	超调 /%	突加负载恢复时间 /s	突加负载转速突变 /(r·min^{-1})	突卸负载恢复时间 /s	突加负载转速突变 /(r·min^{-1})
800	PI	0.29	11	0.27	111	0.31	125
	自抗扰	0.29	3	0.16	51	0.19	65
1 000	PI	0.34	12	0.32	123	0.37	133
	自抗扰	0.35	2	0.17	57	0.25	80
1 200	PI	0.43	14	0.42	143	0.51	153
	自抗扰	0.42	4	0.23	82	0.32	94
1 400	PI	0.52	12	0.53	164	0.65	174
	自抗扰	0.53	3	0.25	97	0.41	105

表 6-2 无转速超调下的仿真结果比较

转速 /(r·min^{-1})	控制方法	启动时间 /s	超调 /%	突加负载恢复时间 /s	突加负载转速突变 /(r·min^{-1})	突卸负载恢复时间 /s	突加负载转速突变 /(r·min^{-1})
200	PI	0.25	0	0.15	63	0.17	66
	自抗扰	0.15	0	0.09	51	0.12	57
400	PI	0.47	0	0.26	84	0.29	89
	自抗扰	0.23	0	0.13	42	0.16	45
600	PI	0.78	0	0.29	89	0.32	93
	自抗扰	0.31	0	0.17	39	0.21	43
800	PI	0.92	0	0.32	121	0.39	125
	自抗扰	0.41	0	0.21	63	0.24	69
1 000	PI	1.13	0	0.43	138	0.49	143
	自抗扰	0.45	0	0.25	63	0.26	73
1 200	PI	1.24	0	0.52	151	0.58	159
	自抗扰	0.51	0	0.33	92	0.36	98
1 400	PI	1.35	0	0.63	169	0.68	174
	自抗扰	0.56	0	0.35	99	0.41	103

由表 6-1 可以看出：启动时间基本相同的情况下，采用自抗扰控制，启动转速超调很小，在突加和突卸负载的时候，转速突变恢复时间短、转速变化都比单纯的 PI 控制要小。由表 6-2 可以看出：基本无超调的情况下，采用自抗扰控制，启动时间比单纯 PI 控制下的短，同时在突加和突卸负载的时候，转速恢复时间短、转速变化小。因此，自抗扰控制下的启动/发电助力控制系统，启动性能、抗负载扰动能力都比传统的 PI 控制要好。

6.5　启动/发电助力控制实验结果

为了验证本章提出的基于自抗扰控制方法的启动/发电助力转速闭环系统控制效果，采用第 2 章介绍的启动/发电系统一体化样机平台进行了多项动静态转速性能的实验，主要包括：不同转速下的启动实验，平稳运行时的负载扰动实验和给定转速变化时的转速跟踪实验。

6.5.1　启动实验

为了和仿真结果相对照，在启动/发电一体化实验平台上，分别对转速从 200 r/min 到 1 400 r/min 的启动进行了样机实验。图 6-15、图 6-16 和图 6-17 分别为启动转速 400 r/min、800 r/min 和 1 200 r/min 时的启动转速和电流波形。具体的实验结果见表 6-3。

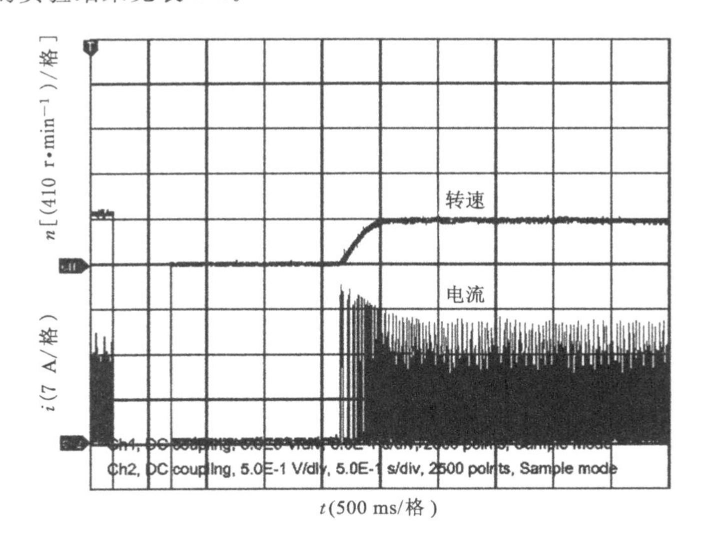

图 6-15　启动转速与电流波形（转速 400 r/min）

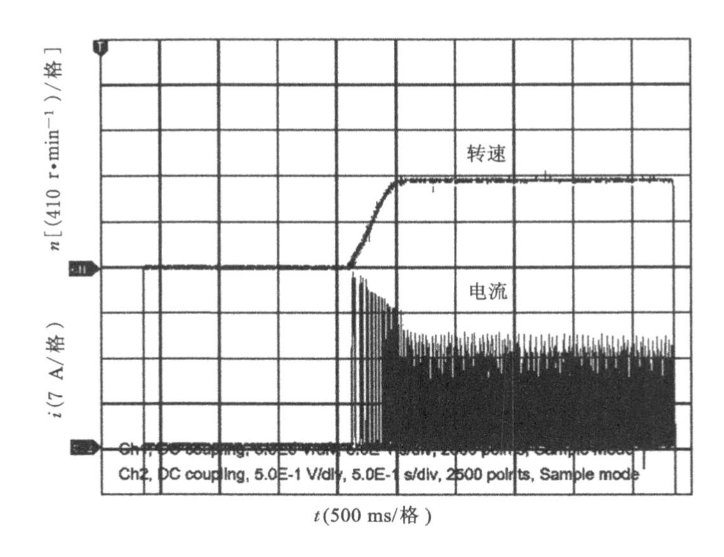

图 6-16　启动转速与电流波形(转速 800 r/min)

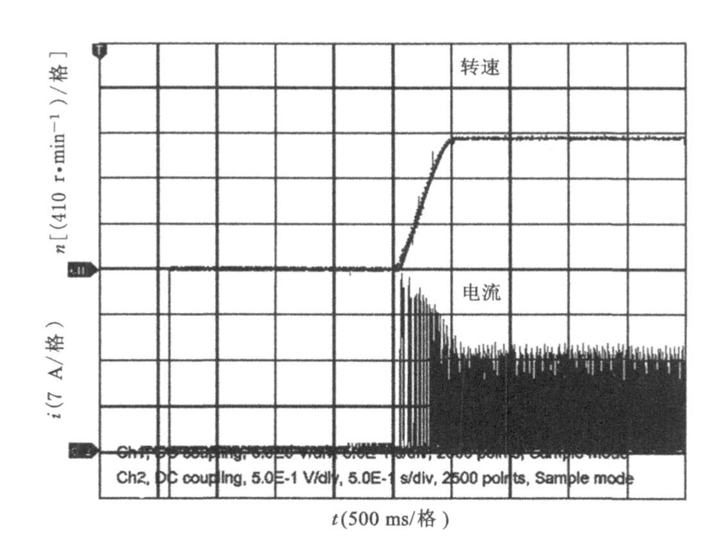

图 6-17　启动转速与电流波形(转速 1 200 r/min)

表 6-3 启动实验结果数据

转速/($r\cdot min^{-1}$)	启动时间/s	超调/%	稳态转速波动/($r\cdot min^{-1}$)
200	0.27	0	±14
400	0.32	1	±13
600	0.38	2	±13
800	0.43	0	±11
1 000	0.47	2	±12
1 200	0.51	1	+11
1 400	0.63	2	+12

根据实验结果可以知道:自抗扰控制下,启动/发电系统可以快速地带动电机达到目标转速,样机实验启动时间和上节的仿真结果相符,实验启动时间比仿真时间要稍长,这是由于样机系统具有一定的机械延时,检测信号和控制器都有时间延时,仿真模型是理想化的;转速上升快,启动基本没有超调;稳态转速波动比较小,转速 400 r/min 以上时,稳态转速波动在 3%以内。因此,基于自抗扰的助力控制系统,启动迅速、稳态精度高,比较适合车辆频繁的启动。

6.5.2 转速抗干扰实验

为了验证基于自抗扰控制启动/发电助力系统的转速抗干扰能力,在启动/发电一体化实验平台上,分别对转速从 200 r/min 到 1 400 r/min 的启动进行了样机实验。图 6-18、图 6-19 和图 6-20 分别为转速 400 r/min、800 r/min 和 1 200 r/min时的抗干扰转速和电流波形,突加和突卸负载转矩为 5 N·m。具体的实验结果见表 6-4。

表 6-4 抗干扰实验结果

转速/($r\cdot min^{-1}$)	突加负载恢复时间/s	突加负载转速突变/($r\cdot min^{-1}$)	突卸负载恢复时间/s	突加负载转速突变/($r\cdot min^{-1}$)
200	0.18	23	0.19	30
400	0.23	26	0.27	31
600	0.28	33	0.34	36
800	0.35	35	0.41	39
1 000	0.38	41	0.42	43
1 200	0.41	50	0.45	52
1 400	0.52	69	0.56	63

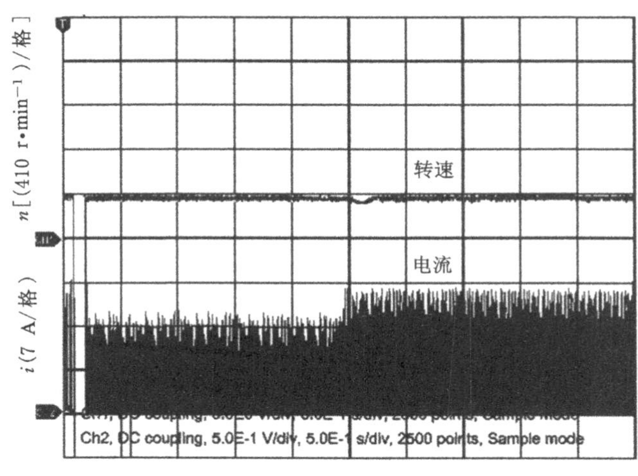

(a) 突加负载

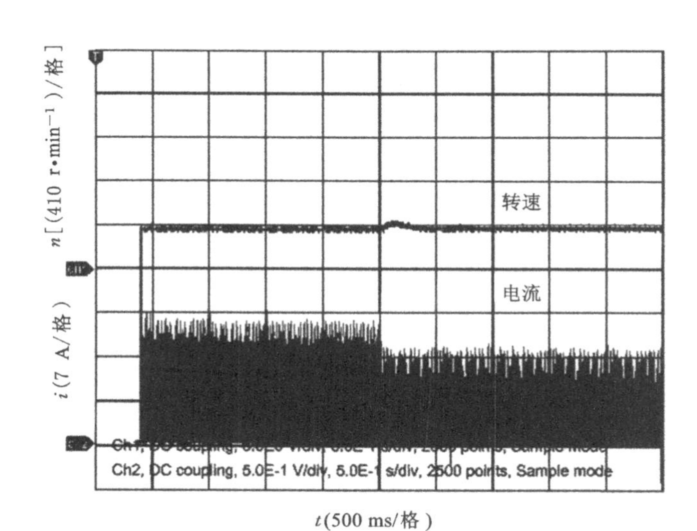

(b) 突卸负载

图 6-18　400 r/min 时转速抗干扰实验结果

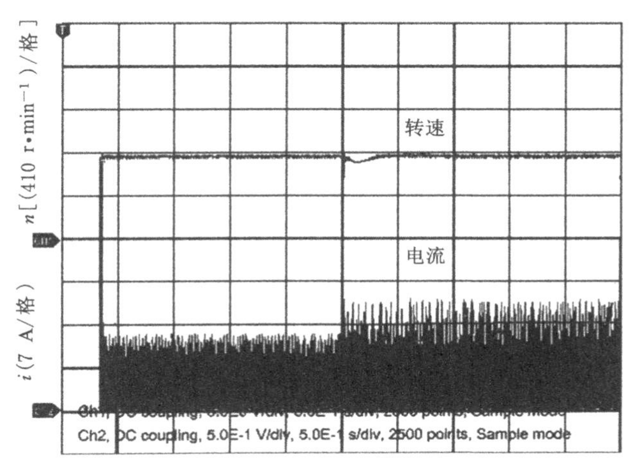

(a) 突加负载

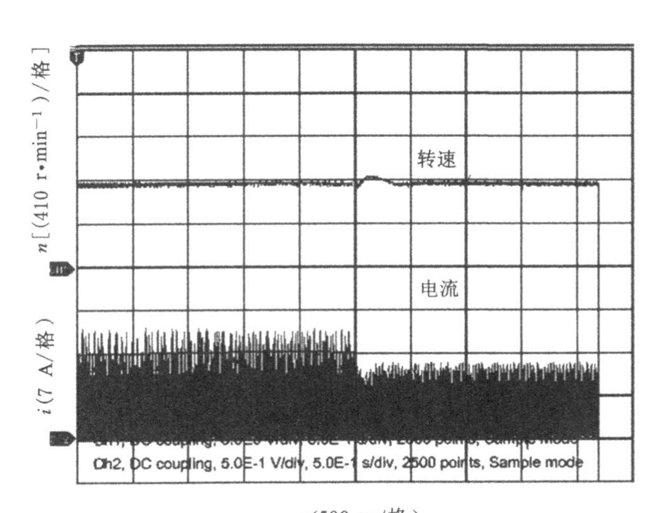

(b) 突卸负载

图 6-19 800 r/min时转速抗干扰实验结果

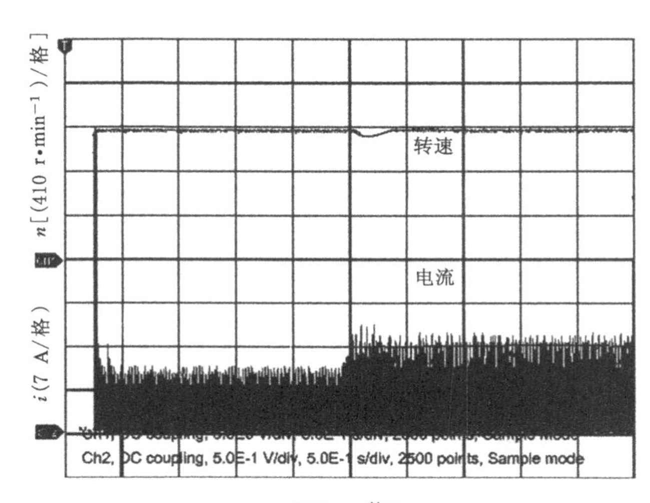

(a) 突加负载

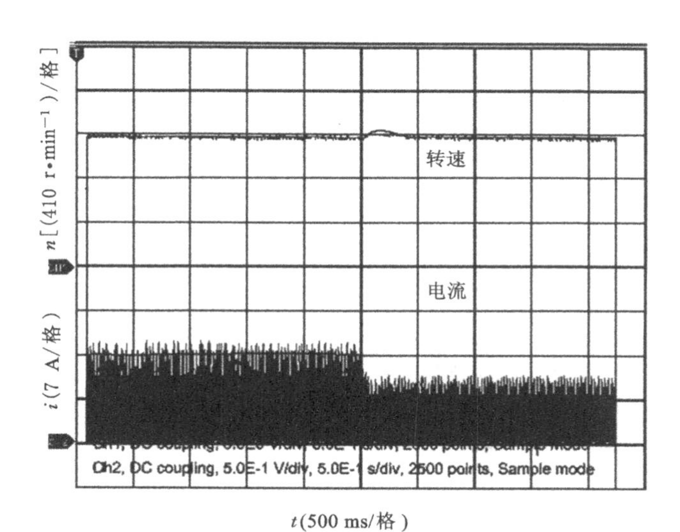

(b) 突卸负载

图 6-20　1 200 r/min 时转速抗干扰实验结果

根据实验结果可以知道：从 200 r/min 到 1 400 r/min，突加突卸负载 1 N・m，转速都能够在 0.6 s 的时间内恢复到原来的平稳状态，转速波动在 60 r/min 以内；转速突变时间短、转速恢复正常迅速。因此，采用自抗扰方法设计的启动/发电助力系统的转速闭环抗干扰性能突出、鲁棒性好。

6.5.3 跟随性实验

为了验证基于自抗扰控制的启动/发电助力系统的转速跟随能力，在启动/发电一体化实验平台上，分别对转速从 200 r/min 到 600 r/min，再到 1 000 r/min的转速给定递增 400 r/min 的转速跟随情况和转速从 1 000 r/min 到 600 r/min，再到 200 r/min 的转速给定递减 400 r/min 的转速跟随情况分别进行了样机实验。图 6-21 和图 6-22 分别是加速转速跟随和减速转速跟随实验波形。

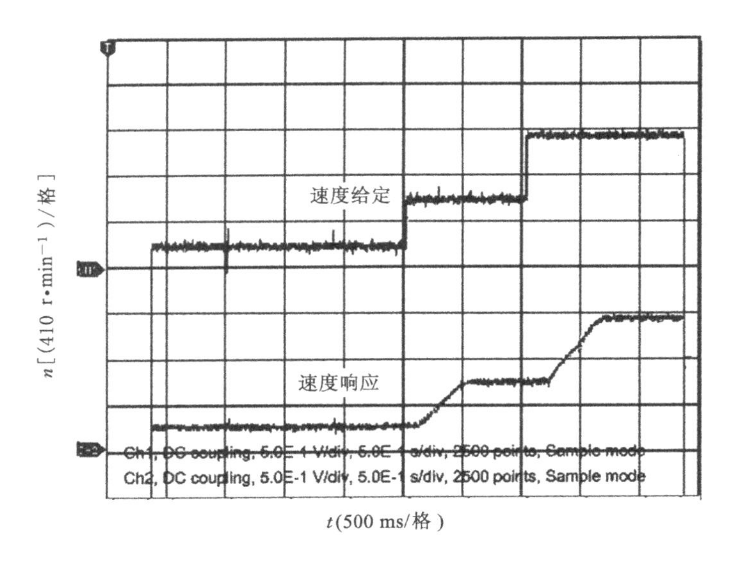

图 6-21　加速转速跟踪实验波形

由图可以看出：给定转速变化时，电机反应延时 0.1 s 左右，这和控制器以及机械延时有关，而仿真是理想化的，并没有这个延时；在突加 400 r/min 转速下，转速跟踪可以在 0.4 s 左右完成；突减 400 r/min 转速下，转速跟踪可以在 0.5 s 左右完成，基本可以满足车辆的快速响应的要求。跟随实验结果和仿真实验结果相比，调节时间稍长，这是由实际的控制系统与仿真的差别造成的，仿真和实验结果基本上相符合。

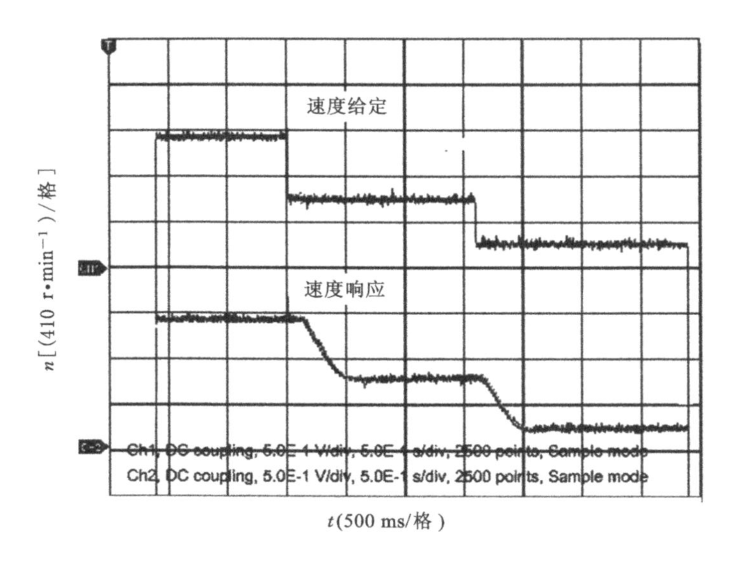

图 6-22 减速转速跟踪实验波形

6.6 本章小结

本章主要对启动/发电助力控制系统进行了研究。为了提高助力控制的动静态性能,引入了自抗扰控制方法。然后对基于自抗扰控制器的启动/发电助力控制系统进行了转速闭环的设计。然后采用启动/发电一体化仿真模型,对设计的系统进行了启动、转速抗干扰、模型参数变化和转速跟随性的仿真分析。最后利用一体化样机平台对启动/发电助力控制系统的启动、转速抗干扰和转速跟随性能进行了实验验证。仿真和实验结果表明,采用自抗扰控制的启动/发电助力控制系统启动迅速、转速波动小、对模型参数变化不敏感、转速跟随性能好,十分合适车载启动/发电系统的助力控制,具有较好的应用前景。

参考文献

[1] 曲凌夫.汽车与环境污染[J].生态经济,2010(7):146-149.

[2] 张丰,彭明.汽车、环境与可持续发展[J].世界汽车,2010(7):134-138.

[3] 王兆锡.关于汽车节能减排的相关分析[J].应用能源技术,2009(9):44-46.

[4] 刘伏萍,陈燕涛,苏茂辉,等.我国电动汽车标准的现状和发展[J].上海汽车,2006(4):37-40.

[5] HERMANCE D,SASAKI S.Hybrid electric vehicles take to the streets[J]. IEEE Spectrum,1998,35(11):48-52.

[6] 赵清,徐衍亮,安忠良,等.电动汽车的发展与环境保护[J].沈阳工业大学学报,2000(5):430-432.

[7] 孙远涛,张洪田.混合动力汽车研究状况及发展趋势[J].黑龙江工程学院学报,2011,25(2):13-16.

[8] CALEF D, GOBLE R. The allure of technology: How France and California promoted electric and hybrid vehicles to reduce urban air pollution[J].Policy sciences,2007,40(1):1-34.

[9] 沈同全,程夕明,孙逢春.混合动力汽车的发展趋势[J].农业准备与车辆工程,2006,44(3):7-10.

[10] 刘坤.气动-燃油混合动力汽车系统与启动/发电控制策略的研究[D].杭州:浙江大学,2019.

[11] 李卫民.混合动力汽车控制系统与能量管理策略研究[D].上海:上海交通大学,2008.

[12] 陈龙.混合动力电动汽车动力性与经济性分析[D].武汉:武汉理工大学,2008.

[13] 费德成.HEV用永磁同步电机优化设计与系统性能分析[D].镇江:江苏大学,2008.

[14] 李俭.城市轻型混合动力商用车动力系统设计与分析[D].南京:南京航空航天大学,2009.

[15] 邹群.启动/发电一体化的技术现状及发展趋势[J].汽车与配件,2003(8):

43-46.
[16] 路兴国.汽车发电/启动一体化技术[J].交通科技与经济,2006(1):74-75.
[17] 韩志刚,李晓巍.浅议汽车启动/发电一体化技术的现状与发展趋势[J].黑龙江交通科技,2007,30(12):144-145.
[18] 戴卫力.飞机无刷直流启动/发电系统的研究[D].南京:南京航空航天大学,2008.
[19] 张铭.用于混合动力汽车ISAD系统的直流无刷电机的设计及优化[D].镇江:江苏大学,2009.
[20] 周波,严仰光,顾锦筛,等.两象限斩波器调压的无刷直流启动发电机研究[J].中国电机工程学报,2011(04):33-38.
[21] 胡育文,黄文新,张兰红.异步电机启动/发电系统的研究[J].电工技术学报,2006(05):7-13.
[22] 黄文新,张兰红,胡育文.18kW异步电机高压直流启动发电系统设计与实现[J].中国电机工程学报,2007,27(12):52-58.
[23] 张兰红.异步电机启动/发电系统研究[D].南京:南京航空航天大学,2006.
[24] 彭敏志.异步电机启动发电系统的启动技术研究[D].南京:南京航空航天大学,2004.
[25] 魏佳丹.电励磁双凸极启动/发电机系统特性研究[D].南京:南京航空航天大学,2009.
[26] 任海英,周波.双凸极启动/发电机系统一体化设计与实现[J].中国电机工程学报,2006,26(24):153-158.
[27] 戴卫力.飞机无刷直流启动/发电系统的研究[D].南京:南京航空航天大学,2008.
[28] 万红波.永磁同步电机ISG系统的全数字控制研究[D].镇江:江苏大学,2009.
[29] 任海英,周波.双凸极启动/发电机系统一体化设计与实现[J].中国电机工程学报,2006(24):65-68.
[30] 王宏华.开关型磁阻电动机调速控制技术[M].北京:机械工业出版社,1995.
[31] 陈昊.开关磁阻调速电动机的原理、设计、应用[M].徐州:中国矿业大学出版社,2000.
[32] 吴建华.开关磁阻电机设计与应用[M].北京:机械工业出版社,2000.
[33] BESBES M,GABSI M,HOANG E,et al.SRM design for stater-altemator system[C].ICEM 2000:1931-1935.

[34] FERREIRA C, JONES S, HEGLUND W. Detailed design of a 30 kW switched reluctance starter/generator for a gas yurbine engine application [C]. Industry Applications Society Annual Meeting, 1993: 97-105.

[35] MACMIN S, JONES W. High speed switched reluctance starter/generator for aircraft engine applications [C]. Aircraft Engine Applications, 1986: 1267-1277.

[36] RAHMAN K, FAHIMI B, SURESH G, et al. Advantages of switched reluctance motor applications to EV and HEV: design and control issues [J]. IEEE Transactions on industry applications, 2000, 36(1): 111-121.

[37] Wang S, Zhan Q, Ma Z, et al. Implementation of a 50-kW four-phase switched reluctance motor drive system for hybrid electric vehicle [J]. IEEE Transactions on magnetics, 2005, 41(1): 501-504.

[38] FAHIMI B, EMADI A, SEPE R. A switched reluctance machine-based starter/alternator for more electric cars [J]. IEEE Transactions on energy conversion, 2004, 19(1): 116-124.

[39] 卢刚，李声晋.改善开关磁阻 ISG 性能的控制策略研究[J].航空学报，2003(5)：443-446.

[40] 李声晋，励庆孚，卢刚，等.开关磁阻启动/发电机功率变换器拓扑[J].电力电子技术，2001(1)：38-40.

[41] 李声晋，卢刚，马瑞卿，等.开关磁阻组合启动机/发电机设计及试验[J].中国电机工程学报，2000(2)：11-15.

[42] 宋受俊，刘卫国.多/全电飞机用高速开关磁阻启动/发电机优化控制（英文）[J].电工技术学报，2010，25(4)：44-52.

[43] 严加根，刘闯，严利，等.开关磁阻启动/发电机系统数字控制器的研究[J].电力电子技术，2005(6)：98-101.

[44] 刘闯，朱学忠，曹志亮，等.6kW 开关磁阻启动/发电系统设计及实现[J].南京航空航天大学学报，2000(3)：245-250.

[45] 孙晓明，赵德安，刘东，等.基于开关磁阻电机的车用 ISAD 系统研究[J].电气传动，2006(9)：13-15.

[46] 全力，刘强，赵德安，等.六相开关磁阻启动/发电机系统的启动特性理论仿真与实验[J].电气自动化，2005，27(6)：21-24.

[47] 乔建光，赵德安，茅靖峰.混合动力汽车用开关磁阻电机发电运行[J].电工技术杂志，2005(12)：8-10.

[48] 杨泽斌，黄振跃，张新华.基于 Ansoft/Maxwell 2D 的开关磁阻电机启动性

能仿真分析与实验研究[J].微电机,2009,42(8):19-21.
[49] 郑棐,赵德安,铁起,等.12/10 极开关磁阻电机在混合动力汽车中的应用[J].电力电子技术,2007(8):80-82.
[50] 周兴.基于 CPS 的 SRM 动力学分析及模糊控制研究[D].长沙:湖南大学,2016.
[51] 刘爱民,韦有帅,于浩,等.新型轴向磁通双凸极无刷直流电机研究[J].大电机技术,2019(1):31-35.
[52] 王世帅.开关磁阻发电机控制系统设计[D].哈尔滨:哈尔滨工业大学,2016.
[53] 郑洪涛,蒋静坪,徐德,等.开关磁阻电动机无位置传感器能量优化控制[J].中国电机工程学报,2004,24(1):153-157.
[54] 刘作军,常硕,董砚,等.重复控制的开关磁阻电机转矩脉动抑制策略[J].微电机,2013,46(5):44-47.
[55] 徐彦,徐建国,赵嵩.开关磁阻发电机的原理与控制策略研究[J].电机与控制应用,2006,33(11):10-13.
[56] 刘闯,朱学忠,李磊,等.开关磁阻发电机的脉宽调制控制[J].南京航空航天大学学报,2000,32(1):1-5.
[57] 范逸斐,朱学忠.开关磁阻电机恒加速度启动方案研究[J].机电工程,2014,31(2):208-212.
[58] 吴红星,孙青杰,黄玉平,等.开关磁阻电机非线性建模方法综述[J].微电机,2014(5):83-92.
[59] 陈昊,谢桂林.开关磁阻发电机系统研究[J].电工技术学报,2001,16(6):7-12.
[60] GOBBI R,SAHOO N C,VEJIAN R.Experimental investigations on computer-based methods for determination of static electromagnetic characteristics of switched reluctance motors[J].IEEE Transactions on instrumentation and measurement,2008,57(10):2196-2211.
[61] Iturbe I M,Cebolla F J P,Martín B,et al.Test Bench for Switched Reluctance Motor Drives[C].IEEE MELECON 2006,Benalmádena(Málaga),Spain,2006(1):1146-1149.
[62] 吴建华.开关磁阻电动机稳态性能的一种快速非线性仿真法[J].电工技术学报,1997,12(3):6-10.
[63] SHETH N, RAJAGOPAL K. Calculation of the flux-linkage characteristics of a switched reluctance motor by flux tube method[J].IEEE Transactions on magnetics,2005,41(10):4069-4071.

[64] YE Z Z,MARTIN T W,BALDA J C.Modeling and nonlinear control of a switched reluctance motor to minimize torque ripple[C].IEEE International conference on systems,man,and cybernetics,2000,(5):3471-3478.

[65] LAWRENSON P J,STEPHENSON J M,FULTON N,et al.Variable-speed switched reluctance motors[J].Proceedings electric power applications,1980,127(4):253.

[66] BOSE B,MILLER T,SZCZESNY P,et al.Microcomputer control of switched reluctance motor[J].IEEE Transactions on industry applications,1986,IA-22(4):708-715.

[67] STEPHENSON J,ČORDA J.Computation of torque and current in doubly salient reluctance motors from nonlinear magnetisation data[J].Proceedings of the institution of electrical engineers,1979,126(5):393.

[68] 蔡绍,刘闯.基于 MATLAB 的开关磁阻电机的建模与仿真[J].重庆科技学院学报(自然科学版),1997,12(3):6-10.

[69] 蒋涛.基于动、静态电感特性的开关磁阻电机非线性磁参数模型[J].微电机,2010,43(6):20-23.

[70] MIR S,HUSAIN I,ELBULUK M E.Switched reluctance motor modeling with on-line parameter identification[J].IEEE Transactions on industry applications,1998,34(4):776-783.

[71] MIR S,ISLAM M S,SEBASTIAN T,HUSSAIN I.self-tuning of machine parameters in switched reluctance motor drives[C].Thirty-Sixth IAS annual Meeting on Industry Applications Conference,2001,(3):2081-2088.

[72] XUE X,CHENG K,HO S,et al.Trigonometry-based numerical method to compute nonlinear magnetic characteristics in switched reluctance motors[J].IEEE Transactions on magnetics,2007,43(4):1845-1848.

[73] ELMAS C.Modelling of a nonlinear switched reluctance drive based on artificial neural networks[C]//Proceedings of 5th International Conference on Power Electronics and Variable-Speed Drives.London,UK.IEE,1994:7-12.

[74] 金丽婷.小波神经网络的优化及其应用研究[D].无锡:江南大学,2008.

[75] 许慧,申东日,陈义俊.一种用于非线性函数逼近的小波神经网络[J].自动化与仪器仪表,2003(06):55-57.

[76] 梁得亮,丁文,程竹平.基于 Simplorer 的三相开关磁阻启动/发电系统建模研究[J].西安交通大学学报,2007(10):46-48.

[77] 李鹏.开关磁阻电机定子电流控制策略的研究[D].天津:河北工业大学,2008.

[78] CHANG H C,LIAW C.On the front-end converter and its control for a battery powered switched-reluctance motor drive[J].IEEE Transactions on power electronics,2008,23(4):2143-2156.

[79] LIU T,LIN M,YANG Y.Nonlinear control of a synchronous reluctance drive system with reduced switching frequency[J]. IEE Proceedings-electric power applications,2006,153(1):47.

[80] SZAMEL L.Convergence test of model reference parameter adaptive SRM drives[C].2005 European Conference on Power Electronics and Applications,Dresden,2005:10.

[81] XUE X,CHENG K,HO S.A self-training numerical method to calculate the magnetic characteristics for switched reluctance motor drives[J]. IEEE Transactions on magnetics,2004,40(2):734-737.

[82] 鲍晓华.汽车用爪极发电机建模及优化技术研究[D].合肥:合肥工业大学,2007.

[83] SAWATA T,KJAER P,COSSAR C,et al.Fault-tolerant operation of single-phase SR generators[J].IEEE Transactions on industry applications,1999,35(4):774-781.

[84] ICHINOKURA O,KIKUCHI T,NAKAMURA K,et al.Dynamic simulation model of switched reluctance generator[J].IEEE Transactions on magnetics,2003,39(5):3253-3255.

[85] SOZER Y,TORREY D.Closed loop control of excitation parameters for high speed switched-reluctance generators[J]. IEEE Transactions on power electronics,2004,19(2):355-362.

[86] MESE E,SOZER Y,KOKERNAK J,et al.Optimal excitation of a high speed switched reluctance generator[J]. APEC 2000, Fifteenth Annual IEEE,2000,11(2):362-368.

[87] 陈昊,谢桂林.开关磁阻发电机系统研究[J].电工技术学报,2001,16(6):7-12.

[88] 刘迪吉,曲民兴,朱学忠,等.开关磁阻发电机[J].南京航空航天大学学报,2003,(2):53-55.

[89] 周涌,陈庆伟,胡维礼.内模控制研究的新发展[J].控制理论与应用,2004,3(21):133-135.

[90] 刘伟军,陈永会,谭功佺.基于 IMC 的 PI 控制器参数确定[J].成都大学学报(自然科学版),2006,4(25):61-64.
[91] 潘笑,钟祎勍.基于 IMC 的 PI 控制器的设计实现[J].计算机仿真,2005,8(22):56-58.
[92] WANG J.Research on incremental PI algorithm and simulation based on neural network[J]. APEC 2000, Fifteenth Annual IEEE, 2000, 11(2): 362-368.
[93] 马孟臣,王宏华.神经网络自适应 PID 在开关磁阻电机中的应用仿真[J].机械制造与自动化,2007,36(1):105-107.
[94] 毕娟,沈凤龙.基于神经网络的交流电机 PID 控制系统[J].仪表技术与传感器,2010(2):98-99.
[95] 任勇,秦大同,杨亚联,等.混合动力电动汽车的研发实践[J].重庆大学学报(自然科学版),2004(4):131-134.
[96] 刘东.车用开关磁阻电机启动/助力/发电一体化数字控制系统研究[D].镇江:江苏大学,2006.
[97] 谢明宏,赵德安,高涵文.基于开关磁阻电机的汽车 ISG 控制系统研究[J].微计算机信息,2008(5):81-84.
[98] 郑棐,赵德安,铁起,等.12/10 极开关磁阻电机在混合动力汽车中的应用[J].电力电子技术,2007(8):45-48.
[99] 韩京清.从 PI 技术到自抗扰控制技术[J].控制工程,2002,9(3):13-18.
[100] 韩京清.自抗扰控制器及其应用[J].控制与决策,1998,13(1):19-23.
[101] 韩京清,王伟.跟踪微分器[J].系统科学与数学,1994,14(2): 177-183.
[102] 韩京清.一类不确定对象的"扩张状态观测器"[J].控制与决策,1995,11(1):85-88.
[103] 韩京清.非线性状态误差反馈控制律-NLSEF[J].控制与决策,1995,11(3):221-225.